全国高等职业教育规划教材

Verilog HDL 与 CPLD/FPGA 项目开发教程

第2版

主编　聂章龙　张　静

参编　王　璐　瞿新南
　　　吕　勇　陶　洪

主审　王　群

机械工业出版社

本书以 Altera 公司的 MAX II 系列 EPM1270T144C5N 为蓝本阐述了基于 CPLD/FPGA 的数字系统设计方法，重点放在工程实践能力和 Verilog HDL 硬件描述语言的编程开发能力方面。本书按照基于工作过程的以"项目"为载体的教学模式的思路进行编写，"项目"的选取以直观、生动、有趣、实用为原则，并遵循由易到难、由简单到综合的学习规律。本书共分为 4 章，第 1 章主要介绍了 CPLD/FPGA 项目开发入门；第 2 章主要介绍了 Verilog HDL 硬件描述语言；第 3 章是以 13 个项目为载体来介绍组合逻辑电路设计、时序逻辑电路设计和数字系统设计；第 4 章以数字时钟、交通信号灯、数字式竞赛抢答器 3 个综合项目为载体，介绍用 Verilog HDL 硬件描述语言进行综合项目开发的一般步骤，使读者在实践中锻炼编程、调试和创新能力，形成良好的编程风格。附录中给出了数字系统设计中的常见问题解析。

本书可作为高职高专电子信息、计算机、微电子、自动控制等相关专业电子设计自动化（Electronic Design Automation，EDA）课程的教材，也可作为 EDA 初学者或工程技术人员的参考资料。

本书配有授课电子课件和实验例程，需要的教师可登录 www.cmpedu.com 免费注册，审核通过后下载，或联系编辑索取（QQ：1239258369，电话：010-88379739）。

图书在版编目（CIP）数据

Verilog HDL 与 CPLD/FPGA 项目开发教程 / 聂章龙，张静主编. —2 版. —北京：机械工业出版社，2015.11（2022.1 重印）
全国高等职业教育规划教材
ISBN 978-7-111-52029-0

Ⅰ. ①V… Ⅱ. ①聂… ②张… Ⅲ. ①硬件描述语言—程序设计—高等职业教育—教材 ②可编程序逻辑器件—系统设计—高等职业教育—教材 Ⅳ. ①TP312 ②TP332.1

中国版本图书馆 CIP 数据核字（2015）第 254819 号

机械工业出版社（北京市百万庄大街 22 号　邮政编码 100037）

策划编辑：王　颖　　责任编辑：王　颖
责任校对：张艳霞　　责任印制：常天培

固安县铭成印刷有限公司印刷

2022 年 1 月第 2 版·第 6 次印刷
184mm×260mm·16.5 印张·409 千字
标准书号：ISBN 978-7-111-52029-0
定价：39.90 元

前　言

复杂可编程逻辑器件（Complex Programmable Logical Device，CPLD）/现场可编程门阵列（Field Programmable Gates Array，FPGA）开发技术是以计算机为工作平台，融合了应用电子技术、计算机技术和智能化技术等最新成果而开发的高新技术，是现代电子系统设计和制造不可缺少的技术，它涉及面甚广，包含描述语言、软件、硬件等多方面知识。特别是它的理论性强，学好它对高职高专学生有较大的困难。因此，本书在知识选取和结构设计上，以"理论够用、技能实用、重在运用"为指导原则，削减纯理论的知识，增加有趣的实训，激发他们的学习兴趣，以学习技术为主，培养实践动手能力较强的技术应用型人才。

因此编者将本书的重点放在工程实践能力和 Verilog HDL 硬件描述语言的编程开发能力方面，按照基于工作过程的以"项目"为载体的教学模式的思路进行编写，"项目"的选取以具有直观、生动、有趣、实用为原则，并遵循由易到难、由简单到综合的学习规律。本书共分为 4 章，第 1 章主要介绍了 CPLD/FPGA 项目开发入门；第 2 章主要介绍了 Verilog HDL 硬件描述语言；第 3 章是以 13 个项目为载体来介绍组合逻辑电路设计、时序逻辑电路设计和数字系统设计；第 4 章以数字时钟、交通信号灯、数字式竞赛抢答器 3 个综合项目为载体，介绍用 Verilog HDL 硬件描述语言进行综合项目开发的一般步骤，使读者通过综合项目的设计实践，培养良好的编程习惯，锻炼其编程能力、调试能力和创新能力。

本书融理论和实践于一体，实现"学中练、练中学"。本书配套教学内容，由课程团队教师研发具有自主知识产权的 CCIT CPLD/FPGA 实验仪。如果用户想买 CCIT CPLD/FPGA 实验仪，可以通过出版社和编者联系。

本书可作为高职高专电子类和计算机类专业的专业课教材，也可作为微电子、自动控制等相关专业 EDA 课程教材，教学学时数建议为 90 学时。

本书由常州信息职业技术学院聂章龙负责编制提纲和统稿工作，由聂章龙和张静主编，由常州信息职业技术学院王璐、瞿新南、吕勇和陶洪参编，全书由苏州中扩信息开发有限公司王群主审。

苏州大学王宜怀教授和常州信息职业技术学院眭碧霞教授均为本书的撰写提出了宝贵的建议，在此一并表示诚挚的谢意。

由于编者水平有限、CPLD/FPGA 技术发展迅速，书中难免存在错误或不妥之处，恳请广大读者提出宝贵意见和建议，以便再版时改进。

编　者

目　录

第1章 CPLD/FPGA 项目开发入门

1.1 CPLD/FPGA 开发系统概述

学习目标

1．能力目标

1）了解可编程逻辑器件（PLD）的发展现状。

2）掌握 CPLD/FPGA 结构与特点。

3）利用数字和纸质资源查找并使用所需资料。

2．知识目标

1）了解 PLD 的发展历程以及 CPLD/FPGA 的发展概况。

2）掌握 CPLD/FPGA 的结构与原理。

3．素质目标

1）培养查阅纸质资料的能力。

2）培养主动学习的能力。

情境设计

本节主要围绕 CPLD/FPGA 开发系统的发展概况、基本结构与特点、应用领域等方面来介绍一些 PLD 系统的基本概念和基本原理。具体教学情境设计如表 1-1 所示。

表 1-1　教学情境设计

序　　号	教 学 内 容	技 能 训 练	知 识 要 点	学 时 数
情境 1	PLD 的发展现状及应用领域	了解 PLD 的发展概况	1．PLD 的发展现状 2．CPLD/FPGA 的优越性	2
情境 2	CPLD/FPGA 结构与特点	了解 PLD 的工作原理	1．CPLD 的结构与特点 2．FPGA 的结构与特点	

1.1.1 PLD 的发展历程及发展趋势

随着微电子技术的发展，设计与制造集成电路的任务已不完全由半导体厂商来独立承担。系统设计师们更愿意自己设计专用集成电路（Application Specific Integrated Circuits，ASIC）芯片，而且希望 ASIC 的设计周期尽可能短，最好是在实验室里就能设计出合适的 ASIC 芯片，并且立即投入实际应用之中，因而出现了现场可编程逻辑器件（Field Programmable Logical Device，FPLD），其中应用最广泛的当属现场可编程门阵列（Field Programmable Gates Array，FPGA）和复杂可编程逻辑器件（Complex Programmable Logical

Device，CPLD）。

早期的可编程逻辑器件只有可编程只读存储器（PROM）、紫外线可擦除只读存储器（EPROM）和电可擦除只读存储器（E²PROM）3 种。由于结构的限制，它们只能完成简单的数字逻辑功能。其后，出现了一类结构上稍复杂的可编程芯片，即可编程逻辑器件（Programmable Logical Device，PLD），它能够完成各种数字逻辑功能。典型的 PLD 由一个"与"门和一个"或"门阵列组成，而任意一个组合逻辑都可以用"与-或"表达式来描述，所以，PLD 能以乘积和的形式完成大量的组合逻辑功能。典型的 PLD 的部分内部结构如图 1-1 所示。

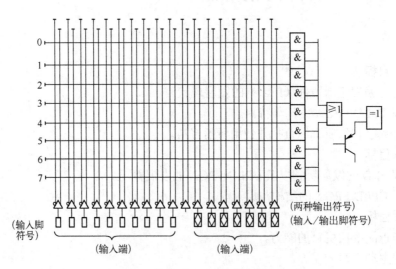

图 1-1　典型的 PLD 的部分内部结构

这一阶段的产品主要有可编程阵列逻辑（Programmable Array Logical，PAL）和通用阵列逻辑（Generic Array Logic，GAL）。PAL 由一个可编程的"与"平面和一个固定的"或"平面构成，或门的输出可以通过触发器有选择地被置为寄存状态。PAL 器件是现场可编程的，它的实现工艺有反熔丝技术、EPROM 技术和 E²PROM 技术。还有一类结构更为灵活的逻辑器件是可编程逻辑阵列（Programmable Logical Array，PLA），它也由一个"与"平面和一个"或"平面构成，但是这两个平面的连接关系是可编程的。PLA 器件既有现场可编程的，也有掩膜可编程的。在 PAL 的基础上，又发展了一种通用阵列逻辑（Generic Array Logic，GAL），如 GAL16V8，GAL22V10 等。它采用了 E²PROM 工艺，实现了电可擦除、电可改写，其输出结构是可编程的逻辑宏单元，因而它的设计具有很强的灵活性，至今仍有许多人使用。这些早期的 PLD 器件的一个共同特点是，可以实现速度特性较好的逻辑功能，但其过于简单的结构也使它们只能实现规模较小的电路。

为了弥补这一缺陷，20 世纪 80 年代中期，Altera 公司和 Xilinx 公司分别推出了类似于 PAL 结构的扩展型 CPLD（Complex Programmable Logic Device）和标准门阵列类似的 FPGA（Field Programmable Gate Array），它们都具有体系结构和逻辑单元灵活、集成度高以及适用范围宽等特点。这两种器件兼容了 PLD 和通用门阵列的优点，可实现较大规模的电路，编程也很灵活。和门阵列等其他 ASIC（Application Specific IC）相比，又具有设计开发周期短、设计制造成本低、开发工具先进、标准产品无需测试、质量稳定以及可实时在线检验等优点，因此被广泛应用于产品的原型设计和产品生产（一般在 10 000 件以下）。几乎所有应用门阵列、PLD 和中小规模通用数字集成电路的场合，均可应用 FPGA 和 CPLD 器件。

不同厂家对器件的叫法不尽相同，Xilinx 公司把基于查找表技术的 SRAM 工艺，要外挂配置用的 E^2PROM 的 PLD 称为 FPGA；把基于乘积项技术的 Flash（类似 E^2PROM 工艺）工艺的 PLD 称为 CPLD。Altera 把自己的 PLD 产品：MAX 系列（乘积项技术，E^2PROM 工艺）和 FLEX 系列（查找表技术，SRAM 工艺）都称为 CPLD，即复杂 PLD（Complex PLD）。由于 FLEX 系列也是 SRAM 工艺，基于查找表技术，要外挂配置用的 EPROM，其用法和 Xilinx 公司的 FPGA 一样，所以很多人把 Altera 公司的 FLEX 系列产品也称作 FPGA。

1.1.2 CPLD/FPGA 概述

现场可编程门阵列（FPGA）与复杂可编程逻辑器件（CPLD）都是可编程逻辑器件，它们是在 PAL、GAL 等逻辑器件的基础之上发展起来的。同以往的 PAL、GAL 等相比较，CPLD/FPGA 的规模比较大，它可以替代几十甚至几千块通用 IC 芯片。这样的 CPLD/FPGA 实际上就是一个子系统部件。这种芯片受到世界范围内电子工程设计人员的广泛关注和普遍欢迎。经过了十几年的发展，许多公司都开发出了多种可编程逻辑器件。比较典型的就是 Xilinx 公司的 FPGA 器件系列和 Altera 公司的 CPLD 器件系列，它们开发较早，占用了较大的 PLD 市场。通常来说，在欧洲用 Xilinx 公司产品的人多，在亚太地区用 Altera 公司产品的人多，在美国则是平分秋色。全球 CPLD/FPGA 产品 60%以上是由 Altera 公司和 Xilinx 公司提供的。可以说，Altera 公司和 Xilinx 公司共同决定了 PLD 技术的发展方向。当然，还有许多其他类型的器件，如：Lattice、Vantis、Actel、Quicklogic 和 Lucent 公司的产品等。

1998 年世界十大 PLD 公司的发展规模和市场占有份额如表 1-2 所示。

表 1-2 PLD 公司的发展规模和市场占有份额

排 名	公 司	销售额/亿美金	市场占有率（%）
1	Altera	5.96	30.1
2	Xilinx	5.74	29.0
3	Vantis	2.20	11.1
4	Lattice	2.18	11.0
5	Actel	1.39	7.0
6	Lucent	0.85	4.3
7	Cypress	0.44	2.2
8	Atmel	0.42	2.1
9	Philips	0.28	1.4
10	Quicklogic	0.24	1.2

尽管 CPLD、FPGA 和其他类型 PLD 的结构各有其特点和长处，但概括起来，它们是由 3 大部分组成的，即一个二维的逻辑块阵列（构成 PLD 器件的逻辑组成核心）；输入/输出

块；连接逻辑块的互联资源。连线资源由各种长度的连线线段组成，其中也有一些可编程的连接开关，它们用于逻辑块之间、逻辑块与输入/输出块之间的连接。典型的 PLD 的框图如图 1-2 所示。对用户而言，CPLD 与 FPGA 的内部结构稍有不同，但用法一样，因此在多数情况下，可不加以区分。

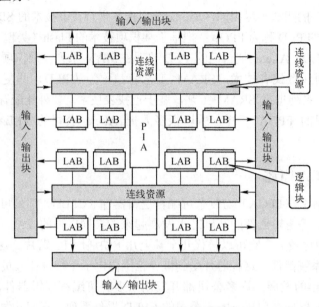

图 1-2 典型的 PLD 的框图

CPLD/FPGA 芯片都是特殊的 ASIC 芯片，它们除了具有 ASIC 的特点之外，还具有以下几个优点：

1）随着超大规模集成电路（Very Large Scale IC，VLSI）工艺的不断提高，单一芯片内部可以容纳上百万个晶体管，CPLD/FPGA 芯片的规模也越来越大，其单片逻辑门数已达到上百万门，它所能实现的功能也越来越强，同时也可以实现系统集成。

2）CPLD/FPGA 芯片在出厂之前都做过百分之百的测试，设计人员只需在自己的实验室里就可以通过相关的软硬件环境来完成芯片的最终功能设计。因此，CPLD/FPGA 的资金投入小，节省了许多潜在的成本。

3）用户可以反复地编程、擦除、使用或者在外围电路不动的情况下用不同软件实现不同的功能。因此，用 CPLD/FPGA 试制样片，能以最快的速度占领市场。CPLD/FPGA 软件包中有各种输入工具和仿真工具及版图设计工具和编程器等产品，电路设计人员在很短的时间内就可完成电路的输入、编译、优化及仿真，直至最后芯片的制作。当电路有少量改动时，更能显示出 CPLD/FPGA 的优势。当电路设计人员使用 CPLD/FPGA 进行电路设计时，不需要具备专门的 IC 深层次的知识，CPLD/FPGA 软件易学易用，可以使设计人员更能集中精力进行电路设计，快速将产品推向市场。

1.1.3 CPLD/FPGA 的结构与原理

1. 基于乘积项（Product-Term）的 PLD 结构

采用这种结构的 PLD 芯片有：Altera 公司的 MAX7000、MAX3000 系列（E²PROM 工

艺），Xilinx 公司的 XC9500 系列（Flash 工艺）和 Lattice、Cypress 公司的大部分产品（E^{2}PROM 工艺）。

基于乘积项的 PLD 总体内部结构如图 1-3 所示（以 MAX7000 为例，其他型号的结构与此非常相似）。

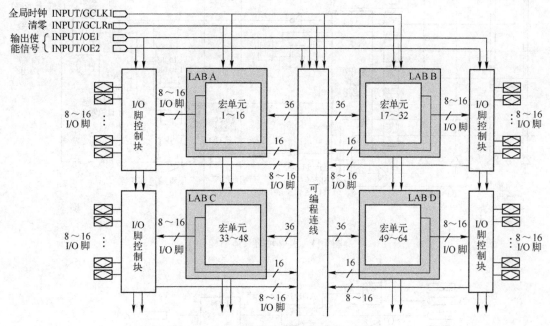

图 1-3　基于乘积项的 PLD 总体内部结构

这种 PLD 可分为 3 块结构，即宏单元（Marocell）、可编程连线（PIA）和 I/O 控制块。宏单元是 PLD 的基本结构，由它来实现基本的逻辑功能。图中只给出了四个宏单元的集合（因为宏单元较多，故没有一一画出）。可编程连线负责信号传递，连接所有的宏单元。I/O 控制块负责输入输出的电气特性控制，比如可以设定集电极开路输出、摆率控制及三态输出等。图中左上的 INPUT/GCLK1，INPUT/GCLRn，INPUT/OE1，INPUT/OE2 是全局时钟、清零和输出使能信号，这几个信号有专用连线与 PLD 中每个宏单元相连，信号到每个宏单元的延时相同并且延时最短。宏单元的具体结构如图 1-4 所示。

左侧是乘积项阵列，实际就是一个与或阵列，每一个交叉点都是一个可编程熔丝，如果导通，就实现"与"逻辑。后面的乘积项选择矩阵是一个"或"阵列。两者一起完成组合逻辑。图右侧是一个可编程 D 触发器，它的时钟，清零输入都可以编程选择，可以使用专用的全局清零和全局时钟，也可以使用内部逻辑（乘积项阵列）产生的时钟和清零。如果不需要触发器，也可以将此触发器旁路，信号就直接输出给 PIA 或到 I/O 脚。

下面以一个简单的电路为例，具体说明 PLD 是如何利用以上结构实现逻辑的，组合逻辑如图 1-5 所示。

假设组合逻辑的输出（AND3 的输出）为 f，则 f=(A+B)*C*(!D)=A*C*!D + B*C*!D

PLD 将图 1-6 所示的方式来实现组合逻辑 f。

5

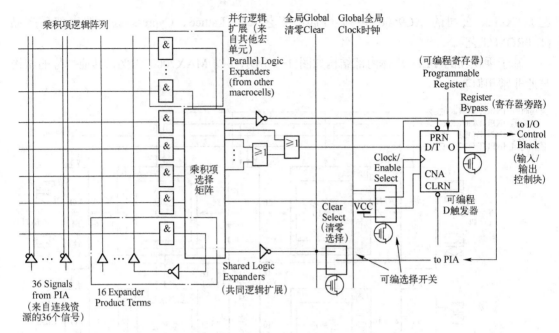

图 1-4　宏单元的具体结构

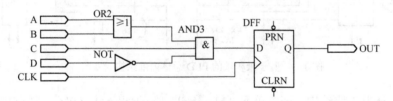

图 1-5　组合逻辑

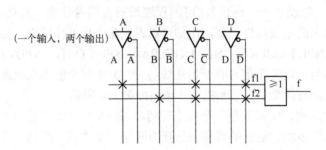

图 1-6　实现组合逻辑 f

A、B、C、D 由 PLD 芯片的引脚输入后进入可编程连线阵列（PIA），在内部会产生 A、$\overline{A}$、B、$\overline{B}$、C、$\overline{C}$、D、$\overline{D}$ 8 个输出。图中每一个叉表示相连（可编程熔丝导通），所以得到：f= f1 + f2 = (A*C*!D) + (B*C*!D)。这样组合逻辑就实现了。在 AND3 的输出电路中，D 触发器的实现比较简单，直接利用宏单元中的可编程 D 触发器即可。时钟信号 CLK 由 I/O 脚输入后进入芯片内部的全局时钟专用通道，直接连接到可编程触发器的时钟端。可编程触发器的输出与 I/O 脚相连，把结果输出到芯片引脚。这样，PLD 就完成了以上电路的

6

功能（这些步骤都是由软件自动完成的，不需要人为干预）。

上图的电路是一个很简单的例子，只需要一个宏单元就可以完成。但对于一个复杂的电路，一个宏单元是不能实现的，这时就需要通过并联扩展项和共享扩展项将多个宏单元相连，宏单元的输出也可以连接到可编程连线阵列，再作为另一个宏单元的输入。这样，PLD就可以实现更复杂的逻辑功能。这种基于乘积项的 PLD 基本都是由 E^{2}PROM 和 Flash 工艺制造的，一上电就可以工作，无需其他芯片配合。

2．查找表（Look-Up-Table，LUT）的原理与结构

我们也可以将采用基于乘积项结构的 PLD 芯片称为 FPGA，如 Altera 公司的 ACEX、APEX 系列，Xilinx 公司的 Spartan、Virtex 系列等。

查找表（Look-Up-Table，LUT）本质上就是一个 RAM。目前 FPGA 中多使用 4 输入的 LUT，因此可得每一个 LUT 看成一个有 4 位地址线的 16×1 的 RAM。在用户通过原理图或 HDL 语言描述了一个逻辑电路后，PLD/FPGA 开发软件会自动计算逻辑电路的所有可能的结果，并把结果事先写入 RAM，这样，每输入一个信号进行逻辑运算就等于输入一个地址进行查表，找出地址对应的内容，然后输出即可。表 1-3 为一个 4 输入与门的例子。

表 1-3　一个 4 输入与门的例子

实际逻辑电路		LUT 的实现方式	
a、b、c、d 输入	逻辑输出	地址	RAM 中存储的内容
0000	0	0000	0
0001	0	0001	0
....	0	...	0
1111	1	1111	1

（1）基于查找表（LUT）的 FPGA 结构

Xilinx Spartan-II 的内部结构如图 1-7 所示。

Spartan-II 主要包括 CLBs、I/O 块、RAM 块和可编程连线（未表示出）。在 Spartan-II 中，一个 CLB 包括两个 Slices，每个 Slices 包括两个 LUT、两个触发器和相关逻辑。Slices 可以看成是 Spartan-II 实现逻辑的最基本结构。

Altera 公司的 FLEX/ACEX 等芯片的结构如图 1-8 所示。Altera FLEX/ACEX 芯片的内部结构如图 1-9 所示。

FLEX/ACEX 主要包括 LAB、I/O 块、RAM 块（未表示出）和可编程行/列连线。在 FLEX/ACEX 中，一个 LAB 包括 8 个逻辑单元（LE），每个 LE 包括一个 LUT、一个触发器和相关的逻辑关系。LE 是 FLEX/ACEX 芯片实现逻辑的最基本结构。

（2）查找表结构的 FPGA 逻辑实现原理

此处还是以图 1-5 这个电路为例来解释查找表结构的 FPGA 逻辑实现原理。

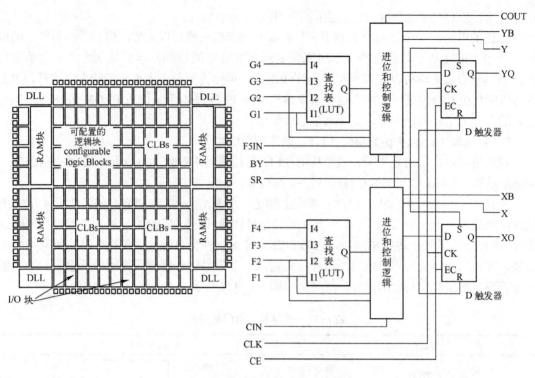

图 1-7 Xilinx Spartan-II 的内部结构

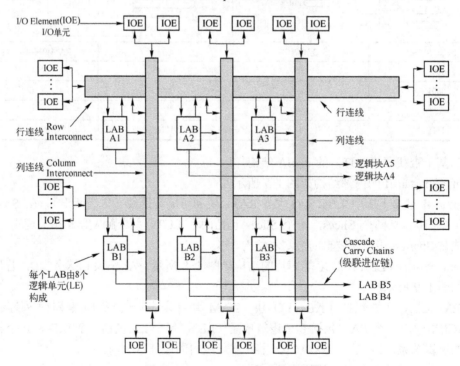

图 1-8 FLEX/ACEX 等芯片的结构

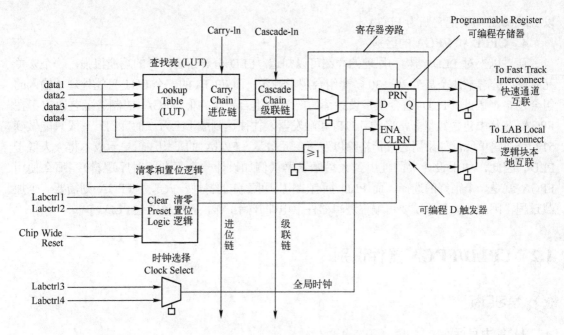

图 1-9　Altera FLEX/ACEX 芯片的内部结构

图中，A、B、C、D 由 FPGA 芯片的引脚输入后进入可编程连线，然后作为地址线连到 LUT，LUT 中已经事先写入了所有可能的逻辑结果，通过地址查找到相应的数据然后输出，这样组合逻辑就实现了。该电路中 D 触发器是直接利用 LUT 后面的 D 触发器来实现的。时钟信号 CLK 由 I/O 脚输入后进入芯片内部的时钟专用通道，直接连接到触发器的时钟端。触发器的输出与 I/O 脚相连，把结果输出到芯片引脚。这样，PLD 就完成了图中的电路功能。

这个电路是一个很简单的例子，只需要一个 LUT 加上一个触发器就可以完成。对于一个 LUT 无法完成的电路，在通过进位逻辑将多个单元相连后，FPGA 就可以实现复杂的逻辑功能。

LUT 主要适合 SRAM 工艺生产，目前大部分 FPGA 都是基于 SRAM 工艺的，而 SRAM 工艺的芯片在掉电后信息就会丢失，因此，一定需要外加一片专用配置芯片。在上电的时候，由这个专用配置芯片把数据加载到 FPGA 中，然后 FPGA 就可以正常工作了。由于配置时间很短，不会影响系统正常工作。也有少数 FPGA 采用反熔丝或 Flash 工艺，对这种 FPGA 来讲，就不需要外加专用的配置芯片。

3. 其他类型的 FPGA 和 PLD

随着技术的发展，在 2004 年以后，一些厂家推出了一些新的 PLD 和 FPGA，这些产品模糊了 PLD 和 FPGA 的区别。例如，Altera 公司最新的 MAX II 系列 PLD，这是一种基于 FPGA（LUT）结构，集成配置芯片的 PLD，在本质上它就是一种在内部集成了配置芯片的 FPGA，但由于配置时间极短，上电就可以工作，所以对用户来说，感觉不到配置过程，可以像传统的 PLD 一样使用，加上容量与传统 PLD 类似，所以 Altera 公司把它归作 PLD。还有如 Lattice 公司的 XP 系列 FPGA，也是采用了同样的原理，将外部配置芯片集成到内部，在使用方法上和 PLD 类似，但是因为容量大，性能和传统 FPGA 相同，也是 LUT 架构，所以 Lattice 公司仍把它归为 FPGA。

4．CPLD 和 FPGA 的区别

通过以上对 PLD 结构和原理的介绍可以知道，PLD 分解组合逻辑的功能很强，一个宏单元就可以分解十几个甚至 20～30 多个组合逻辑输入，而 FPGA 的一个 LUT 只能处理 4 输入的组合逻辑，因此，PLD 适合用于设计译码等复杂组合逻辑。但 FPGA 的制造工艺决定了在 FPGA 芯片中包含数量非常多的 LUT 和触发器，往往达到成千上万，而 PLD 一般只能做到 512 个逻辑单元，如果用芯片价格除以逻辑单元数量，FPGA 的平均逻辑单元成本将大大低于 PLD。因此，如果设计中需使用到大量触发器（例如设计一个复杂的时序逻辑），那么使用 FPGA 就是一个很好的选择。而 PLD 拥有上电即可工作的特性，大部分 FPGA 则需要一个加载过程，因此，如果系统要可编程逻辑器件上电即开始工作，就应该首选 PLD。

1.2 CPLD/FPGA 器件识别

 学习目标

1．能力目标

1）识别 Altera 公司 CPLD 系列或 FPGA 系列芯片。

2）通过查阅 Altera 公司 MAX 7000 系列和 MAX II 系列的产品资料，掌握产品的基本功能和编程方式。

3）利用数字和纸质资源查找并使用 MAX 7000、MAX II 系列产品的资料。

2．知识目标

1）了解 Altera 公司 CPLD 系列或 FPGA 系列芯片基本知识。

2）了解 Altera 公司的 MAX 7000 和 MAX II 系列产品的功能特性。

3．素质目标

1）培养读者自主学习的能力。

2）培养读者查阅相关资料的能力。

情境设计

本节主要介绍了 Altera 产品，重点描述了 Altera 公司的 MAX 7000、MAX II 系列产品的功能特性。具体教学情境设计如表 1-4 所示。

表 1-4　教学情境设计

序　号	教 学 内 容	技 能 训 练	知 识 要 点	学 时 数
情境 1	Altera 产品简介	了解 Altera 产品的概况	1．CPLD 产品概况 2．FPG 产品概况	2
情境 2	MAX 7000、MAX II 系列产品的功能特性	会用 MΛX 7000、MAX II 系列产品编程	MAX 7000、MAX II 系列产品的基本功能及编程方式	

1.2.1 CPLD/FPGA 产品概况

随着电子设计自动化（EDA）技术的不断发展，其含义也在不断发生变化，早期的电子设计自动化多指类似 Protel 电路版图的设计自动化概念，这种概念仅限于电路元器件与元器件之间（即芯片外）设计自动化，而由于微型电子技术的不断发展，当今的 EDA 技术则更多的是指可编程逻辑器件的设计技术，即芯片内的电路设计自动化。也就是说，开发人员完全可以通过自己的电路设计来定制其芯片内部的电路功能，使之成为设计者自己的专用集成电路（ASIC）芯片。这就是我们今天所说的 EDA 技术——用户 PLD（可编程逻辑器件）技术。它的应用无处不在，从简单的逻辑电路、时序电路设计到复杂的数字系统设计，从通信领域（软件无线电）、数字信号处理（DSP）领域，到嵌入式/片上系统（SOC）及各种 IP 内核等诸多领域。如果说原来的 Tango（Protel）问世在电子设计领域是一次革命的话，那么，今天的 CPLD/FPGA 技术称得上是电子设计领域的第二次革命。随着可编程器件 PLD 技术的不断发展和崛起，其功能之卓越和先进已经令当今的电子工程师们赞叹不已，除了它设计灵活、仿真调试方便、体积小、容量大、I/O 口丰富、成本低廉、易编程和加密等优点外，更突出的特点是其芯片的在系统可编程技术。也就是说，它不但具有可编程和可再反复编程的能力，而且只要把器件插在用户自己设计的目标系统内或电路板上，就可以重新构造其设计逻辑而对器件进行编程或者反复编程，这种技术被称为在系统可编程技术，简称为 ISP 技术。由于 ISP 技术的应用，打破了产品开发时必须先编程后装配的惯例，而可以做到先装配后编程，成为产品后还可以在系统内反复编程和修改。ISP 技术使得系统内硬件的功能像软件一样被编程配置，使系统的升级和维护变得更容易和方便。可以说，可编程器件真正做到了硬件的"软件化"自动设计。

可编程器件 PLD 可分为数字可编程器件和模拟可编程器件两类。前者的技术发展已经相当成熟，在大量的电子产品中早已得到了实际应用；后者相对来说发展要晚一些，其现有的芯片功能也比较单一。数字可编程逻辑器件按其密度可分为低密度 PLD 和高密度 PLD 两种，低密度 PLD 器件如早期的 PAL、GAL 等，它们的编程都需要专用的编程器，属半定制 ASIC 器件；高密度 PLD 又称为复杂可编程逻辑器件，如市场上十分流行的 CPLD、FPGA 器件，它们属于全定制 ASIC 芯片，编程时仅需以 JTAG 方式的下载电缆与计算机并口相连即可。本书将主要对数字可编程逻辑器件（CPLD、FPGA）之设计与应用进行系统描述，有关模拟可编程器件的说明请参阅相关书籍。

CPLD/FPGA 同属于高密度用户可编程逻辑器件，其芯片门数（容量）等级从几千门至几万门、几十万门至几百万门以上不等，适合于时序、组合逻辑电路应用场合，它可以替代几十甚至上百块通用 IC 芯片，实际上这样的 CPLD/FPGA 就是一个子系统部件。在很大程度上它们具有类似之处（如其电路设计方法都一样）。相比而言，CPLD 适合于做各种算法和组合逻辑电路设计，而 FPGA 更适合完成时序比较复杂的逻辑电路。由于 FPGA 芯片采用 RAM 结构，失电以后其内部程序将丢失，在形成产品时一般都和其专用程序存储器配合使用，其芯片内部的电路文件（程序）可放在磁盘、ROM 或 E^2PROM 中，因而可以在 FPGA 芯片及其外围保持不动的情况下，换一块存储器芯片就能实现一种新的功能。电路设计人员在使用 CPLD/FPGA 器件进行电路设计时，不需过多考虑它们的区别，因为其电路设计和仿真方法都完全一样，不同之处仅在于芯片编译或适配时生成的下载文件不同。

（1）主流 PLD 产品

MAX II：新一代 PLD 器件，0.18μm Flash 工艺，2004 年底推出，采用 FPGA 结构，配置芯片集成在内部，和普通 PLD 一样上电即可工作。容量比上一代大大增加，内部集成一片 8kbits 串行 E²PROM，增加很多功能。MAX II 采用 2.5V 或者 3.3V 内核电压，MAX II G 系列采用 1.8V 内核电压，MAX II 器件家族如表 1-5 所示。

表 1-5 MAX II 器件家族

特 性	EPM240/G	EPM570/G	EPM1270/G	EPM2210/G
逻辑单元（LE）	240	570	1 270	2 210
等效宏单元（Macrocell）	192	440	980	1 700
最大用户 IO	80	160	212	272
内置 Flash 大小/bit	8K	8K	8K	8K
管脚到管脚延时/ns	3.6～4.5	3.6～5.5	3.6～6.0	3.6～6.5

（2）主流 FPGA 产品

Altera 的主流 FPGA 分为两大类，一种侧重低成本应用，容量中等，性能可以满足一般的逻辑设计要求，如 Cyclone、CycloneII；还有一种侧重于高性能应用，容量大，性能能满足各类高端应用，如 Stratix、StratixII 等。用户可以根据自己实际应用的要求进行选择。在性能可以满足的情况下，优先选择低成本器件。

Cyclone（飓风）：Altera 公司的中等规模 FPGA，2003 年推出，0.13μm 工艺，1.5V 内核供电，与 Stratix 结构类似，是一种低成本 FPGA 系列，是目前主流产品，其配置芯片也改用全新的产品，Cyclone 系列芯片如表 1-6 所示。

表 1-6 Cyclone 系列芯片

型号（1.5V）	逻辑单元	锁相环	M4K RAM 块	备 注
EP1C3	2 910	1	13	
EP1C4	4 000	2	17	
EP1C6	5 980	2	20	每块 RAM 为 4kbit，可以另加 1 位奇偶校验位
EP1C12	12 060	2	52	
EP1C20	20 060	2	64	

CycloneII：Cyclone 的下一代产品，2005 年开始推出，90nm 工艺，1.2V 内核供电，属于低成本 FPGA，性能和 Cyclone 相当，提供了硬件乘法器单元，Cyclone II 系列概览如表 1-7 所示。

表 1-7 Cyclone II 系列概览

特 性	EP2C5	EP2C8	EP2C20	EP2C35	EP2C50	EP2C70
逻辑单元（LE）	4 608	8 256	18 752	33 216	50 528	68 416
M4K RAM 块	26	36	52	105	129	250
RAM 总量	119 808	165 888	239 ,616	483 840	594 432	1 152 000
嵌入式 18×18 乘法器	13	18	26	35	86	150
锁相环（PLL）	2	2	4	4	4	4
最大可用 I/O 脚	142	182	315	475	450	622

Stratix：Altera 公司的大规模高端 FPGA，2002 年中期推出，0.13μm 工艺，1.5V 内核供

电。集成硬件乘加器，芯片内部结构比 Altera 公司以前的产品有很大变化，Stratix 系列概览如表 1-8 所示。

表 1-8　Stratix 系列概览

1.5V	逻辑单元 LE	512bit RAM 块	4Kbit RAM 块	512kbit MegaRAM 块	DSP 块	备　注
EP1S10	10 570	94	60	1	6	每个 DSP 块可实现 4 个 9×9 乘法/累加器 RAM 块可以另加奇偶校验位
EP1S20	18 460	194	82	2	10	
EP1S25	25 660	224	138	2	10	
EP1S30	32 470	295	171	4	12	
EP1S40	41 250	384	183	4	14	
EP1S60	57 120	574	292	6	18	
EP1S80	79 040	767	364	9	22	
EP1S120	114 140	1118	520	12	28	

StratixII：Stratix 的下一代产品，2004 年中期推出，90μm 工艺，1.2V 内核供电，大容量高性能 FPGA，Stratix II 系列概览如表 1-9 所示。

表 1-9　Stratix II 系列概览

功　能	EP2S15	EP2S30	EP2S60	EP2S90	EP2S130	EP2S180
自适应逻辑模块（ALM）	6 240	13 552	24 176	36 384	53 016	71 760
等效逻辑单元（LE）	15 600	33 880	60 440	90 960	132 540	179 400
M512 RAM 块（512 bit）	104	202	329	488	699	930
M4K RAM 块（4 Kbit）	78	144	255	408	609	768
M-RAM 块（512 KB）	0	1	2	4	6	9
总共 RAM/bit	419 328	1 369 728	2 544 192	4 520 448	6 747 840	9 383 040
DSP 块（每个 DSP 包含 4 个 18×18 乘法器）	12	16	36	48	63	96
锁相环（PLL）	6	6	12	12	12	12
最大可用 I/O 引脚	358	542	702	886	1 110	1 158

（3）FPGA 配置芯片

用于配置 SRAM 工艺 FPGA 的 E^2PROM，EPC2 以上的芯片可以用电缆多次擦写，FPGA 配置芯片概览如表 1-10 所示。

表 1-10　FPGA 配置芯片概览

型　号	容　量	适用型号（详细内容请参阅数据手册）	电　压	常用封装
EPC1441（不可擦写）	441k bit	6K,10K10-10K30，1K10	3.3/5V 自动选择（可在软件中设定）	8 脚 DIP
EPC1（不可擦写）	1M bit	10K30E/1K30，10K/1K50，更大芯片要多片级连	3.3/5V 自动选择（可在软件中设定）	8 脚 DIP
EPC2（可重复擦写）	2M bit	10K/1K/20K100 以下，更大芯片要多片级连	3.3/5V 引脚控制（请查阅数据手册）	20 脚 PLCC
EPC8（可重复擦写）	8M bit			100 脚 PQFP
EPC16（可重复擦写）	16M bit			88 脚 BGA

（4）NoisII 软处理器

Verilog 编写的一个 32 位/16 位可编程 CPU 核，可以集成到各种 FPGA 中，Altera 公司提供开发软件用于软件和硬件开发。

（5）更多可编程器件产品

Altera 公司还有很多仍然在广泛使用的可编程器件产品，如：ACEX 1K、MAX3000A、FLEX 10K、APEX 20K、StratixGX 等。

1.2.2　MAX 系列产品的基本功能及编程方式

1. MAX 7000 系列产品

MAX 7000 系列器件是高密度、高性能的 COMS CPLD，它是在 Altera 公司的第二代 MAX 结构基础上，采用先进的 COMS E²PROM 技术制造的。它提供 600 到 5 000 可用门，拥有 ISP 技术，引脚到引脚延时为 5ns，计数器的工作频率可达 178.6MHz。

MAX 7000 CPLD 基于先进的多阵列矩阵（MAX）架构，为大量应用提供了世界级的高性能解决方案。基于电可擦除可编程只读存储器（E²PROM）的 MAX 7000 产品采用先进的 CMOS 工艺制造，提供从 32 到 512 个宏单元的密度范围，速度达 3.5ns 的引脚到引脚延迟。MAX 7000 器件支持在系统可编程能力（ISP），可以在现场轻松进行重配置。Altera 公司提供 5.0V、3.3V 和 2.5V 核电压的 MAX 7000 器件，MAX 7000 系列器件如表 1-11 所示。

表 1-11　MAX 7000 系列器件

密度（宏单元）	MAX 7000S（5.0 V）	MAX 7000AE（3.3 V）	MAX 7000B（2.5 V）	最快 t_{PD} (ns) (l)
32	√	√	√	3.5
64	√	√	√	3.5
128	√	√	√	4.0
160	√			6.0
192	√			7.5
256	√	√		5.0
512		√	√	5.5

注：t_{PD}=从输入到非寄存器输出数据延迟。

MAX 7000 器件提供大量封装形式从传统的四角扁平封装（QFP）到高级的节省空间的 1.0ms FineLine BGA® 封装。MAX 7000 器件通过提供广泛的封装选择，满足了现今设计的需求。所有这些封装被优化为支持密度移植，不同密度的器件在同一封装时采用相同的引脚排列。FineLine BGA® 封装采用 SameFrame™ 引脚排列结构，它提供相同密度下的 I/O 兼容。当设计需求变化时，这些移植选项提供了附加的灵活性。表 1-12 列出了 MAX 7000 器件的封装形式。

表 1-12　MAX 7000 器件的封装形式

封　　装	MAX 7000B (2.5 V)	MAX 7000AE (3.3 V)	MAX 7000S (5.0 V)
塑封 J 引线芯片封装（PLCC）	√	√	√
薄四角扁平封装（TQFP）	√	√	√

封　装	MAX 7000B (2.5 V)	MAX 7000AE (3.3 V)	MAX 7000S (5.0 V)
塑封四角扁平封装（PQFP）	√	√	√
高效四角扁平封装（RQFP）			√
BGA	√	√	
1.0ms 间距 FineLine BGA	√	√	
0.8ms 间距 UBGA	√		

MAX 7000S、MAX 7000AE 和 MAX 7000B 器件在相同封装下引脚兼容。通过选择 MAX 器件，当逻辑需求变化时，由于不需要变更引脚分配，因而能够节省工程时间，缩短设计周期。

MAX 7000 是具有即用性、非易失性、提供全局时钟、在系统可编程、开路输出、可编程上电状态、快速输入建立时间和可编程输出回转速率控制特性。和许多其他硅片特性一样，MAX 7000 器件适用于大量系统级的应用。

MAX 器件为易用的 Quartus II 网络版和 MAX+PLUS II 基础版设计软件所支持。这两个平台提供综合布局布线、设计验证和器件编程功能，能够从 Altera 公司网站的设计软件部分免费下载，可用作 MAX 器件设计的开发工具，使最终用户系统的总体开发成本最小化。

2．MAX II 系列产品

Altera 公司在 15 年创新的基础之上，推出了迄今成本最低的 CPLD MAX II 器件。MAX II 器件采用全新的体系结构，在所有的 CPLD 系列中具有最低的单位 I/O 成本和最低的功耗。这款即用非易失的器件的价格是其他 CPLD 的一半，它面向一般的小容量逻辑应用。MAX II 器件除了提供最低成本的传统 CPLD 设计之外，还为更大容量的设计改善了成本和功耗，能够替代成本更高或功率更高的 FPGA、ASSP 和标准逻辑器件。

MAX II 器件基于全新的 CPLD 体系结构，重新定位了 CPLD 的价值体现。过去，CPLD 由于能力所限，只能提供小型 FPGA 的竞争性成本结构。而新的 MAX II CPLD 体系则具有和小容量 FPGA 相竞争的定价，以及作为单芯片即用型非易失器件的工程优势。在更大的容量上，查找表（LUT）的逻辑阵列块（LAB）和行列走线具有更高的裸片面积效率。由于 MAX II CPLD 采用了 LUT 体系，具有 4 倍的容量，以及即用性和非易失性，因而使得 MAX II 器件成为成本更低和容量更大的 CPLD，而不仅只提供竞争方案。

MAX II 器件属于非易失、瞬时接通可编程逻辑系列，采用了业界突破性的 CPLD 体系结构。这种体系结构帮助用户大大降低了系统功耗、体积和成本。MAX II CPLD 可用于以前由 FPGA、ASSP 和标准逻辑器件所实现的多种应用。

表 1-13 列出了 MAX II 器件系列的型号和特性。

表 1-13　MAX II 器件系列的型号和特性

特　性	EPM240/G/Z	EPM570/G/Z	EPM1270/G	EPM2210/G
逻辑单元（LE）	240	570	1 270	2 210
典型等价宏单元	192	440	980	1 700
最大用户 I/O 引脚	80	160	212	272
用户闪存比特数	8 192	8 192	8 192	8 192

低成本 MAX II CPLD 的体系结构和电路板管理特性（如表 1-14 所示）实现了器件的易用性和系统集成。

表 1-14　MAX II CPLD 的体系结构和电路板管理特性

成本优化体系结构	Altera® MAX II 器件具有新的 CPLD 体系结构，打破了典型 CPLD 的成本、容量和功耗限制
低功耗	MAX II CPLD 具有 CPLD 业界最低的动态功耗，只有以前 MAX CPLD 的 1/10
用户闪存	MAX II 器件提供 8 Kbit 用户可访问 Flash 存储器，可用于片内串行或并行非易失存储
实时在系统可编程（ISP）	MAX II 器件支持用户在器件工作时对闪存配置进行更新
I/O 能力	MAX II 器件支持多种单端 I/O 接口标准，例如 LVTTL、LVCMOS 和 PCI
封装支持	TQFP、1.0mm 间距 FBGA 和 0.5mm 间距 MBGA
并行 Flash 加载	MAX II 器件含有 JTAG 模块，可以利用并行 Flash 加载宏功能来配置非 JTAG 兼容器件，例如分立闪存器件等
工业级温度支持	MAX II 器件支持工业级温度范围，从–40℃～100℃（结温），用于各种工业其他对温度敏感的领域
扩展温度支持	MAX II 器件支持扩展级温度范围，从–40℃～125℃（结温），支持汽车和其他对温度敏感的应用

1.3　CCIT CPLD/FPGA 实验仪使用

 学习目标

1．能力目标

1）能用 EPM1270T144C5N 核心芯片的实验板进行 CPLD/FPGA 开发。

2）熟练识别实验板上外围模块接口及引脚的对应关系。

2．知识目标

1）掌握 EPM1270T144C5N 核心芯片的引脚功能及引脚分配。

2）掌握 EPM1270T144C5N 核心芯片实验板的编程步骤及配置方法。

3．素质目标

1）积极主动地学习。

2）培养读者既大胆尝试又执行操作规范的实验动手技能。

3）建立互帮互助的同学关系。

 情境设计

本节主要介绍 CPLD/FPGA 开发实验板的布局及外围模块与 EPM1270T144C5N 核心芯片引脚的对应关系，重点熟悉实验板的各个模块编程设置，并最终下载到实验板实际运行。具体教学情境设计如表 1-15 所示。

本节主要通过使用 CCIT CPLD/FPGA 实验仪，使读者能具体了解基于 EPM1270T144C5N 为核心芯片的实验开发平台的 Verilog HDL 设计所必需的硬件仿真和实验验证的方法和过程。

表 1-15　教学情境设计

序　号	教学内容	技 能 训 练	知 识 要 点	学 时 数
情境 1	实验板使用	1．熟悉实验板上的各个外围模块 2．能将 EPM1270T144C5N 芯片的各个引脚与外围模块对应起来 3．会进行程序下载及运行	1．实验板的操作规范 2．实验板的基本外围模块及设计要求 3．EPM1270T144C5N 芯片的引脚及其功能	2

1.3.1　实验仪结构设计

CCIT CPLD/FPGA 实验仪的电路布局示意图如图 1-10 所示。

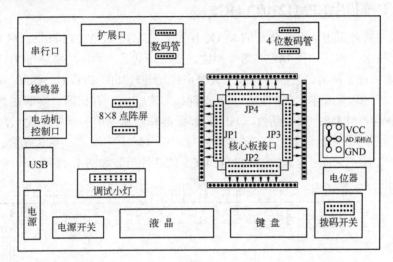

图 1-10　CCIT CPLD/FPGA 实验仪的电路布局示意图

1.3.2　熟悉实验仪的元器件

电路主要器件列表如表 1-16 所示。

表 1-16　电路主要器件列表

标　　号	器 件 名 称	功 能 说 明
电源	SPX1117	+5V 转 3.3V 芯片
核心板芯片	EPM1270T144C5N	Altera CPLD 器件
点阵屏	点阵显示屏 LNM-1588Bx	8×8LED
反相器	74HC00	4 与非门
4 位数码管	LN3461	4 位 8 段共阳数码管
串行口	MAX232	RS232 器件
蜂鸣器	BUZZ	无源蜂鸣器
键盘	键盘	8 个按键
拨码开关	拨码开关	8 位拨码开关
调试小灯	发光二极管	8 个 LED 调试小灯

标 号	器 件 名 称	功 能 说 明
电源指示灯	发光二极管	POWER 指示灯
PWM 信号灯	发光二极管	PWM 指示灯
Y1	1～24MHz 石英晶振	用户自选的时钟信号源
传感器	ADC0809	A-D 转换芯片
液晶	YM1602C	字符液晶
USB 接口	方口 USB 接口	从 PC 取电
电动机控制口	三针插座	PWM 输出接口

1.3.3 解析主控芯片 EPM1270T144C5

本开发板主芯片采用 Altera 公司的 MAX II 系列芯片 EPM1270T144C5。MAX II 运用了低功耗的工艺技术，和前一代 MAX 器件相比，成本降低了一半，功率降至 1/10，容量增加了 4 倍，性能增加了两倍。它能取代成本较昂贵或功耗较高的 FPGA、ASSP 和标准逻辑器件。MAX II 器件具有成本优化的体系、低功耗、用户 Flash 存储器、实时在系统可编程性（ISP），MultiVolt&#8482；核灵活性，JTAG 解释器和容易使用的软件等优点，能实现高度的功能集成，减少系统设计成本。在各种控制应用中（如上电顺序、系统配置、I/O 扩展和接口桥接等）有着广泛的用途。EPM1270T144C5 的芯片封装如图 1-11 所示。

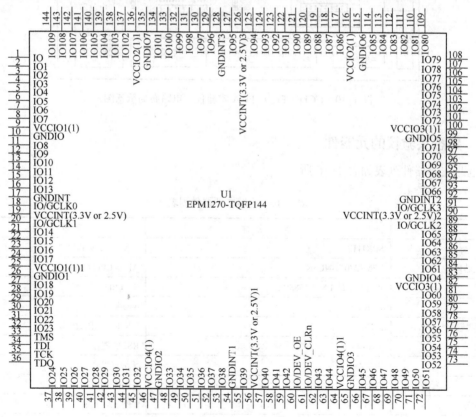

图 1-11 EPM1270T144C5 的芯片封装

引脚描述如下所述。

可编程逻辑类型：CPLD

输入/输出引脚数：116

宏单元数：980

逻辑单元数：1270

支持最高频率：201.1MHz

输入/输出接口标准：LVTTL、LVCMOS、PCI

封装类型：TQFP

工作温度范围：0℃～85℃

引脚数：144

1.3.4 了解实验仪的外围接口及其引脚对应关系

为了充分发挥 CCIT CPLD/FPGA 实验系统资源，以便实现更多的项目设计，在实验平台的电路中留出了许多应用接口，下面逐一介绍这些接口模块。

（1）电源模块

向 CCIT CPLD/FPGA 实验仪提供工作电源。在向实验板下载程序或运行演示之前，都要将 CCIT CPLD/FPGA 实验仪连接+5V 专用电源或连接 USB 接口从 PC 取电，但不要同时连接。当实验板上的电源指示灯 POWER-LED 亮时，说明供电正常，否则应检查电源是否连接好。

（2）RS232 接口

外形为 DB9 孔式，可以通过串行通信电缆与计算机串行口相连接，与计算机进行通信。COM1 为 CPLD 的 I/O 口构建的 RS232 输出，COM1 连接器如表 1-17 所示。

表 1-17　COM1 连接器

引　　脚	名　　称	功　　能
2	RXD	PC 接收数据
3	TXD	PC 发送数据
5	GND	信号地
1、4、6、7、8、9	空	未用

（3）扩展接口（JP_extend）

该实验板上的大部分 I/O 口都已被定义了对应的功能，但还有少数几个 I/O 口还没有定义任何功能，实验板上已把这部分引脚引出，方便用户扩展。扩展口引脚如下：

129	130	131	132	133	134	GND	VCC

（4）JTAG 下载口

CPLD 器件 MAX 系列芯片的编程界面。该下载口用于给 CPLD 编程。编程引脚对应如下：

GND	TMS	TDO	VCC
GND	TDI	TCK	

（5）PWM 输出接口

通过该 PWM 输出接口（42 引脚），CCIT CPLD/FPGA 实验仪能够与外部电动机相连以实现电动机的驱动，读者也可以利用本实验仪来产生 PWM 信号，开发相关的设备。

（6）用户晶振接口

通过该接口可以为用户提供所需的 CPLD 工作频率，用户可以接上 1～50MHz 的无源晶振（若不接，则实验系统工作频率为 50MHz）。

（7）EPM1270T144C5N 芯片引脚与外围模块连接界面

1）串口、点阵显示屏、LED 小灯及蜂鸣器与 EPM1270T144C5N 芯片引脚连接（JP1），用于 EPM1270T144C5N 芯片与 MAX232、8×8LED 的连接，了解它们的对应关系，可以方便用户进行串行通信和 8×8LED 显示实验。引脚及名称对应关系如下：

引脚	1	2	3	4	5	6	7	8	11	12
名称	RXD0	TXD0	TXD1	RXD1	LD1	LD2	LD3	LD4	LD5	LD6

引脚	13	14	15	16	21	22	23	24	27	28
名称	LD7	LD8	LD-A	LD-B	LD-C	LD-D	LD-E	LD-F	LD-G	LD-H

引脚	29	30	31	32	37	38	39	40	41
名称	LED1	LED2	LED3	LED4	LED5	LED6	LED7	LED8	BUZZ

2）LCD、键盘和拨码开关与 EPM1270T144C5N 芯片引脚连接（JP2），用于 EPM1270T144C5N 芯片与字符液晶、8 个键盘和 8 位拨码开关的连接，了解它们的对应关系，可以方便用户进行字符液晶及键盘开关有关的项目实验。引脚及名称对应关系如下：

引脚	43	44	45	48	49	50	51	52	53	55
名称	VO	RS	R/W	E	DB0	DB1	DB2	DB3	DB4	DB5

引脚	57	58	59	60	61	62	63	66	67	68
名称	DB6	DB7	BLK	BLA	K1	K2	K3	K4	K5	K6

引脚	69	70	71	72	73	74	75	76	77	78
名称	K7	K8	SW0	SW1	SW2	SW3	SW4	SW5	SW6	SW7

3）4 位数码管和 A-D 接口与 EPM1270T144C5N 芯片引脚连接（JP3），用于 EPM1270T144C5N 芯片与 4 位数码管、A-D 芯片之间的连接，了解它们的对应关系，可以方便用户进行与数码管及 A-D 转换有关的项目实验。引脚及名称对应关系如下：

引脚	118	117	114	113	112	111	110	109	108
名称	SLA	SLB	SLC	SLD	SLE	SLF	SLG	SLH	SL1

引脚	107	106	105	104	103	102	101	98	97
名称	SL2	SL3	SL4	SL5	SL6	AD0	AD1	AD2	AD3

引脚	96	95	94	93	88	87	86	85
名称	AD4	AD5	AD6	AD7	AD_A	AD_B	AD_C	AD_ST

引脚	84	81	80	79
名称	AD_ALE	AD_OE	AD_EOC	AD_CLK

4）核心板电源接口、1 位数码管 EPM1270T144C5N 芯片引脚连接（JP4），用于 EPM1270T144C5N 芯片与 1 位数码管、电源接口（由核心板提供 5V 和 3.3V）相连接，了解它们的对应关系，可以方便用户进行与 1 位数码管有关的项目实验。引脚及名称对应关系如下：

引脚	119	120	121	122	123	124	125	127
名称	SEG_E	SEG_D	SEG_C	SEG_H	SEG_B	SEG_A	SEG_F	SEG_G

1.3.5　设计实验仪原理图

核心板原理图、扩展板原理图 1. 扩展板原理图 2. 分别如图 1-12～图 1-14 所示。

1.3.6　USB–Blaster 下载口

1. ALTERA CPLD 器件配置方式

ALTERA CPLD 器件的配置方式主要分为两大类，即主动配置方式和被动方式。主动配置方式由 CPLD 器件引导配置操作过程，它控制着外部存储器和初始化过程；而被动配置方式则由外部计算机或控制器控制配置过程。根据数据线的多少又可以将 CPLD 器件配置方式分为并行配置和串行配置两类。经过不同组合就得到四种配置方式：主动串行（AS）、被动串行（PS）、被动并行同步（PPS）及被动并行异步（PPA）配置。我们没有必要对每一种配置方式都进行讲述，而是详细介绍了本书中经常使用的方式，即被动串行配置方式（PS）和边界扫描模式。

以 FLEX10K 器件为例，我们首先介绍了 PS 方式中使用到的引脚。

MSEL1、MSEL0：输入；接地。

nSTATUS：双向漏极开路；命令状态下器件的状态输出。加电后，FLEX10K 立即驱动该引脚到低电位，然后在 100ms 内释放掉它，nSTATUS 必须经过 1.0kΩ电阻上拉到 Vcc，如果配置中发生错误，FLEX10K 则将其拉低。

nCONFIG：输入；配置控制输入。低电位使 FLEX10K 器件复位，在由低到高的跳变过程中启动配置。

CONF_DONE：双向漏极开路；状态输出。在配置期间，FLEX10K 将其驱动为低。所有配置数据无误差接收后，FLEX10K 将其置为三态，由于有上拉电阻，因而将变为高电平，表示配置成功。

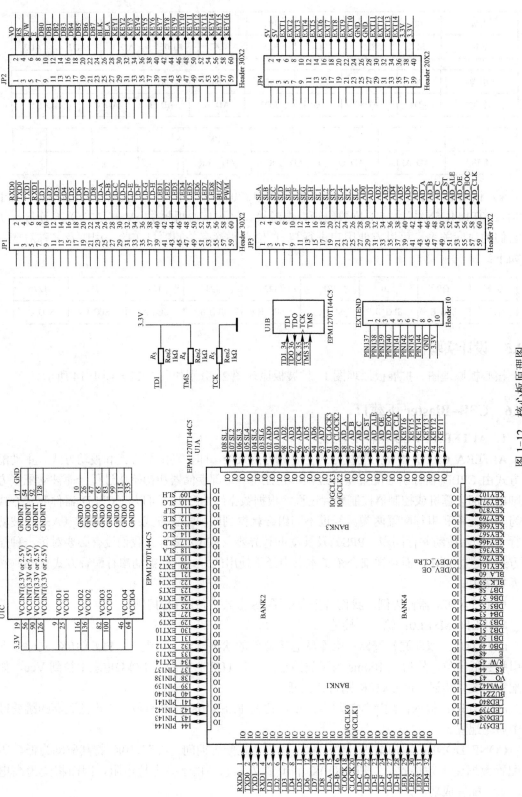

图 1-12 核心板原理图

22

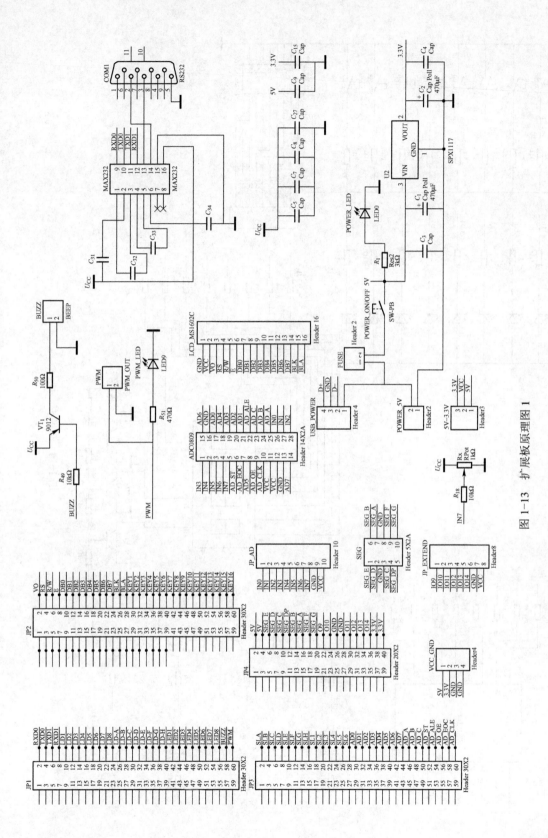

图 1-13　扩展板原理图 1

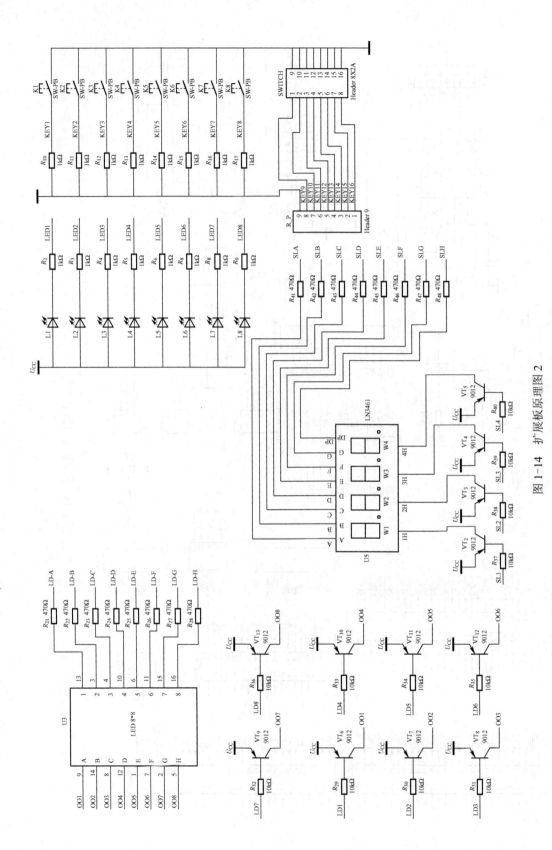

图 1-14　扩展板原理图 2

24

状态输入：输入高电位引导器件执行初始化过程并进入用户状态。CONF_DONE 必须经过 1.0kΩ电阻上拉到 Vcc，而且可以将外电路驱动为低以延时 FLEX10K 初始化过程。

DCLK：输入；为外部数据源提供时钟。

nCE：输入；作为 FLEX10K 器件的使能输入，nCE 为低时，使能配置过程，若为单片配置时，nCE 必须始终为低。

nCEO：输出（专用于多片器件）；FLEX10K 配置完成后，输出为低。在多片级联配置时，驱动下一片的 nCE 端。

DATA0：输入；数据输入，在 DATA0 引脚上的一位配置数据。

在被动串行配置（PS）方式中，ByteBlaster、FLEX 下载电缆或微处理器产生一个由低到高的跳变送到 nCONFIG 引脚，然后由微处理器或编程硬件将配置数据送到 DATA0 引脚。该数据锁存至 CONF_DONE 变为高电位，它先将每字节的最低位 LSB 送到 FLEX10K 器件，在 CONF_DONE 变为高电位后，DCLK 必须有多余的 10 个周期来初始化该器件，器件的初始化是由下载电缆自动执行的。在 PS 方式中没有握手信号，所以配置时钟的工作频率必须低于 10MHz。

2．USB-Blaster 编程模式

USB-Blaster 支持 3 种编程模式。

被动串行模式（PS）——可对所有 Quartus Ⅱ软件支持的 Altera 器件进行编程和配置，不支持 MAX3000 和 MAX7000。

主动串行模式（AS）——仅支持 EPCS1、EPCS4、EPCS16 和 EPCS64 系列器件的编程和配置。

边界扫描模式（JTAG）——具有边界扫描电路的配置重构或在线编程，可对所有 Quartus Ⅱ软件支持的 Altera 器件进行编程和配置，不支持 FLEX6000。

本实验仪的编程模式为 JTAG 模式。

USB-Blaster JTAG 模式下载电缆的组成：与 PC USB 端口相连，与 PCB 插座相连的 JTAG10 针插头，USB 到 JTAG10 针的变换电路。USB-Blaster 下载电缆外形示意图如图 1-15 所示。

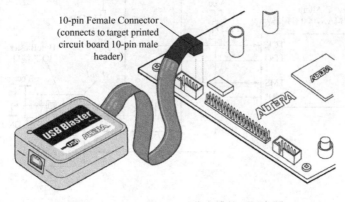

图 1-15　USB-Blaster 下载电缆外形示意图

USB-Blaster10 针插头是与 PCB 上的 JTAG10 针插座连接的，各引脚对应关系参见 Altera 公司网站上的 USB-Blaster 数据手册。

JTAG 编程模式可支持 MAX 器件和 FLEX 器件，用于 MAX 器件的下载文件为 POF 文件（.pof），而用于 FLEX 器件的下载文件为 SOF 文件（.sof）。

（1）单个 FLEX 器件的 JTAG 方式配置

图 1-16 给出了单个 FLEX 10K 器件的 JTAG 编程设计示意图，下载过程与 MAX 器件类似。

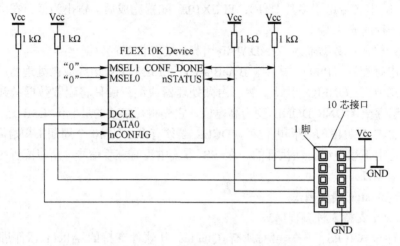

图 1-16　单个 FLEX/OK 器件的 JTAG 编程设计示意图

（2）单个 MAX 器件的 JTAG 编程

在 Quartus II 软件的 Programmer 窗口下，取消菜单 JTAG 中的 Multi-Device JTAG Chain 选项，即选择单个器件编程模式。

选择菜单"File"→"Select Programming File"，出现"Select Programming File"对话框，在其中选择要下载的 POF 文件，再回到编程器窗口。图 1-17 给出了单个 MAX 器件的 JTAG 编程设计示意图，图中的电阻为上拉电阻。

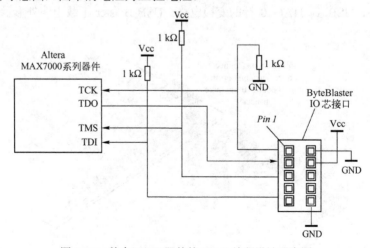

图 1-17　单个 MAX 器件的 JTAG 编程设计示意图

1.4　Quartus II 开发环境安装

学习目标

1．能力目标

1）会从 Altera 官网下载 Quartus II13.1 软件包。

2）会进行 Quartus II13.1 软件的安装。

3）会进行 USB-Blaster 下载电缆安装。

2．知识目标

1）了解 Quartus II 软件的基本功能。

2）掌握 Quartus II 软件的安装步骤和方法。

3．素质目标

1）积极主动地学习。

2）培养用户良好的应用软件安装技能。

1.4.1　Quartus II 软件功能简介

Quartus II 是 Altera 公司的综合性 PLD 开发软件，支持原理图、VHDL、Verilog HDL 以及 AHDL（Altera Hardware Description Language）等多种设计输入形式，内嵌自有的综合器以及仿真器，可以完成从设计输入到硬件配置的完整 PLD 设计流程。

Quartus II 可以在 Windows、Linux 以及 UNIX 上使用，除了可以使用 Tcl 脚本完成设计流程外，还提供了完善的用户图形界面设计方式，具有运行速度快、界面统一、功能集中及易学易用等特点。

Quartus II 支持 Altera 的 IP 核，包含了 LPM/MegaFunction 宏功能模块库，使用户可以充分利用成熟的模块，简化了设计的复杂性，加快了设计速度。对第三方 EDA 工具的良好支持也使用户可以在设计流程的各个阶段使用熟悉的第三方 EDA 工具。

此外，Quartus II 通过和 DSP Builder 工具与 Matlab/Simulink 相结合，可以方便地实现各种 DSP 应用系统；支持 Altera 的片上可编程系统（SOPC）开发，集系统级设计、嵌入式软件开发、可编程逻辑设计于一体，是一个综合性的开发平台。

Maxplus II 作为 Altera 的上一代 PLD 设计软件，由于其出色的易用性而得到了广泛的应用。目前 Altera 已经停止了对 Maxplus II 的更新支持，Quartus II 与之相比不仅仅支持器件类型的丰富和图形界面的改变，Altera 在 Quartus II 中还包含了许多诸如 SignalTap II、Chip Editor 和 RTL Viewer 的设计辅助工具，集成了 SOPC 和 HardCopy 设计流程，并且继承了 Maxplus II 友好的图形界面及简便的使用方法。

Altera Quartus II 作为一种可编程逻辑的设计环境，由于其强大的设计能力和直观易用的接口，越来越受到数字系统设计者的欢迎。

Altera 的 Quartus II 可编程逻辑软件属于第四代 PLD 开发平台。该平台支持一个工作组环境下的设计要求，其中包括支持基于 Internet 的协作设计。Quartus 平台与 Cadence、ExemplarLogic、MentorGraphics、Synopsys 和 Synplicity 等 EDA 供应商的开发工具相兼容，改进了软件的 LogicLock 模块设计功能，增添了 FastFit 编译选项，推进了网络编辑性能，并提升了调试能力，支持 MAX7000/MAX3000 等乘积项器件。

图 1-18 所示的上排框图是 Quartus II 编译设计主控界面，显示了 Quartus II 自动设计的各个主要处理环节和设计流程，包括设计输入编辑、设计分析与综合、适配、编程文件汇编（装配）、时序参数提取以及编程下载几个步骤。在图 1-18 下排的流程框图中，显示与上面 Quartus II 设计流程相对应的标准的 EDA 开发流程。

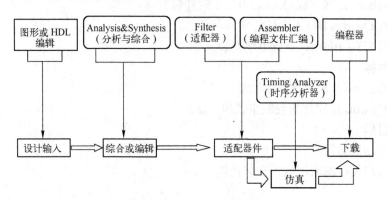

图 1-18　Quartus II 设计流程

1.4.2　Quartus II 软件安装

Quartus II 软件安装一直都比较繁琐，现在对 Quartus II 13.1 软件的安装步骤进行简要介绍，安装步骤如下：

（1）安装 Quartus II 13.1 正式版

Quartus II 13.1 Windows32 位/64 位版本安装文件可以从 Altera 官网下载https://www.altera.com/downloads/download-center.html，其安装文件是 QuartusSetup-13.1.0.162.exe，在此页面可同时下载需要的器件资源文件。先运行安装文件，随后将弹出安装向导，根据安装向导即可逐步完成安装过程。注意：对初学者来说，在安装向导中选用"典型"安装模式，这样后面的所有操作用安装向导的默认设置即可。安装完成后，在桌面上生成其快捷方式。

（2）软件注册

下载 Crack_QII_13.1_Windows.exe 文件，解压缩后得到两个破解文件分别是 Quartus_II_13.1_x86 破解器.exe 和 Quartus_II_13.1_x64 破解器.exe，根据操作系统位数选择对应的破解。当破解了 C:\altera\13.1\quartus\bin 下的 sys_cpt.dll 和 quartus.exe 文件后即可正常使用 Quartus_II_13.1 软件了。破解方法以 x86 为例：

运行 Quartus_II_13.1_x86 破解器.exe 后，直接单击"应用"按钮，如果出现"未找到该文件。搜索该文件吗？"，单击"是"按钮，然后选中 sys_cpt.dll，单击"打开"按钮。注意：安装默认的 sys_cpt.dll 路径是在 C:\altera\13.1\quartus\bin 下，并保存 licence.dat 文件到此目录。

（3）修改 license.dat 文件

读者可以到 C:\altera\13.1\quartus\bin 路径下找到 license.dat，把里面的 XXXXXXXXXXXX 用自己计算机上的网卡号替换，获取网卡号的方法如下：

在 Quartus II 13.1 的 Tools 菜单下选择 License Setup, 如图 1-19 所示, 在图 1-20 所示的 NIC ID 框中显示网卡号。

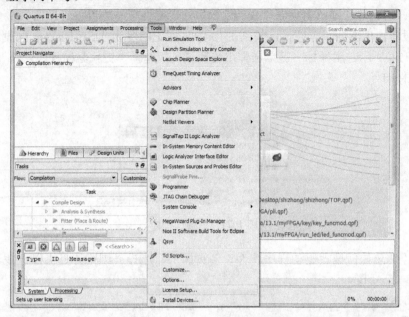

图 1-19　选择 License Setup 菜单项

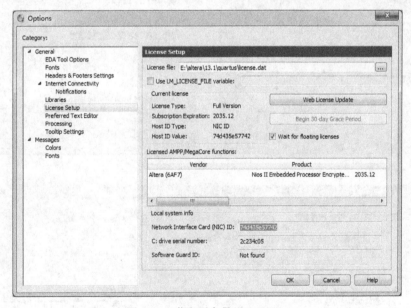

图 1-20　获取网卡号 (NIC ID)

1.4.3　USB-Blaster 下载电缆安装

1. USB-Blaster 驱动程序安装

在 Windows 操作系统中, 需要安装 USB-Blaster 驱动程序, 驱动程序在安装目录下的

Drivers 目录中，安装步骤如下：

1）将 USB-Blaster 连接到 PC 的 USB 端口，系统会自动安装硬件驱动程序，并提示安装失败信息。用鼠标右键单击桌面"我的电脑"→"属性"→"设备管理器"。

2）在设备管理器中查看硬件，找到带有"！"标记的名为 USB-Blaster 的设备，设备管理器如图 1-21 所示。用鼠标右键单击弹出快捷菜单，选择"更新驱动程序软件"，启动更新驱动程序软件向导。

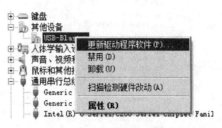

图 1-21　设备管理器

3）在"您想如何搜索驱动程序软件？"页面上，选择"浏览计算机以查找驱动程序软件"，如图 1-22a 所示。

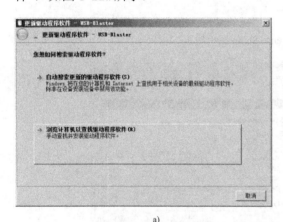

a)

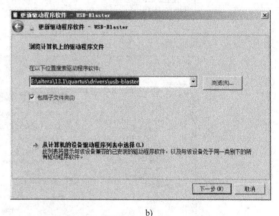

b)

c)

图 1-22　新硬件驱动安装步骤 1

a) 手动安装　b) 设置驱动文件路径　c) 驱动程序安装

4）在"浏览计算机上的驱动程序文件"页面上，将路径设置为"C:\altera\13.1\quartus\drivers\usb-blaster"如图 1-22b 所示，按"下一步"按钮继续。

5）在弹出的窗口如图 1-22c 所示中单击"安装"按钮，安装完成后如图 1-23a 所示。再次查看设备管理器，确认 Altera USB-Blaster 驱动已成功安装，如图 1-23b 所示。

a)   b)

图 1-23　新硬件驱动安装步骤 2

a) 安装向导完成　b) 查看设备管理器

2. 在 Quartus II 中添加 USB-Blaster 下载电缆

1）打开编程菜单。在 Tools 菜单下，执行 Programer 命令，程序下载菜单选项如图 1-24 所示。

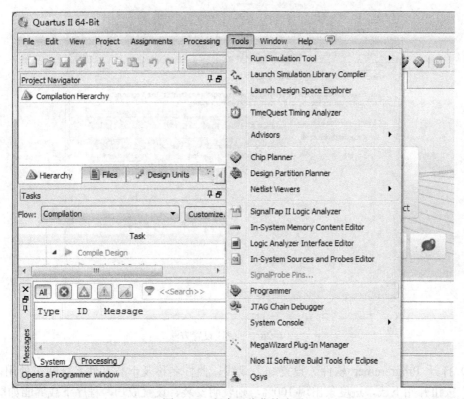

图 1-24　程序下载菜单选项

2）硬件设置。单击"Hardware Setup"按钮，单击"select hardware"按钮，选择 USB-Blaster。完成后，在 Hardware Setup 右侧出现 USB-Blaster [USB-0]，Mode 的下拉菜单有 JTAG，下载电缆设置如图 1-25 所示。

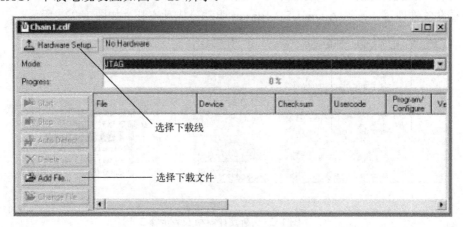

图 1-25　下载电缆设置

3）下载线设置方法。若未发现硬件，则按照图中步骤操作就可以添加了，下载线设置方法如图 1-26 所示。

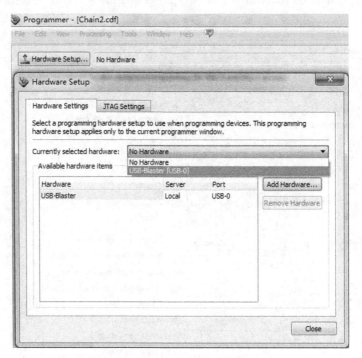

图 1-26　下载线设置方法

4）打开 Programmer 软件。设置好下载线、器件名称及下载文件名称即可使用。单击"Start"按钮开始下载，进度条出现 100%，则表明安装、设置成功，程序下载界面如图 1-27 所示。

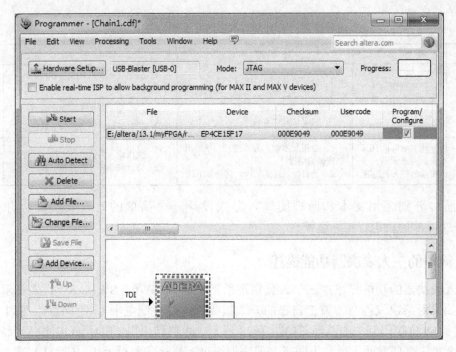

图 1-27　程序下载界面

1.5　Quartus II 软件开发环境的应用

 学习目标

1．能力目标

1）利用 Quartus II 软件进行 CPLD/FPGA 的初步设计。

2）采用原理图输入和 Verilog HDL 输入方式设计一个简单的三人表决器，并下载到实验板进行实际运行。

3）利用数字及纸质资源查找并使用 Quartus II 软件的资料。

2．知识目标

1）掌握利用 Quartus II 软件进行 CPLD/FPGA 开发设计的一般步骤。

2）掌握用原理图和 Verilog HDL 两种输入方式进行设计的基础知识。

3．素质目标

1）积极主动地学习。

2）培养读者良好的应用软件的技能。

情境设计

本节主要介绍 CPLD/FPGA 开发工具 Quartus II 的使用步骤，重点学习原理图输入方式设计、文本输入方式设计及时序仿真过程，最终下载到实验板实际运行。具体教学情境设计见表 1-18。

表 1-18　教学情境设计

序　　号	教学情境	技　能　训　练	知　识　要　点	学时数
情境 1	用原理图输入方式设计一个简单的三人表决器	1．会安装 Quartus II13.1 软件 2．会用原理图输入方式进行简单的组合逻辑电路设计 3．会进行设计的编译、仿真和下载	1．安装 Quartus II13.1 软件的一般步骤 2．三人表决器的功能描述 3．原理图输入方式设计流程 4．设计的编译、仿真和下载流程	4
情境 2	用 Verilog HDL 输入方式设计一个简单的三人表决器	1．会用文本输入方式进行简单的组合逻辑电路设计 2．会进行设计的编译、仿真和下载	1．文本输入方式设计流程 2．设计的编译、仿真和下载流程	2

下面，分别采用文本和原理图输入方式设计一个简单的三人表决器，并下载到 CPLD/FPGA 实验板进行实际运行。

1.5.1　简单的三人表决器功能描述

三人表决器的功能描述：三个人分别用手指拨开关 SW0、SW1、SW2 来表示自己的意愿，如果对某决议同意，就把自己的开关拨到"ON"（低电平），不同意就拨到"OFF"（高电平）。8 位拨码开关的原理图如图 1-28 所示。表决结果用 LED（低电平亮）显示，如果对某个决议有任意两人至三人同意，即决议通过，那么实验板上 L1（绿灯）亮；如果对某个决议只有一个人或没人同意，那么此决议不通过，实验板上 L2（红灯）亮。这里，三个拨码键代表三个参与表决的人，置"0"表示该人同意议案，置"1"表示该人不同意议案；两个指示灯用来表示表决结果，L1 点亮表示议案通过，L2 点亮表示议案被否决。真值表如表 1-19 所示。

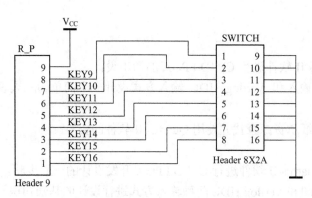

图 1-28　8 位拨码开关的原理图

表 1-19　真值表

SW0	SW1	SW2	L1	L2
1	1	1	1	0
1	1	0	1	0
1	0	1	1	0
1	0	0	0	1

SW0	SW1	SW2	L1	L2
0	1	1	1	0
0	1	0	0	1
0	0	1	0	1
0	0	0	0	1

　　三人表决器功能虽然简单，但是读者可以从这个简单项目设计中学习到 CPLD/FPGA 的设计输入、仿真及下载等一个完整过程。实验设备准备：PC 一台、CPLD/FPGA 实验板、电源和下载电缆。软、硬件均准备好以后，就可以开始设计了。在以下几种输入方式中，也可以先只看一种（比如原理图方式或者文本方式），然后直接看后面的编译、仿真和下载内容。

1.5.2　文本方式输入

　　根据三人表决器的真值表，通过卡诺图化简可得到：

L1=SW0SW1+SW0SW2+SW1SW2

L2=～L1

　　那么，可以在 Quartus II 中用 Verilog HDL 设计三人表决器。步骤如下：

（1）用鼠标双击桌面上的 Quartus II13.1 的图标

　　启动 Quartus II13.1 软件，Quartus II13.1 环境编辑界面如图 1-29 所示。

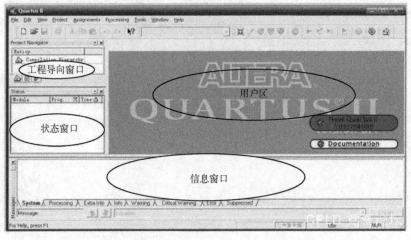

图 1-29　Quartus II13.1 环境编辑界面

（2）新建工程

　　通过"File"→"New Project Wizard…"菜单命令启动新项目向导，利用向导，建立一个新项目。

　　Step1：项目路径、名称设置如图 1-30 所示。分别指定创建工程的路径、工程名和顶层文件名。工程名和顶层文件可以一致也可以不同。一个工程中可以有多个文件，但只能有一个顶层文件。这里将工程名取为："vote"，顶层文件名取为"vote"，注意：路径和工程名不能使用中文。

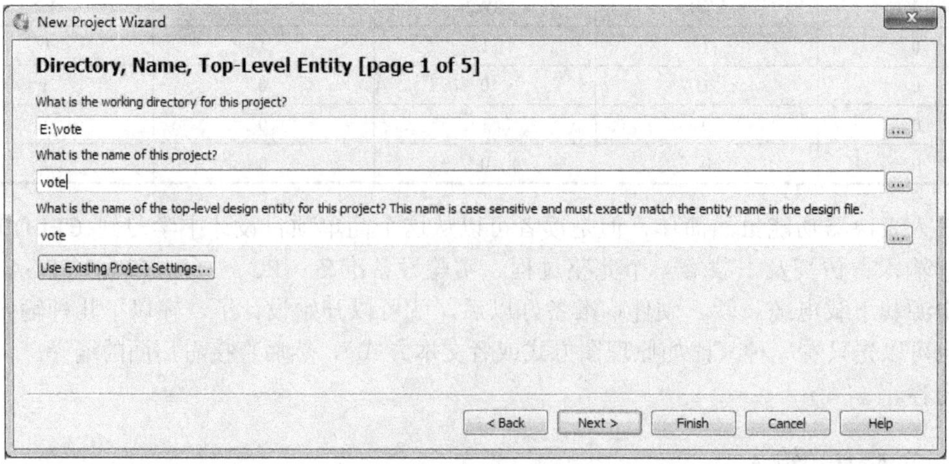

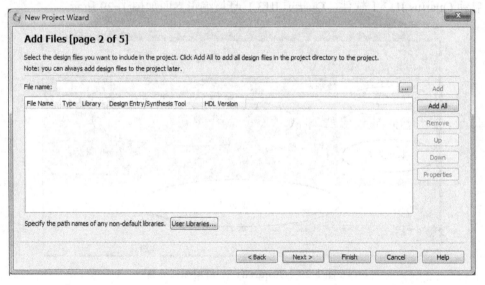

图 1-30　项目路径、名称设置

在"What is the working directory for this project"栏目中设定新项目所使用的路径，在"What is the name of this project"栏目中输入新项目的名字："vote"，单击"Next"按钮。

Step2：在这一步，向导要求向新项目中加入已存在的设计文件。因为此处设计文件还没有建立，所以单击"Next"按钮，跳过这一步，添加文件如图 1-31 所示。

图 1-31　添加文件

Step3：在这一步选择器件的型号。Family 栏目设置为"MAX II"，选中"Specific device selected in 'Available devices' list"选项，在 Available devices 窗口中选中所使用的器件的具体型号，这里以 EPM1270T144C5N 为例。单击"Next"按钮，继续，CPLD/FPGA 芯片型号设置如图 1-32 所示。

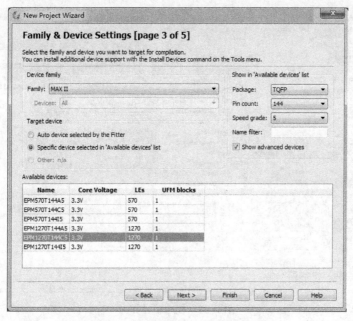

图 1-32　CPLD/FPGA 芯片型号设置

Step4：在这一步，可以为新项目指定综合工具、仿真工具和时间分析工具。在这个实验中使用 Quartus II 的默认设置，直接单击"Next"按钮，继续。

Step5：确认相关设置，单击"Finish"按钮，完成新项目创建。

（3）输入设计文件

接下来，建立一个 Verilog HDL 文件，并加入到项目中。在 File 菜单下，单击"New"命令。在随后弹出的图 1-33 所示的新建 Verilog hdl 文件对话框中选择 Verilog HDL File 选项，单击"OK"按钮。然后在打开的 Verilog HDL 编辑器中输入如下的程序代码，输入完后，在"File"菜单下选择"Save As"命令，将其保存，并加入到项目中。

```
module vote(K1,K2,K3,L1,L2);
    output   L1,L2;
    input   K1,K2,K3;
    //其中 K11，K22，K33 为中间变量
    and(K11,K1,K2);
    and(K22,K1,K3);
    and(K33,K2,K3);
    or(L1,K11,K22,K33);
    not(L2,L1);
endmodule
```

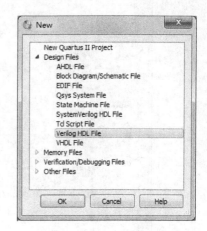

图 1-33　新建 Verilog hdl 文件

（4）编译

在 Processing 菜单下，单击 Start Compilation 命令，开始编译本项目。编译结束后，如果编译成功，则单击"确定"按钮，程序编译界面如图 1-34 所示。

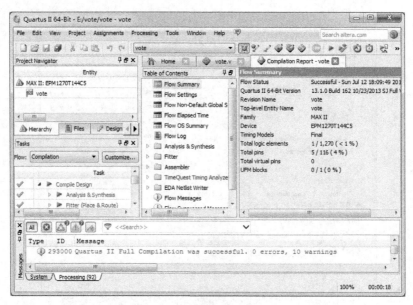

图 1-34　程序编译界面

（5）指定芯片的引脚

在 Assignments 菜单下，单击 "Pin Planner" 命令，启动 Pin Planner 工具，弹出图 1-35 所示的芯片引脚锁定对话框。在该对话框中可以为电路的端子分配器件的引脚。在 All Pins 表格中，用鼠标双击 K1 所在行的 "Location" 单元，输入 "61" 然后按〈Enter〉键，其余引脚按照图 1-35 进行指定。注意：用鼠标双击 "Location" 进行输入，然后按〈Enter〉键确认，按〈delete〉键删除。

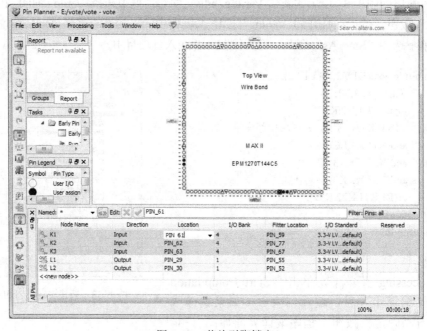

图 1-35　芯片引脚锁定

在 Assignments 菜单下，单击"Device…"命令，弹出图 1-36 所示的设备类型设置对话框。在该对话框中查看一下各列表中显示的器件是不是和目标芯片相一致，若不一致可修改。

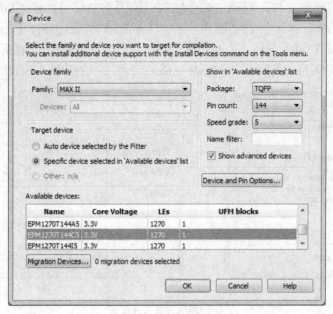

图 1-36　设备类型设置

（6）设置不用的引脚

在 Assignments 菜单下，单击"Device…"命令。在随后弹出的对话框中单击"Device & Pin Options…"按钮，进入"Device & Pin Options"对话框，设置未用的引脚状态如图 1-37 所示。切换到"Unused Pins"页，在"Reserved all unused pins"栏目中，选择"As input tri-stated"。因为此设计要在开发板上演示，所以把没有用到的引脚设为输入，以避免与开发板上的其他电路发生冲突。单击"确定"按钮，确认设置。单击工具栏▶，再次编译。

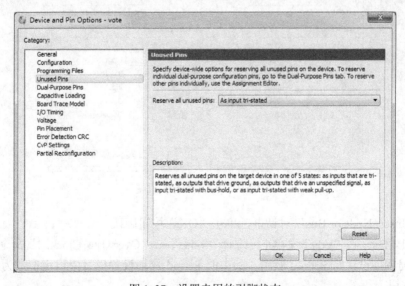

图 1-37　设置未用的引脚状态

（7）仿真

在把设计下载到开发板上验证之前可以先做一下仿真。首先，要建立一个输入波形文件。仿真工具会用到该文件，以确定每个输入引脚的激励信号。在"File"菜单下，单击"New"命令。在随后弹出的对话框中，在"Verification/Debugging Files"子类下，选中"University Program VWF"选项，单击"OK"按钮，如图1-38a所示。随后，就进入波形编辑界面，在"Edit"菜单下，单击"Insert Node or Bus..."命令，弹出图1-38b所示的对话框。

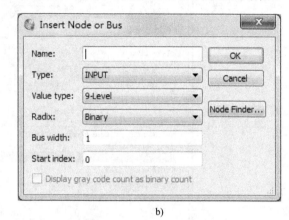

a)　　　　　　　　　　　　　　　　　　　b)

图1-38　仿真文件设置

a) 新建波形仿真文件　b) 设置仿真 Node

单击"Node Finder..."按钮，打开"Node Finder"对话框。单击"List"按钮，列出电路所有的端子。单击">>"按钮，全部加入，单击"OK"按钮确认，仿真引脚结点设置如图1-39所示。

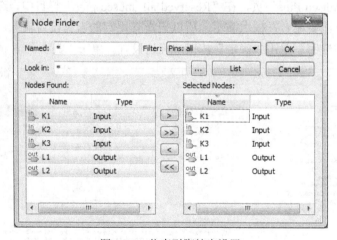

图1-39　仿真引脚结点设置

回到"Insert Node or Bus"对话框，单击"OK"按钮确认。

选中K1信号，在"Edit"菜单下，选择"Value"→"Overwrite Clock..."命令。随后弹出的对话框信号周期设置如图1-40所示，其中的 Period 周期设置栏目中设定参数为50.0ns，单击"OK"按钮。

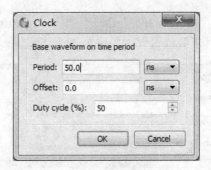

图 1-40　信号周期设置

K2、K3 也用同样的方法进行设置，Period 参数分别为 100ns 和 200ns，最后形成图 1-41 所示的仿真波形输入设置。

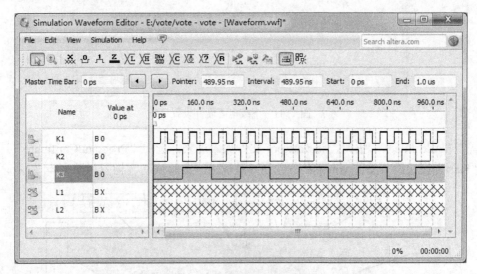

图 1-41　仿真波形输入设置

保存文件，在 Simulation 菜单下，选择"Run Functional Simulation"启动仿真工具。仿真结束后，单击"确认"按钮，弹出图 1-42 所示的仿真输出波形。观察仿真结果，对比输入与输出之间的逻辑关系否符合真值表。

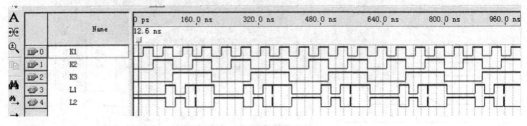

图 1-42　仿真波形输出

（8）下载

使用 USB-Blaster 下载电缆，将开发板 JTAG 口与计算机的 USB 口相连，接通开发板电源。在 Tools 菜单下，选择"Programmer"命令，打开 Quartus II Programmer 工具。单击"Hardware Setup"按钮，进行下载线设置，如图 1-43 所示选择"USB-Blaster[USB-0]"。

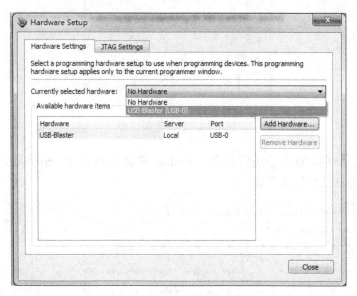

图 1-43　下载电缆硬件设置

单击"Add File…"按钮，将 vote.pof 文件加入进来。选中"Program/Configure"选项，单击"Start"按钮，将文件 vote.pof 下载到开发板上。实验仪的实物图如图 1-44 所示。

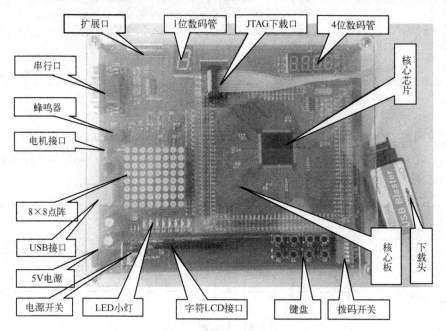

图 1-44　实验仪的实物图

在实际使用中，一般都使用标准的下载电缆 USB-Blaster 和计算机 USB 口相连，下载电缆再和 PLD 芯片相连，与下载有关的设备及接口图如图 1-45 所示。在下载前，还要进行以下步骤：

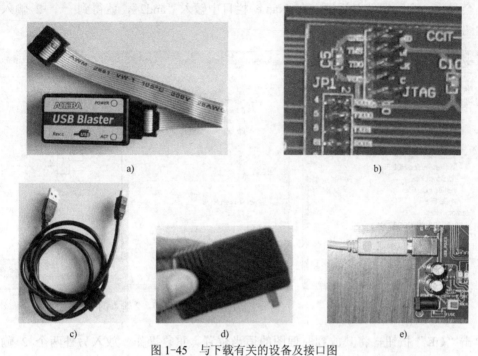

图 1-45　与下载有关的设备及接口图

a) USB-Blaster　b) 核心板 JTAG 口　c) USB 线缆　d) 5V 稳压电源　e) 电源和 USB 接口

1）将图 1-45 中电源开关按下，即打开电源，否则，为关闭电源。

2）将 USB 下载电缆的扁口端插到计算机的 USB 口上，Mini 口插到 USB-Blaster 上，USB-Blaster 下载电缆的 10 针下载口插到实验板核心板的 JTAG 口上（不可能插错，否则插不上）。

3）将稳压电源（内正外负）一端插到 220V 电源上，另一端插到实验板电源口上稳压电源 220V 端。

通过拨动 SW0、SW1、SW2 开关的各种组合，观察 L1、L2 的状态是否符合真值表。

1.5.3　原理图方式输入

以下为采用原理图设计三人表决器的基本步骤。

步骤如下：

1）启动 Quartus II13.1 软件。

2）新建工程。

步骤和 1.5.2 节（2）中的步骤一样，此处不再给出。

3）输入设计文件。

接下来，建立一个原理图文件，并加入该项中来。在"File"菜单下，单击"New"命令。在随后弹出图 1-46 所示的原理图输入对话框中选择"Block Diagram/Schematic File"选项，单击"OK"按钮。在 File 菜单下选择"Save As"命令，将其保存，并加入到项目中。

根据上面的真值表，做卡诺图简化，可以得出：L1=K1K2+K1K3+K2K3，L2=∼L1。这个电路需要 AND2、OR3、NOT 三个逻辑门电路和输入输出端，用鼠标双击原理图的任一空白处，会弹出一个元器件对话框。在 Name 栏目中输入"and2"，就得到一个 2 输入的与门，如图 1-47 所示。

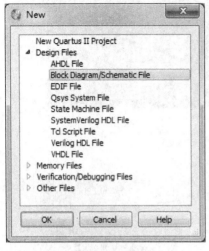

图 1-46　原理图输入

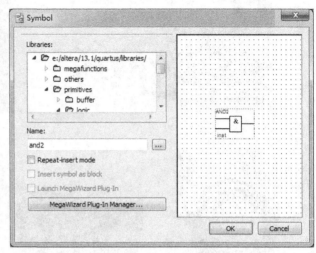

图 1-47　2 输入的与门

单击"OK"按钮，将其放到原理图的适当位置。重复操作，放入另外两个 2 输入与门。也可以通过鼠标右键菜单的 Copy 命令复制得到，3 路 2 输入与门如图 1-48 所示。

用鼠标双击原理图的空白处，打开"元器件"对话框。在 Name 栏目中输入"or3"，将得到一个 3 输入的或门，如图 1-49 所示。单击"OK"按钮，将其放入原理图。

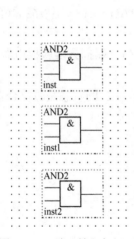

图 1-48　3 路 2 输入与门

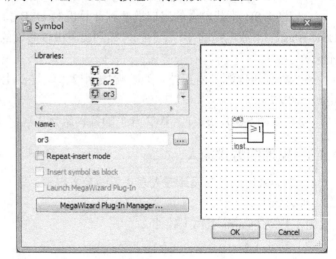

图 1-49　3 输入的或门

用鼠标双击原理图的空白处，打开"元器件"对话框。在 Name 栏目中输入"not"，会得到一个非门。单击"OK"按钮，将其放入原理图，非门如图 1-50 所示。

将鼠标移到元器件的引脚上，鼠标会变成"十"字形状。按下鼠标左键，拖动鼠标，就会有导线引出。根据要实现的逻辑，连好各元器件的引脚，元器件引脚连接如图 1-51 所示。

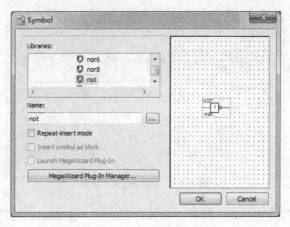

图 1-50 非门

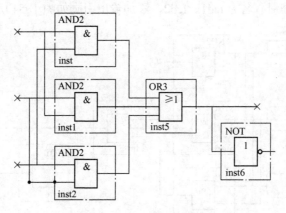

图 1-51 元器件引脚连接

用鼠标双击原理图的空白处，打开"元器件"对话框。在 Name 栏目中输入"Input"，便得到一个输入引脚。单击"OK"按钮，放入原理图。重复操作，给电路加上 3 个输入引脚，加入输入引脚如图 1-52 所示。

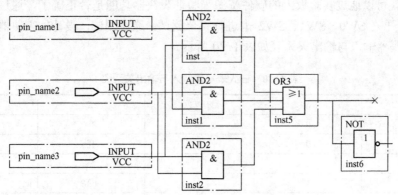

图 1-52　加入输入引脚

用鼠标双击输入引脚，会弹出一个"属性"对话框。在这一对话框上可更改引脚的名字，修改输入引脚名如图 1-53 所示。此处分别给 3 个输入引脚取名"in1""in2""in3"。

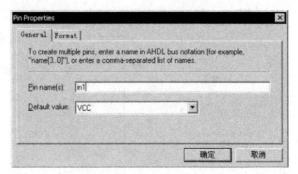

图 1-53　修改输入引脚名

用鼠标双击原理图的空白处，打开"元件"对话框。在 Name 栏目中输入"output"，会得到一个输出引脚。单击"OK"按钮，放入原理图。重复操作，给电路加上两个输出引脚。给两个输出引脚分别命名为 led1、led2，添加输出引脚如图 1-54 所示。

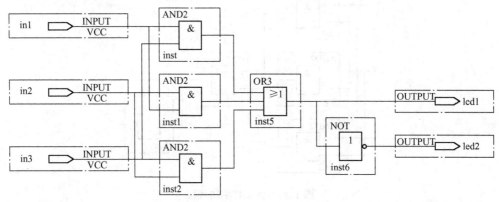

图 1-54　添加输出引脚

4）引脚指定、5）设置不用的引脚、6）编译、7）仿真、8）下载，这几个步骤同前面介绍的 Verilog HDL 文本输入方式相同。

现在，就可以通过实验板上的硬件资源来验证表决器功能是否正确了，通过拨动验板上的 8 位拨码开关 SW0、SW1、SW2 来进行完全测试。通过测试，设计的表决器功能完全正确，三人表决器输入与输出关系表如表 1-20 所示。

表 1-20　三人表决器输入与输出关系表

SW0	SW1	SW2	L2	L1
0	0	0	亮	不亮
0	0	1	亮	不亮
0	1	0	亮	不亮
0	1	1	不亮	亮
1	0	0	亮	不亮
1	0	1	不亮	亮
1	1	0	不亮	亮
1	1	1	不亮	亮

至此，一个相对完整的 CPLD/FPGA 设计的流程就已经完成了。其实学习 CPLD/FPGA 设计比学习单片机或 DSP 更简单，不过想把设计做得可靠、高效，还需要进一步的学习和总结。本节只是介绍一些设计的基本流程，具体细节将在以后章节中加以介绍。

1.6 技能实训

某单位安排三位面试官对前来应聘的人员进行面试，其中一位为主面试官，另两位为副面试官，面试时，按照少数服从多数原则，有两位面试官同意录用即可录用，但是，如果主面试官认为可以录用也能录用。编写代码，并编译下载到实验仪，指定引脚，观察现象。

1. 实训目标

1）增强专业意识，培养良好的职业道德和职业习惯。

2）培养自主创新的学习能力和良好的实践操作能力。

3）能了解并熟悉实验仪、QuartusII 软件的基本使用和 CPLD/FPGA 设计的基本流程。

2. 实训设备

1）实验仪 CCIT-CPLD。

2）QuartusII 13.1 软件开发环境安装。

3. 实训内容与步骤

1）分析题意，列出真值表。

请根据题目要实现的功能，在表 1-21 中填写真值情况。

表 1-21　真值表

A（主考官）	B（考官）	C（考官）	L（是否录用）

2）根据真值表，写出最简表达式。

L（A，B，C）=＿＿＿＿＿＿＿＿＿＿＿＿＿＿＿＿＿＿＿＿＿＿＿＿＿。

3）新建工程。

启动 QuartusII 软件，新建工程，通过"File"→"New Project Wizard…"菜单命令启动新项目向导，利用向导，建立一个新项目，这里将工程名取为 voter_3，顶层文件名取为 voter_3.v。

4）指定所选元器件型号。

在 Family 栏目设置为"MAX II",选中"Specific device selected in 'Available devices' list"选项,在 Available device 窗口中选中所使用的元器件的具体型号,这里以 EPM1270T144C5N 为例。

5）输入程序代码。

新建 Verilog HDL 文件 voter_3.v,打开 Verilog HDL 编辑器,输入程序代码并保存。

module voter_3(A,B,C,L);

_____

_____

_____

_____

_____

_____

endmodule

6）编译并改正语法错误。

7）设置芯片引脚。

在表 1-22 指定芯片的引脚,并设置不用的引脚。

表 1-22　引脚锁定表

引脚名	引脚号	引脚名	引脚号
A(SW0)		C(SW2)	
B(SW1)		L(L1)	

8）重新编译,便得引脚设置生效。

9）下载并运行。

使用 USB-Blaster 下载电缆,将其一端与计算机 USB 口连接,另一端 10 针 JTAG 口与 CCIT-CPLD 实验仪的 JTAG 口相连,接通开发板电源。在 Tools 菜单下,选择 "Programmer"命令,打开 Quartus II Programmer 工具。单击"Hardware Setup"按钮,进行 下载线设置,选择所用的下载线型号:USB-Blaster [USB-0],单击"Add File…"按钮,将 voter_3.pof 文件加入进来。选中"Program/Configure"选项,单击"Start"按钮,将文件 voter_3.pof 下载到开发板上。

10）调试过程。

拨动开关 SW0、SW1、SW2,观察小灯 L1 的亮灭,把实训结果填写表 1-23。观察比较 是否与真值表一致。

表 1-23　实训结果

A(SW0)	B(SW1)	C(SW2)	L(L1)

4. 实训注意事项

1）实验仪的安全操作：断电插拔。

2）根据实验仪原理图，明确拨码开关的逻辑电平，小灯的逻辑电平。

5. 实训考核

请用户根据表 1-24 所示的实训考核要求，进行实训操作，保持良好的实训操作规划，熟悉整个工程的新建、程序代码编写、开发环境设置和编译下载调试的过程。

表 1-24　实训考核要求

项目	内容	分值	考核要求	得分
职业素养	实训的积极性 实训操作规范 纪律遵守情况	20	积极参加实训，遵守安全操作规程，有良好的职业道德和敬业精神	
Quartus II 软件的使用及程序的编写	新建工程的流程 代码语法的规范 芯片引脚的指定	30	能熟练新建工程、规范编写代码，正确指定引脚	
调试能力	程序下载 实验仪的使用 操作和逻辑是否合理	30	下载程序，实验仪的规范使用，能解释操作后的现象是否合理	
项目完成度和准确度	实现题意 操作和现象合理	20	该项目的所有功能是否能实现	

6. 实训思考

1）如何测试拨码开关的逻辑电平？

2）如何测试小灯的逻辑电平？

第 2 章　Verilog HDL（硬件描述语言）

2.1　Verilog HDL 基础知识

学习目标

1．能力目标

1）熟练掌握 Verilog HDL 编程的基本结构。

2）进行简单的 Verilog HDL 程序设计。

3）运用各种语句进行 Verilog HDL 程序设计。

2．知识目标

1）掌握 Verilog HDL 的编程结构。

2）掌握 Verilog HDL 的数据类型。

3）掌握 Verilog HDL 的各种语句定义格式。

3．素质目标

1）积极主动地学习。

2）培养读者查阅纸质资料的能力。

情境设计

本节主要介绍 Verilog HDL 的基本编程结构、基本的数据类型、运算符及各种语句定义格式；重点掌握 Verilog HDL 与 C 语言的语法不同之处，使读者能在 C 语言的基础上轻松上手学习 Verilog HDL。具体教学情境设计如表 2-1 所示。

表 2-1　教学情境设计

序　号	教 学 情 境	技 能 训 练	知 识 要 点	学 时 数
情境 1	点亮发光二极管	1．用实例的方式，讲解 Verilog 语言编程的基本结构 2．初步掌握 Verilog 语言编程框架	1．根据软件设计确定芯片引脚与输入/输出的对应关系 2．学会编程下载步骤 3．学会编写简单的 Verilog HDL 程序	2
情境 2	Verilog HDL	1．能进行简单的 Verilog HDL 程序设计 2．能运用各种语句进行 Verilog HDL 程序设计	Verilog HDL 基本的数据类型、运算符和各种语句定义格式	2

2.1.1　Verilog HDL 的基本结构

首先来看一个简单的 Verilog HDL 程序案例：点亮发光二极管。以下是用 Verilog HDL

编程的基本步骤。

1．任务

点亮 CCIT CPLD/FPGA 实验仪上的 4 个发光管（分别为 L1、L3、L5、L7）。

2．要求

通过此案例的编程和下载运行，让用户了解和熟悉掌握 EPM1270T144C5N 核心芯片的编程下载方法及 Verilog HDL 的编程方法。

3．分析

在 CCIT CPLD/FPGA 实验仪上已经为用户准备了 8 个发光二极管 L1～L8，8 个 VL 小灯原理图如图 2-1 所示，8 个小灯的正极已接了电源，负极过 1kΩ 限流电阻分别接 CCIT CPLD/FPGA 实验仪中 EPM1270T144C5N 芯片的 29～32、37～40 引脚，只要正确锁定引脚后，在相应的引脚上输出低电平"0"即可实现点亮相应的发光管的功能。

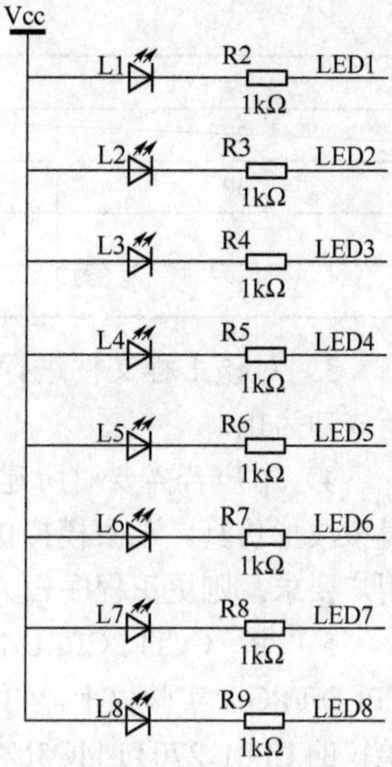

图 2-1　8 个 VL 小灯原理图

4．程序设计

由于要求是实现点亮 L1、L3、L5、L7 这 4 个发光二极管，因此只需在 LED1（29pin）、LED3（31pin）、LED5（37pin）、LED7（39pin）这 4 个引脚上输出低电平"0"即可，完整 Verilog 程序如下。

（1）利用连续赋值 assign 语句实现（文件名 led1.v）

```
module   led1(ledout);          //模块名 led1，注意：文件名必须与模块名统一
    output[7:0]  ledout;        //定义输出口
    assign   ledout=8'b10101010;  //输出 0xaa
endmodule
```

（2）利用过程赋值语句实现（文件名 led2.v）

```
module   led2(ledout);          //模块名 led2，注意：文件名必须与模块名统一
    output[7:0]  ledout;        //定义输出口
    reg[7:0]  ledout;           //定义寄存器
    always                      //过程
        begin
            ledout=8'b10101010;   //输出 0xaa
        end
endmodule
```

5．下载运行

1）用鼠标双击 Quartus II 软件快捷图标进入 Quartus II 集成开发环境，新建工程项目文件 led.qpf，并在该项目下新建 Verilog 源程序文件 led1.v 或 led2.v，输入上面的程序代码并保存。

2）为该工程项目选择一个目标元器件，并对相应的引脚进行锁定，所选择的元器件应该是 Altera 公司的 EPM1270T144C5N 芯片，引脚锁定表如表 2-2 所示。

表 2-2 引脚锁定表

引 脚 号	引 脚 名	引 脚 号	引 脚 名
29	ledout0	37	ledout4
30	ledout1	38	ledout5
31	ledout2	39	ledout6
32	ledout3	40	ledout7

3）对该工程文件进行编译处理，若在编译过程中发现错误，则需找出并更正错误，直至成功为止。

4）用户若需要对所建的工程项目进行验证，则需输入必要的激励波形文件，然后进行模拟波形仿真。观察模拟仿真结果并与预期的目标相比较，看是否符合设计要求，若不满足用户要求，则更正程序相关部分。

5）将 CCIT CPLD/FPGA USB-Blaster 下载电缆的两端分别接到 PC 和 CCIT CPLD/FPGA 实验仪上，再打开工作电源，执行下载命令把程序下载到 CCIT CPLD/FPGA 实验仪的 EPM1270T144C5N 器件中。观察 CCIT CPLD/FPGA 实验仪上的 L1、L3、L5、L7 这 4 个发光二极管亮了吗？

6. 小结

从上面的例子可以看出：

1）Verilog HDL 程序是由模块构成的。每个模块的内容都嵌在 module 和 endmodule 两个语句之间，每个模块实现特定的功能，模块是可以进行层次嵌套的。

2）首先要对每个模块进行端口定义，并说明输入（input）和输出（output），然后对模块的功能进行逻辑描述。

3）Verilog HDL 程序的书写格式自由，一行可以写几个语句，一个语句也可以分多行写。与 C 语言有很多相似之处。

4）除了 endmodule 语句外，每个语句的最后必须有分号。

5）可以用/*……*/和//……对 Verilog HDL 程序的任何部分作注释。一个完整的源程序都应当加上必要的注释，以增强程序的可读性和可维护性。

7. 详述程序构成

Verilog HDL 的基本设计单元是"模块（module）"。一个模块是由两部分组成的，一部分描述接口；另一部分描述逻辑功能，即定义输入是如何影响输出的。下面以设计"与-或-非"门电路为例，再仔细说明 Verilog HDL 程序的构成。"与-或-非"门电路如图 2-2 所示。

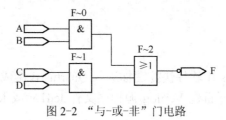

图 2-2 "与-或-非"门电路

该电路可用以下逻辑函数表示：

$$F = \overline{AB + CD}$$

用 Verilog HDL 对该电路进行描述如下。

```
module   AOI(A，B，C，D，F);          //模块名 AOI（端口列表 A，B，C，D，F）
    output   F;                     //定义模块的输出端口 F
    input   A,B,C,D;                //定义模块的输入端口 A，B，C，D
    assign   F=~（（A  &B）|（C&D））；   //定义模块内的逻辑描述
endmodule
```

从上面的例子可知，电路图符号的引脚也就是程序模块的端口，在程序模块内描述了电路图符号所实现的逻辑功能。上面模块中的第 2 行和第 3 行说明接口的信号流向，第 4 行说明了模块的逻辑功能。Verilog HDL 结构完全嵌在 module 和 endmodule 两个语句之间，每个 Verilog 程序包括 4 个主要部分，即端口定义、I/O 说明、信号类型声明和功能描述。

（1）模块的端口定义

模块的端口声明了模块的输入口与输出口，其格式如下：

module   模块名(端口 1，端口 2，端口 3，……);

（2）模块内容

模块内容包括 I/O 说明、信号类型声明和功能定义。

1）I/O 说明的格式如下。

输入口：input 端口名 1，端口名 2，端口名 3，……，端口名 N。

输出口：output 端口名 1，端口名 2，端口名 3，……，端口名 N。

2）信号类型声明是说明逻辑描述中所用信号的数据类型及函数声明。

如 led2.v 程序中：

reg[7:0]   ledout;   //定义 ledout 的数据类型为寄存器型

（3）逻辑功能定义

1）用 assign 语句，如：assign   F=~（（A&B）|（C&D））；

这种方法的语句较简单，只需写一个 assign 语句，后面再加一个分号即可。assign 语句一般适合于对组合逻辑进行赋值，称为连续赋值方式。

2）用元器件例化，如：and myand3(f,a,b,c);

这个语句利用 Verilog HDL 提供的与门库，定义了一个三输入的与门。采用实例元件方法同在电路图输入方式下调入库元器件一样，键入元器件的名字和引脚的名字即可。但每个实例元器件的名字必须是唯一的。

思考：对于 $F = \overline{AB + CD}$ 电路设计，如何用元器件例化的方法编写程序。

3）用 always 块语句，在 led2.v 源程序的模块中：

```
always                          //过程
    begin
        ledout=8'b10101010;        //输出 0xaa
    end
```

always 块可用于产生各种逻辑，常用于描述时序逻辑。在 always 块中可用多种语句来表达相关的逻辑。本 always 块被循环执行，因为 always 关键词后没有敏感信号表达式；若有敏感表达式，则执行与否由敏感表达式的值决定。

综上所述，可总结出 Verilog HDL 模块的模板如下：

```
module <顶层模块名>（<输入输出端口列表>）；
output 输出端口列表；          //输出端口声明
input 输入端口列表；           //输入端口声明
/*定义数据，信号的类型，函数声明，用关键字 wire,reg,task,function 等定义*/
//用 assign 语句定义逻辑功能
wire 结果信号名；
assign <结果信号名>=<表达式>；
//使用 always 块描述逻辑功能
always@(<敏感信号表达式>)
    begin
        //过程赋值
        //if 语句
        //case 语句
        //while,repeat,for 循环语句
        //task,function 调用
    end
endmodule
```

Verilog HDL 的要素主要包括两方面：基本语法和数据类型。下面分别对以上模块的各个部分作详细说明。

2.1.2 Verilog HDL 的数据类型

1. 常量

在程序运行过程中，其值不能被改变的量称为常量。下面分别对 Verilog HDL 中可综合的数字常量和符号常量进行介绍。

（1）数字常量

Verilog HDL 中的数值集合由以下 4 个基本的值组成：

1——代表逻辑 1 或真状态；

0——代表逻辑 0 或假状态；

X（或 x）——代表逻辑不定态；

Z（或 z）——代表高阻态。

常量按照其数值类型可以划分为整数和实数两种。Verilog HDL 的整数可以是十进制、十六进制、八进制或二进制。整数定义的格式为：

<位宽>'<基数><数值>

位宽：描述常量所含二进制数的位数，用十进制整数表示，是可选项，如果该项默认，则可以从常量的值推算出。

基数：可选项，可以是 b(B)，o(O)，d(D)，h(H)，分别表示二进制、八进制、十进制和

十六进制。基数默认为十进制数。

数值：由基数所决定的表示常量真实值的一串 ASCII 码。如果基数定义为 b 或 B，数值可以是 0、1、X（x）、Z（z）。对于基数是 d 或 D 的情况，数值符可以是从 0～9 的任何十进制数，但不可以是 X 或 Z。举例如下：

15——（十进制 15）。

'h15——（十进制 21，十六进制 15，二进制 00010101）。

5'b10001——（十进制 17，二进制 10001）。

12'h01F——（十进制 31，十六进制 01F，二进制 000000011111）。

'b01x——（无十进制值，二进制 01x）。

（2）符号常量

在 Verilog HDL 中，用 parameter 来定义常量，即用 parameter 来定义一个标志符，代表一个常量，称为符号常量，其功能类似于 C 语言中 const 关键词。其定义格式如下：

> parameter 参数名 1=表达式，参数名 2=表达式，……;

例如：

> parameter sel=8,code=8'ha3;
> //分别定义参数 sel 为常数 8(十进制)，参数 code 为常数 a3(十六进制)

再如：

> parameter width=8,code=width*2;

2．变量

Verilog HDL 中的变量可分为两种：一种为线型变量，另一种为寄存器型变量。

（1）线型变量

线型变量是指输出始终根据输入的变化而更新其值的变量，它一般指的是硬件电路中的各种物理连接。Verilog HDL 中提供了多种线型变量，线型变量如表 2-3 所示。

表 2-3　线型变量

类　型	功　能　说　明
wire,tri	连线类型
wor,trior	具有线或特性的连线
wand,triand	具有线与特性的连线
tri1,tri0	分别为上拉电阻和下拉电阻
supply1,supply0	分别为电源（逻辑 1）和地（逻辑 0）

wire 型变量是一种常用的线型变量，wire 型数据常用来表示以 assign 语句赋值的组合逻辑信号。Verilog HDL 模块中的输入/输出信号类型默认时自动定义为 wire 型。wire 型信号可以用作任何方程式的输入，也可以用作 assign 语句和实例元器件的输出。其值可以为 1、0、x、z。wire 型变量的定义格式如下：

> wire 数据名 1，数据名 2，……，数据名 n;

　　　　　wire[n-1:0] 数据名 1，数据名 2，……，数据名 n;

　　例如：

　　　　　wire a,b;　　　　　//定义了两个 wire 型变量 a,b;这两个变量的宽度均是 1 位
　　　　　wire[7:0] in,out;　　//定义了两个 8 位 wire 型变量 in,out

　　（2）寄存器型变量
　　寄存器型变量对应的是具有状态保持作用的电路元器件，如触发器、寄存器等。寄存器型变量与线型变量的根本区别在于，寄存器型变量需要被明确地赋值，并且在被重新赋值前一直保持原值。在设计中，必须将寄存器型变量放在过程块语句中，通过过程赋值语句赋值。另外，在 always、initial 等过程块内被赋值的每一个信号都必须定义成寄存器。reg 型变量是最常用的一种寄存器型变量，它的定义格式与 wire 型类似，具体格式为：

　　　　　reg 数据名 1，数据名 2，……，数据名 n;
　　　　　reg[n-1:0] 数据名 1，数据名 2，……，数据名 n;

　　例如：

　　　　　reg a,b;　　　　　 //定义了两个 reg 型变量 a,b;这两个变量的宽度均是 1 位
　　　　　reg [7:0] ledout;　 //定义了 1 个 8 位 reg 型变量 ledout

3．数组

　　若干个相同宽度的向量构成数组，寄存器型数组变量即为 memory 型变量，即可定义存储器型数据。如：

　　　　　reg[7:0]　buffer[1023:0];

　　该语句定义了一个 1024 个字节、每个字节宽度为 8 位的存储器。若对该存储器中的某个单元赋值，则采用如下方式：

　　　　　buffer[7]=5;　　//将 buffer 存储器中的第 8 个存储单元赋值为 5
　　　　　buffer[1][7]=1;　//将 buffer 存储器中的第 2 个存储单元的第 8 位赋值为 1

　　此时要注意数组与变量的区别。若如下定义：

　　　　　reg[7:0] buffer;　//定义一个 8 位的寄存器型变量

　　再赋值为：

　　　　　buffer[7]=1;　//将 buffer 寄存器型变量的第 8 位赋值为 1

　　注意：在 Verilog HDL 中，变量名和参数名等标志符是区分大小写字母的。

2.1.3　Verilog HDL 的运算符及表达式

　　Verilog HDL 源代码是由大量的基本语法元素构成的，从语法结构上看，Verilog HDL 与 C 语言有许多相似之处，继承和借鉴了 C 语言的多种操作符和语法结构。Verilog HDL 的基本语法元素包括空格、注释、运算符、数值、字符串、标志符和关键字。

1. 注释

在代码中添加注释行，可以提高代码的可读性和可维护性，Verilog HDL 中注释行与 C 语言完全一致，分为两类：一类是单行注释，以"//"开头；另一类是多行注释，以"/*"开始，以"*/"结束。

2. 运算符

由于 Verilog HDL 是在 C 语言基础上开发的，因此两者的运算符也十分类似，在此将主要介绍与 C 语言不同的运算符功能。

（1）相等与全等运算符

相等与全等运算符有 4 个：= =、! =、= = =、! = = ，这 4 个运算符的比较过程完全相同，不同之处在于不定态（即"x"）或高阻态（即"z"）的运算。在相等运算中，如果任何一个操作数中存在不定态或高阻态，结果将是不定态；而在全等运算中，则是将不定态和高阻态看作是逻辑状态的一种，同样参与比较。当两个操作数的相应位都是 X 或 Z 时，认为全等关系成立；否则，运算结果为 0。举例如下：

bx= =bx 表达式值为 x；
bx= = =bx 表达式的值为 1；
bz! =bx 表达式值为 x；
bz! = =bx 表达式的值为 1；
A= =2'b1x 当 A 为 2'b1x 时，表达式的值为 x；
A= = =2'b1x 当 A 为 2'b1x 时，表达式的值为 1；
A= = =2'b1x 当 A 为 2'bx1 时，表达式的值为 0；

（2）位运算符

Verilog HDL 中的位运算符与单片机 C 语言位运算符相同：&（与）、|（或）、～（非），<<（左移），>>（右移）。需要注意的是，当两个不同长度的数据进行与或非位运算时，会自动地将两个操作数按右端对齐，位数少的操作数会在高位用 0 补齐；当进行移位运算时，移出的空位用 0 填补。举例如下：

4'b1001<<1 表达式的值为 4'b0010；
4'b1001<<2 表达式的值为 4'b0100；
4'b1001>>1 表达式的值为 4'b0100；
4'b1001>>4 表达式的值为 4'b0000；

（3）位拼接运算符

Verilog HDL 中的位拼接运算符为{}。位拼接运算符是将两个或多个信号的某些位拼接起来，例如：

{a,b[3:0],w,3'b101}={a, b[3],b[2],b[1],b[0],w,1'b1, 1'b0, 1'b1}

（4）缩减运算符

Verilog HDL 中的缩减运算符是单目运算符，包括以下几种：

& ── 与   ～&   ── 与非
| ── 或   ～| ── 或非
^ ── 异或   ～^,^ ～ ── 同或

缩减运算符与位运算符的逻辑运算法则一样，但要注意 C 语言中的复合运算符与

Verilog HDL 中缩减运算符的区别，缩减运算符是对单个操作数进行与、或、非递推运算的。例如：

> reg[2:0] a;
> b=&a;等效于 b=（a[0]&a[1]）&a[2];

例如：若 B=6'b111110，则：&B 结果为 0; |B 结果为 1。

（5）运算符的优先级

运算符的优先级如表 2-4 所示。为避免出错，同时也是为了增加程序的可读性，建议在编写程序时尽量用()来控制运算的优先级。

表 2-4 运算符的优先级

类　别	运　算　符	优　先　级
逻辑、位运算符	!　　~	高
算术运算符	*　/　%	
	+　　-	
移位运算符	<<　>>	
关系运算符	<　<=　>　>=	
等式运算符	==　!=　===　!==	
缩减、位运算符	&　~&	
	^　^~	
	|　~|	
逻辑运算符	&&	
	||	低
条件运算符	?:	

2.1.4　Verilog HDL 的基本语句

1．赋值语句

（1）两种赋值语句的语法及应用

1）连续赋值语句。assign 为连续赋值语句，用于对线型变量进行赋值。其基本的描述语法为：

assign #[delay] <线型变量>=<表达式>

2）过程赋值语句。过程赋值语句用于对寄存器类型变量赋值，没有任何先导的关键词，而且只能够在 always 语句或 initial 语句的过程块中赋值。其基本的描述语法为：

<寄存器变量>=<表达式>；　<1>

或　　　　<寄存器变量><=<表达式>；<2>

过程赋值语句有两种赋值形式：阻塞型过程赋值（即描述方式<1>）和非阻塞型过程赋值（即描述方式<2>）。

3）过程赋值与连续赋值的比较。

```
module assignment(in1,in2,out1,out2);
    input[1:0]   in1,in2;
    output[1:0]   out1,out2;
    wire[1:0]   out1;
    reg[1:0]   out2;
    wire[1:0]   in1,in2;
    //连续赋值语句部分
    assign out1=in1&in2;
    //阻塞过程赋值语句部分
    always@(in1 or in2)
        out2=in1&in2;
    //非阻塞过程赋值语句部分
    always@(in1 or in2)
        out2<=in1&in2;
endmodule
```

（2）两种赋值语句的区别

赋值语句是 Verilog HDL 中对线型变量和寄存器型变量赋值的主要方式，根据赋值对象的不同，分为连续赋值语句和过程赋值语句，两者的主要区别是：

1）赋值对象不同。连续赋值语句用于给线型变量赋值；过程赋值语句完成对寄存器变量的赋值。

2）赋值过程实现方式不同。线型变量一旦被连续赋值语句赋值后，赋值语句右端表达式中的信号有任何变化，都将实时地反映到左端的线型变量中；过程赋值语句只有在语句被执行到时，赋值过程才能够进行一次，而且赋值过程的具体执行时间还受到各种因素的影响。

3）语句出现的位置不同。连续赋值语句不能出现在任何一个过程块中；而过程赋值语句只能出现在过程块中。

4）语句结构不同。连续赋值语句以关键词 assign 为先导；而过程赋值语句不需要任何先导的关键词，但是，语句的赋值分为阻塞型和非阻塞型。

2．条件语句

Verilog HDL 中的条件语句有两种，即 if-else 语句和 case 语句。Verilog HDL 中的 if-else 语句与 C 语言中的基本相同，唯独不同的是，Verilog HDL 中的条件表达的值为 1、0、x 和 z。当条件表达式的值为 1（即条件表达成立）时，执行后面的块语句；当条件表达式的值为 0、x 或 z（即条件表达不成立）时，不执行后面的块语句。

（1）if-else 语句

if-else 语句有 3 种格式：

1）只有一个 if 的格式。

```
if（条件）   表达式;          //条件成立时，只执行一条语句
if（条件）                   //条件成立时，执行多条语句
    begin                  //这些语句应写在 begin…end 块中
        表达式 1;
        表达式 2;
```

```
                    ···
                end

    例：
        if(en= =1)  q = d;            //en 为 1 时执行此句

2) if…else 格式。

        if（条件）
            begin
                表达式 1；
                表达式 2；
                ···
            end
        else                          //条件为 0、x 和 z 时，执行以下语句
            表达式 3；

    例：
        if(sel= =1)
            out = a;                  //sel 为 1 时执行此句
        else
            out = b;                  //sel 非 1 时执行此句

3) if…else 嵌套格式。

        if（条件 1）                    //if…else 可以无限嵌套
            begin
                表达式 1；
                表达式 2；
                ···
            end
        else if（条件 2）
            表达式 3；
        ···
        else if（条件 N）
            ···
        else
            ···

    例：
        if(score < 60)
            total_c = total_c + 1;    //score 小于 60 时执行此句
        else if(score < 75)
            total_b = total_b + 1;    //score 大于等于 60 且小于 75 时执行此句
        else
            total_a = total_a + 1;    //score 大于等于 75 时执行此句
```

（2）case 语句

case 语句用于有多个选择分支的情况，case 语句通常用于译码，它的一般格式如下：

```
case（表达式）
    表达式值 1：语句 1；
    表达式值 2：
        begin
            语句 2；
            语句 3；
            …
        end
    …
    分支表达式 n：语句 n；
    default：语句 n + 1；
endcase
```

case 后面括号中表达式称为控制表达式，case 语句总是执行与控制表达式值相同的分支语句。例如：

```
case（sel）
    0：out = b；
    1：out = a；
endcase
```

和 case 语句功能类似的还有 casex 和 casez 语句。这两条语句用于处理条件分支比较过程中存在 x 和 z 的情形，casez 语句将忽略值为 z 的位，而 casex 语句则忽略值为 x 或 z 的位。具体解析看第 3 章译码器。

3．循环语句

Verilog HDL 中有以下 4 种类型的循环语句，它们用来控制执行语句的执行次数。

1）forever 语句：连续的执行语句，用于仿真测试信号。

2）repeat 语句：连续执行语句 n 次。

3）while 语句：和 C 语言的 while 语句类似。执行语句直到循环条件不成立。若初始时条件就不成立，则语句一次都不执行。

4）for 语句：和 C 语言的 for 语句类似。通过控制循环变量，当循环变量满足判定表达式时，执行语句，否则跳出循环。

以下对 while 语句和 for 语句进行详细介绍。

（1）while 语句

while 语句的格式如下：

```
while（表达式）        语句；
```

或

```
while（表达式）
    begin
        多条语句；
    end
```

下面举例用 while 语句对 8 位二进制数中值为 1 的位进行计数。

```
reg[7:0]   temp；
integer    count = 0；
temp = rega；
```

```
    while（temp）
        begin
            if（temp[0]）      count = count + 1;
            temp = temp >> 1;
        end
```

（2）for 语句

for 语句的格式如下：

for（表达式 1；表达式 2；表达式 3）   语句；

for 语句通过 3 个步骤来实现语句的循环执行。

1）求解表达式 1，给循环变量赋初值。

2）判定表达式 2，如果为真，执行循环语句；如果为假，则结束循环。

3）执行一次循环语句后，修正循环变量，然后返回第 2 步。

在 for 语句中循环变量的修正不仅限于常规的加减。下面举例用 for 语句对 8 位二进制数中值为 1 的位进行计数。

```
    reg[7:0]   temp;
    integer   count = 0;
    for（temp = rega; temp!=0; temp = temp >>1）
        if（temp[0]）
            count = count + 1;
```

4．结构说明语句

Verilog HDL 中，所有的描述都是通过以下 4 种结构之一实现的，即 initial 块语句、always 块语句、task 任务和 function 函数。

在一个模块内部可以有任意多个 initial 块语句和 always 块语句，两者都是从仿真的起始时刻开始执行的，但是 initial 块语句只执行一次，而 always 块语句则循环地重复执行，直到仿真结束。下面给出 initial 块语句和 always 块语句的应用解析。

（1）initial 块语句

initial 块语句的格式如下。

```
    initial
        begin
            语句 1;
            语句 2;
            ……
            语句 n;
        end
```

（2）always 块语句

1）always 块语句在仿真过程中是不断重复执行的，描述格式如下。

```
    always@ <敏感信号表达式>
        begin
            语句 1;
```

```
        语句 2;
        ......
        语句 n;
    end
```

敏感信号表达式又称为事件表达式或敏感表达式，当该表达式的值改变时，就会执行一遍块内语句。因此，在敏感信号表达式中应列出影响块内取值的所有信号（一般是输入信号），若有两个或两个以上信号时，它们之间用"or"连接。

注意：电平敏感事件是指定信号的电平发生变化时发生指定的行为。下面是电平触发事件控制的语法和实例。

第一种：@（<电平触发事件>）行为语句。

第二种：@（<电平触发事件 1> or <电平触发事件 2> or …… or <电平触发事件 n>）行为语句。

例：电平沿触发计数器。

```
reg [4:0] cnt;
always @(a or b or c)
begin
    if (reset)
        cnt <= 0;
    else
        cnt <= cnt +1;
end
```

其中，只要 a、b、c 信号的电平有变化，信号 cnt 的值就会加 1，这可以用于记录 a、b、c 变化的次数。

2）基本类型。在前面的源代码中已多次出现过 always 块语句，以下是 always 块语句的基本类型。

① 不带时序控制的 always 块语句。由于没有时延控制，而 always 块语句是重复执行的，因此下面的 always 块语句将在 0 时刻无限循环。

```
always
begin
    clock=~clock;
end
```

② 带时序控制的 always 块语句。产生一个 50MHz 的时钟。

```
always
begin
    #100    clock=~clock;
end
```

③ 带事件控制的 always 块语句。在时钟上升沿，对数据赋值。

```
always@(posedge clock)
```

```
begin
    ledout_reg=8'b010101;
end
```

④ posedge 与 negedge 关键字。对于时序电路，事件是由时钟边沿触发的。边沿触发事件是指指定信号的边沿信号跳变时发生指定的行为，分为信号的上升沿和下降沿控制。上升沿用 posedge 关键字来描述，下降沿用 negedge 关键字描述。边沿触发事件控制的语法格式如下。

第一种：@(<边沿触发事件>) 行为语句。

第二种：@(<边沿触发事件 1> or <边沿触发事件 2> or …… or <边沿触发事件 n>) 行为语句。

例如：

```
always@(posedge clock)
begin
    ledout_reg=8'b010101;
end
```

posedge clock 表示时钟信号 clock 的上升沿，只有当时钟信号上升沿到来时才执行一遍后面的块语句。若 negedge clock，则表示时钟信号 clock 的下降沿。

再如，边沿触发事件计数器。

```
reg [4:0] cnt;
always @(posedge clk)
begin
    if (reset)
        cnt <= 0;
    else
        cnt <= cnt +1;
end
```

这个例子表明：只要 clk 信号有上升沿，cnt 信号就会加 1，完成计数的功能。这种边沿计数器在同步分频电路中有着广泛的应用。

2.2 Verilog HDL 实例设计

学习目标

1. 能力目标

1）分别应用 initial 和 always 块进行 Verilog HDL 的初步编程。

2）运用 Verilog HDL 设计闪烁灯和流水灯等简单输入、输出的程序，以达到对 Verilog HDL 的编程框架及基本语句的熟练运用。

2. 知识目标

1）掌握带有时序和不带有时序的 always 块语句的应用。

2）掌握 Verilog HDL 的基本语句及编程结构的综合应用。

3．素质目标

1）积极主动地学习。

2）培养读者实验仿真及下载的技能。

 情境设计

本节主要通过设计闪烁灯和流水灯这两类实例，介绍 CPLD/FPGA 开发实验板的发光二极管模块与 EPM1270T144C5N 核心芯片引脚的对应关系，重点介绍 Verilog HDL 的 always 块语句及基本编程结构，并最终将这两类程序下载到实验板调试运行。具体教学情境设计如表 2-5 所示。

表 2-5　教学情境设计

序　号	教学情境	技 能 训 练	知 识 要 点	学　时　数
情境 1	闪烁灯设计	1．熟悉实验板上 8 个发光二极管与 EPM1270T144C5N 芯片的引脚对应关系 2．会编写实现 L1～L8 周期性的闪亮的程序代码	1．L1～L8 发光二极管，在实验板上与 EPM1270T144C5N 芯片的引脚连接 2．掌握 Verilog HDL 的程序基本语句及时钟模块编程 3．Verilog HDL 的基本语法	2
情境 2	流水灯设计	1．在闪烁灯程序的基础进行改写代码，以实现不同的功能 2．知识迁移能力锻炼	1．根据软件设计确定芯片引脚与 L1～L8 发光二极管输出的对应关系 2．学会编程下载步骤 3．Verilog 程序编写方法	2

2.2.1　闪烁灯设计

任务一

在 CPLD/FPGA 开发实验板上实现 L1～L8 周期性（如：1s）的闪亮。

1．要求

通过此案例的编程和下载运行，让用户初步了解和掌握 Verilog HDL 的 always 块语句及基本编程结构。

2．分析

在 CCIT CPLD/FPGA 实验仪上已经为用户准备了 8 个发光二极管 L1～L8，其硬件原理图在点亮发光二极管的实例中已给出，此处不在分析其连接关系。在 CCIT CPLD/FPGA 实验仪中，标号 LED1～LED8 分别与芯片的 29～32、37～40 引脚相连，因此只要正确锁定引脚后，在 LED1～LED8 引脚上就会周期性的输出高电平"1"和低电平"0"，但为了观察方便，闪亮速率最好在 1Hz 左右。为了产生 1Hz 的时钟脉冲，此处使用了一个寄存器对基准时钟脉冲（频率为 24MHz）CLK 进行计数，计数器每一个时钟周期即 1/（24×1000×1000）s 计数一次，当计数器计数到 24 位十进制数 12 000 000 时，则刚好为 0.5s，此时将 8 个发光二极管的状态取反后输出，即可实现以上任务中要实现的功能。在 CCIT CPLD/FPGA 实验仪上有一个无源脉冲发生电路，晶振电路原理图如图 2-3 所示。输出脉冲 clock 与 EPM1270T144C5N 芯片的 18 脚相连。

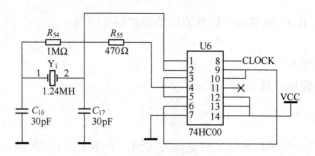

图 2-3　晶振电路原理图

3．程序设计

文件名 light1.v（算法级描述）。

```
module light1(ledout,clk);          //模块名 light
    output[7:0] ledout;             //定义发光二极管输出口
    input clk;                      //定义时钟输入口
    reg[7:0] ledout;                //定义发光二极管输出口为寄存器
    reg[23:0] counter;              //定义分频计数器

    always@(posedge clk)            //过程，每 1/（24×1000×1000）s 执行一次
        begin
            counter = counter +1;           //计数器加 1
            if (counter = =24'd12000000)//是 0.5s 吗？
                begin
                    ledout=~ledout; //是，则输出相反状态
                    counter =0;       //计数器清零
                end
        end
endmodule
```

文件名 light2.v（RTL 描述）。

```
module light2(CLK, Led_Out);                //定义模块名
    input CLK;                              //定义 I/O
    output[7:0] Led_Out;
    parameter T_500MS   = 24'd12000000;     //定义时长常量 0.5s
    reg[23:0] Count1;                       //定义 24 位寄存器 Count1
    reg[7:0] rLed;                          //定义灯状态寄存器

    always@(posedge CLK)
        if(Count1 = = T_500MS – 1'b1)        //到 0.5s，计数器清零
            Count1 <= 24'd0
        else
            Count1 <= Count + 1'b1;
    always@(posedge CLK )
        if(Count1 = = T_500MS – 1'b1)        //到 0.5s，灯闪烁
            rLed <= ~rLed;
```

```
        assign Led_Out = rLed;                    //将灯状态输出到 I/O
    endmodule
```

说明：light2.v 采用 RTL（寄存器传输级）描述，即通过对寄存器行为的描述实现对电路功能的描述。由题意可得，需要两个寄存器才能实现此电路。

1）24 位寄存器 Count1 用于计时。Count1 的计数范围为 0～24'd12_000_000 – 1，计数 12M 个晶振脉冲，即 0.5s。

2）1 位寄存器 rLed 用于描述灯状态。当 Count1 计到 0.5s 时，rLed 取反以实现闪烁。

4．下载运行

1）用鼠标双击 Quartus II 软件快捷图标进入 Quartus II 集成开发环境，新建工程项目文件 light1.qpf，并在该项目下新建 Verilog 源程序文件 light1.v，输入上面的程序代码并保存。

2）为该工程项目选择一个目标器件，并对相应的引脚进行锁定，所选择的器件应该是 Altera 公司的 EPM1270T144C5N 芯片，引脚锁定表如表 2-6 所示。

表 2-6　引脚锁定表

引　脚　号	引　脚　名	引　脚　号	引　脚　名
29	ledout0	38	ledout5
30	ledout1	39	ledout6
31	ledout2	40	ledout7
32	ledout3	18	clk
37	ledout4		

3）对该工程文件进行编译处理，若在编译过程中发现错误，则找出并更正错误，直至成功为止。

4）读者若需要对所建的工程项目进行验证，则需输入必要的波形仿真文件，然后进行波形仿真模拟。观察模拟仿真结果并与预期的目标相比较，看是否符合设计要求，若不满足用户要求，则更正程序的相关部分。

5）使用 USB-Blaster 下载电缆，将开发板 JTAG 口与 USB-Blaster 下载口相连，接通开发板电源，再打开工作电源，执行下载命令把程序下载到 CCIT CPLD/FPGA 实验仪的 EPM1270T144C5N 器件中，能看到 CCIT CPLD/FPGA 实验仪上的 L1～L8 正在闪亮吗？

任务二

在 CPLD/FPGA 开发实验板上实现 L1～L8 周期性 0.5s 的交替闪亮。样式如 00110011、11001100，0 代表亮，1 代表灭。

1．要求

通过此案例的编程和下载运行，让用户初步了解和掌握 Verilog HDL 的 always 块语句及基本编程结构。

2．分析

对比任务一、任务二中灯的花色发生了变化，可在初始时给 L1～L8 赋初值 00110011。LED 闪亮的周期变为 0.5s，即 2Hz。为了产生 2Hz 的信号，在此，使用了一个寄存器对基准时钟脉冲（频率为 24MHz）CLK 进行计数，计数器每一个时钟周期即 $1/(24×1000×1000)$s 计数一次，当计数器计数到 22 位十进制数 6 000 000 时，则刚好为 0.25s，此时将 8 个发光二极管的状态取反后输出，即可实现以上任务中要求的功能。

3．程序设计

文件名 light3.v。

```
module light3(ledout,clk);          //模块名 light3
    output[7:0] ledout;             //定义发光二极管输出口
    input clk;                      //定义时钟输入口
    reg[7:0] ledout;                //定义发光二极管输出口为寄存器
    reg[22:0] counter;              //定义分频计数器

    initial
        ledout = 8'b00110011;       //初始化灯状态
    always@(posedge clk)            //过程，每 1/（24×1000×1000）s 执行一次
        begin
            counter = counter +1;           //计数器加 1
            if (counter = =22'd6000000)     //是 0.25s 吗？
                begin
                    ledout=～ledout;        //是，则输出相反状态
                    counter =0;             //计数器清零
                end
        end
endmodule
```

4．下载运行

略，过程参见任务一的下载运行部分。

2.2.2 流水灯设计

任务一

利用 CPLD/FPGA 开发实验板上的 L1～L8，实现流水灯发光二极管显示。

1．要求

通过此案例的编程和下载运行，让读者初步了解和掌握 Verilog HDL 语言的 always 块语句及基本编程结构。

2．分析

与闪烁灯实现原理基本相同，所不同的是，当计数到 0.5s 时，输出流水灯一次，即若原来输出数据是"11111100"，表示点亮 L1 和 L2，流水一次后输出的数据应该为"11111000"，而此时则点亮 L1、L2、L3 三个 LED 发光二极管，依次类推。

3．程序设计

文件名 ledwater1.v。

```
module ledwater1(ledout,clk);       //模块名 ledwater1
    output[7:0] ledout;             //定义发光二极管输出口
    input clk;                      //定义时钟输入口
    reg[7:0] ledout;                //定义寄存器
```

```
        reg[23:0] counter;                      //定义分频计数器
        /* initial 块对小灯进行初始化，初始值为 8'b11111111 */
        initial
            ledout=8'b11111111;                 //赋初值
        /* always 块实现右流水灯 */
        always@(posedge clk)                    //每个时钟周期执行一次
            begin
                counter = counter +1;   //计数器加 1
                if (counter ==24'd12_000_000) //是 0.5s 吗?
                    begin
                        if(ledout==8'b00000000)         //循环完毕?
                            ledout=8b'11111111;         //是，则重新赋初值
                        else
                            ledout=ledout<<1;           //否，则左移 1 位
                        counter=0;                      //计数器清零，重新计数
                    end
            end
    endmodule
```

思考：如何实现左流水灯？

4．下载运行

1）用鼠标双击 Quartus II 软件快捷图标，进入 Quartus II 集成开发环境，新建工程项目文件 ledwater.qpf，并在该项目下新建 Verilog 源程序文件 ledwater.v，输入上面的程序代码并保存。

2）为该工程项目选择一个目标器件，并对相应的引脚进行锁定，所选择的器件应该是 Altera 公司的 EPM1270T144C5N 芯片，引脚锁定表如表 2-7 所示。

表 2-7　引脚锁定表

引 脚 号	引 脚 名	引 脚 号	引 脚 名
29	ledout0	38	ledout5
30	ledout1	39	ledout6
31	ledout2	40	ledout7
32	ledout3	18	clk
37	ledout4		

3）对该工程文件进行编译处理，若在编译过程中发现错误，则找出并更正错误，直至成功为止。

4）读者若需要对所建的工程项目进行验证，则需输入必要的波形仿真文件，然后进行波形仿真模拟。观察模拟仿真结果并与预期的目标相比较，看是否符合设计要求，若不满足用户要求，则更正程序相关部分。

5）使用 USB-Blaster 下载电缆，将开发板 JTAG 口与 USB-Blaster 下载口相连，再打开工作电源，执行下载命令把程序下载到 CCIT CPLD/FPGA 实验仪的 EPM1270T144C5N 器件中，此时，看到流水灯了吗？

若基准时钟为 24MHz，则时钟周期计算方法：$T=1/F$；T 为周期，F 为时钟频率。若要得到 1Hz（即周期为 1s）的脉冲信号，则需要分频，分频系数：$K=(24×1000×1000)/2=12000000$；所以在 Verilog HDL 中通过定义计数器来进行分频，always@(posedge clk)表示在时钟上升沿执行后面的块语句，也就是每 $1/(24×1000×1000)s$ 执行一次。每执行一次，则 counter 计数器加 1，当 counter 达到$(24×1000×1000)/2$ 次时，则程序共运行了 0.5s。这时才对发光二极管输出信号进行取反处理，使该输出信号的周期为 1s，从而利用该输出信号驱动小灯，达到 1s 闪烁一次的效果。

任务二

利用 CPLD/FPGA 开发实验板上的 L1～L8，实现发光二极管循环流水，即同一时间只有一个 LED 点亮，点亮的位置循环左移。每个 LED 点亮时间为 1s。

1．要求

通过此案例的编程和下载运行，让读者初步了解和掌握 Verilog HDL 的 always 块语句及基本编程结构。

2．分析

与流水灯基本相同，所不同的是当计数到 1s 时输出流水灯一次，即若原来输出数据是"11111110"表示点亮 L1，流水一次后输出的数据应该为"11111101"，而此时则点亮 L2，视觉上好像灯在左移，依次类推。

3．程序设计

文件名 ledwater2.v（算法级描述）。

```
module ledwater2(ledout,clk);          //模块名 ledwater2
    output[7:0] ledout;                //定义发光二极管输出口
    input clk;                         //定义时钟输入口
    reg[7:0] ledout;                   //定义寄存器
    reg[24:0] counter;                 //定义分频计数器
    /* initial 块对小灯进行初始化，初始值为 8'b11111110 */
    initial
        ledout=8'b11111110;            //赋初值
    /* always 块实现左流水灯 */
    always@(posedge clk)               //每个时钟周期执行一次
        begin
            counter = counter +1;   //计数器加 1
            if (counter = =25'd24000000) //是 1s 吗？
                begin
                    ledout={ledout[6:0],ledout[7]};    //拼接运算实现灯状态循环左移
                    counter=0;                          //计数器清零，重新计数
                end
        end
endmodule
```

4．下载运行

略，过程参见任务一的下载运行部分。

任务三

利用 CPLD/FPGA 开发实验板上的 L1～L8，实现发光二极管花色流水灯。

1．要求

通过此案例的编程和下载运行，让读者初步了解和掌握 Verilog HDL 的 always 块语句、case 分支语句及基本编程结构。

2．分析

与上述任务中的实现原理基本相同，所不同的是当计数到 0.5s 时输出流水灯花色发生改变，而花色的变化没有规律（花色按用户喜好设计）。可在程序开始时，定义若干常量来表示不同花色，每隔 0.5s 换一个花色。设计好花色变换的顺序，统计花色全部循环流水一遍需要多少个步骤。定义一个寄存器 i 用来累计流水步骤，每经历 0.5s，i 加 1，然后利用 case 语句，根据 i 值，输出对应的花色。

3．程序设计

文件名 ledwater3.v。

```verilog
module ledwater3(ledout,clk);          //模块名 ledwater3
    output[7:0] ledout;                //定义发光二极管输出口
    input clk;                         //定义时钟输入口
    reg[7:0] ledout;                   //定义寄存器
    reg[23:0] counter;                 //定义分频计数器
    reg[2:0] i;                        //定义灯状态计数器
    parameter   PATTERN_0 = 8'b1111_1111;   //常量，花色 0
    parameter   PATTERN_1 = 8'b1111_1100;   //常量，花色 1
    parameter   PATTERN_2 = 8'b1111_0011;   //常量，花色 2
    parameter   PATTERN_3 = 8'b1100_1111;   //常量，花色 3
    parameter   PATTERN_4 = 8'b0011_1111;   //常量，花色 4
    /* initial 块对小灯进行初始化，初始值为 8'b11111111 */
    initial
        ledout= PATTERN_0;             //赋初值
    /* always 块实现花色流水灯 */
    always@(posedge clk)               //每个时钟周期执行一次
        begin
            counter = counter +1;      //计数器加 1
            if (counter ==24'd12_000_000) //是 0.5s 吗?
                begin
                    counter=0;                      //计数器清零，重新计数
                    i = i + 1;                      //花色计数器加 1
                    if(i == 7)   i = 1;             //当计到 7 时，修正为 1
                    case(i)
                        1: ledout= PATTERN_1;
                        2,6: ledout= PATTERN_2;
                        3,5: ledout= PATTERN_3;
                        4: ledout= PATTERN_4;
                        default: ledout= PATTERN_0;
                    endcase
                end
        end
    end
```

endmodule

思考：想象夜晚街边的霓虹灯，读者能设计出其他的花色灯吗？

4．下载运行

略，过程参见任务一的下载运行部分。

2.3 技能实训

2.3.1 闪烁灯实训设计

在 CCIT CPLD/FPGA 实验仪上实现闪烁灯。要求：实现 L1、L2、L3 分别以 0.25s、0.5s 和 1s 的时钟周期闪烁，编写代码并下载到 CCIT CPLD/FPGA 实验仪验证。

1．实训目标

1）增强专业意识，培养良好的职业道德和职业习惯。

2）培养自主创新的学习能力和良好的实践操作能力。

3）进一步熟悉实验仪、QuartusII 软件的使用和 CPLD/FPGA 设计的基本流程。

4）重点掌握 L1～L8 发光二极管，在实验板上与 EPM1270T144C5N 芯片的引脚连接。

5）掌握 Verilog HDL 的程序基本语句及时钟模块编程。

6）Verilog HDL 的基本语法。

2．实训设备

1）实验仪 CCIT-CPLD。

2）QuartusII 13.1 软件开发环境。

3．实训内容与步骤

1）分析题意。

L1 的闪烁周期为 0.25s，即在一个周期里，L1 点亮 0.125s，熄灭 0.125s。可使用计数器 counter 对 24MHz 晶振脉冲计数，当 counter 计数到 0.125s 时，令 L1 状态取反，即可实现实训要求。同理可实现 L2 和 L3 闪烁灯。

2）频率计算。

根据题意，L1、L2、L3 闪烁周期 0.25s、0.5s 和 1s，利用灯状态取反实现闪烁，因此需要计时半周期的时长，即 0.125s、0.25s 和 0.5s，分别用 counter1、counter2 和 counter3 计时。实验仪上提供的基准时钟为 24MHz，意味着历时 1s 需要 24M 个基准脉冲。

历时 0.5s，需要_____个基准脉冲。

历时 0.25s，需要_____个基准脉冲。

历时 0.125s，需要_____个基准脉冲。

3）新建工程。

启动 QuartusII 软件，新建工程，通过"File"→"New Project Wizard…"菜单命令启动新项目向导，利用向导，建立一个新项目，这里将工程名取为 light，顶层文件名取为 light.v。

4）芯片设置。

在 Family 栏目设置为"MAX II"，选中"Specific device selected in 'Available devices' list"

选项，在 Available device 窗口中选中所使用的器件的具体型号，这里以 EPM1270T144C5N 为例。

5) 编写程序代码。

新建 Verilog HDL 文件 light.v，打开 Verilog HDL 编辑器，输入程序代码并保存。

```verilog
module light (ledout,clk);
    output[2:0] ledout;                          //定义发光二极管输出口
    input clk;                                   //定义时钟输入口
    reg L1,L2,L3;                                //定义寄存器
    reg[23:0] counter1,counter2,counter3;        //定义分频计数器

    /* always 块实现 L1 闪烁灯 */
    always@(posedge clk)                         //每个时钟周期执行一次
    begin
        counter1=counter1+1;
        if(counter1==_____)           //0.125s 执行一次
        begin
            counter1=24'd0;                      //计数器 1 清零
            L1 = ~L1;                            //L1 取反
        end
    end

    /* always 块实现 L2 闪烁灯 */
    always@(posedge clk)                         //每个时钟周期执行一次
    begin
        counter2=counter2+1;
        if(counter2==_____)           //0.25s 执行一次
        begin
            _____;                    //计数器 2 清零
            _____;                    //L2 取反
        end
    end

    /* always 块实现 L3 闪烁灯 */
    always@(posedge clk)
    begin
        _____;
        _____;
        _____;
        _____;
        _____;
        _____;
    end
    assign ledout={L1,L2,L3};
endmodule
```

6）编译并改正语法错误。

7）设置芯片引脚。

在表 2-8 中指定芯片的引脚，并设置不用的引脚。

表 2-8　引脚锁定表

引　脚　名	引　脚　号	引　脚　名	引　脚　号
ledout0		ledout2	
ledout1		clk	

8）重新编译，使得引脚设置生效。

9）下载并运行。

使用 USB 下载电缆，将 USB-Blaster 的一端与计算机 USB 口连接，另一端通过 10 针线缆与 CCIT-CPLD 实验仪的 JTAG 口相连，接通开发板电源。在 Tools 菜单下，选择 Programmer 命令，打开 Quartus II Programmer 工具。单击"Hardware Setup"按钮，进行下载线设置，选择所用的下载线型号，单击"Add File…"按钮，将 light.pof 文件加入进来。选中"Program/Configure"选项，单击"Start"按钮，将文件 light.pof 下载到开发板上。

10）调试过程。

观察小灯的亮灭，是否符合题意。

4. 实训注意事项

1）根据 CCIT-CPLD 实验仪原理图，明确小灯的逻辑电平。

2）理解时钟模块的编程，特别是频率的计算。

5. 实训考核

请读者根据表 2-9 所示的实训考核要求，进行实训操作，保持良好的实训操作规划，熟悉整个工程的新建、程序代码编写、开发环境设置和编译下载调试的过程。

表 2-9　实训考核要求

项　　目	内　　容	分　值	考核要求	得　　分
职业素养	1. 实训的积极性 2. 实训操作规范 3. 纪律遵守情况	10	积极参加实训，遵守安全操作规程，有良好的职业道德和敬业精神	
程序设计思路及代码编写规范	1. 新建工程的流程 2. 代码语法的规范 3. 时钟模块的编程 4. 芯片引脚的指定	40	熟练新建工程、规范编写代码、改正语法错误、掌握 initial、always 语句，正确指定引脚	
调试过程	1. 程序下载 2. 实验仪的使用 3. 操作是否规范	30	能下载程序，实验仪的规范使用，现象是否合理	
项目完成度和准确度	1. 实现题意 2. 操作和现象合理	20	该项目的所有功能是否能实现	

2.3.2　流水灯实训设计

在 CCIT CPLD/FPGA 实验仪上实现流水灯。要求：小灯从中间向两边亮，再从两边向中间亮，如此循环……，状态变换间隔为 2s。

1. 实训目标

1）增强专业意识，培养良好的职业道德和职业习惯。

2）培养自主创新的学习能力和良好的实践操作能力。

3）进一步熟悉实验仪、QuartusII 软件的使用和 CPLD/FPGA 设计的基本流程。

4）重点掌握 L1～L8 发光二极管，在实验板上与 EPM1270T144C5N 芯片的引脚连接。

5）掌握 Verilog HDL 的程序基本语句及时钟模块编程。

6）Verilog HDL 的基本语法。

2. 实训设备

1）实验仪 CCIT-CPLD。

2）QuartusII 13.1 软件开发环境。

3. 实训内容与步骤

1）分析题意。

假定计数到 2s 时，流水灯变化一下。假设开始 L1～L8 状态为"11100111"，当每次计数到 2s 时，L1～L8 输出的状态依次为 11011011、＿＿＿＿＿＿＿＿、＿＿＿＿＿＿＿＿＿、10111101、＿＿＿＿＿＿＿＿＿、11100111。

2）频率计算。

实验仪上提供的基准时钟为 24MHz，则时钟周期计算方法：$T = 1/f$；T 为周期，f 为时钟频率。要得到 0.5Hz（即周期为 2s）的脉冲信号，则要分频，分频系数：

K=＿＿＿＿＿＿＿＿＿＿＿＿＿＿＿＿＿＿＿＿。

3）新建工程。

启动 QuartusII 软件，新建工程，通过"File"→"New Project Wizard…"菜单命令启动新项目向导，利用向导，建立一个新项目，这里将工程名取为 ledwater，顶层文件名取为 ledwater.v。

4）芯片设置。

在 Family 栏目设置为"MAX II"，选中"Specific device selected in 'Available devices' list"选项，在 Available device 窗口中选中所使用的器件的具体型号，这里以 EPM1270T144C5N 为例。

5）编写程序代码。

新建 Verilog HDL 文件 ledwater.v，打开 Verilog HDL 编辑器，输入程序代码并保存。

```
module ledwater (ledout,clk);
    output[7:0] ledout;              //定义发光二极管输出口
    input clk;                      //定义时钟输入口
    reg[7:0] ledout;                //定义寄存器
    reg[23:0] counter;              //定义分频计数器
    reg flag;                       //定义循环一遍结束标志
    /* initial 块对小灯进行初始化*/
    initial
    begin
        ledout=_____;
        flag=1;                     //从中间向两边
    end

    /* always 块实现右流水灯 */
    always@(posedge clk)            //每个时钟周期执行一次
```

```
        begin
            counter=counter+1;
            if(counter==  _____  )          //2s 执行一次
            begin
                if(flag==1)
                begin
                    ledout[7:4]=  _____  ;
                    ledout[3:0]=（ledout[3:0]>>1）+8;
                end
                else
                begin
                    ledout[7:4]=（ledout[7:4]>>1）+128;
                    ledout[3:0]=  _____  ;
                end
                if(ledout==8'b11111111)
                begin
                    if(flag==1)                       //从中间向两边循环结束
                    begin
                        ledout=8'b01111110;
                        flag=_____;
                    end
                    else                              //从两边向中间循环结束
                    begin
                        ledout=_____;
                        flag=~flag;
                    end
                end
                counter=0;
            end
        end
    endmodule
```

6）编译并改正语法错误。

7）设置芯片引脚。

在表 2-10 中指定芯片的引脚，并设置不用的引脚。

表 2-10　引脚锁定表

引　脚　名	引　脚　号	引　脚　名	引　脚　号
ledout0		ledout5	
ledout1		ledout6	
ledout2		ledout7	
ledout3		clk	
ledout4			

8）重新编译，使得引脚设置生效。

9）下载并运行。

使用 USB 下载电缆，将 USB-Blaster 的一端与计算机 USB 口连接，另一端通过 10 针线缆与 CCIT-CPLD 实验仪的 JTAG 口相连，接通开发板电源。在 Tools 菜单下，选择 Programmer 命令，打开 Quartus II Programmer 工具。单击 "Hardware Setup" 按钮，进行下载线设置，选择所用的下载线型号，单击 "Add File…" 按钮，将 ledwater.pof 文件加入进来。选中 "Program/Configure" 选项，单击 "Start" 按钮，将文件 ledwater.pof 下载到开发板上。

10）调试过程。

观察小灯的亮灭，是否符合题意。

4. 实训注意事项

1）根据 CCIT-CPLD 实验仪原理图，明确小灯的逻辑电平。

2）理解时钟模块的编程，特别是频率的计算。

5. 实训考核

请读者根据表 2-11 所示的实训考核要求，进行实训操作，保持良好的实训操作规划，熟悉整个工程的新建、程序代码编写、开发环境设置和编译下载调试的过程。

表 2-11　实训考核要求

项　目	内　容	分　值	考核要求	得　分
职业素养	1. 实训的积极性 2. 实训操作规范 3. 纪律遵守情况	10	积极参加实训，遵守安全操作规程，有良好的职业道德和敬业精神	
程序设计思路及代码编写规范	1. 新建工程的流程 2. 代码语法的规范 3. 时钟模块的编程 4. 芯片引脚的指定	40	熟练新建工程、规范编写代码、改正语法错误、掌握 initial、always 语句，正确指定引脚	
调试过程	1. 程序下载 2. 实验仪的使用 3. 操作是否规范	30	能下载程序，实验仪的规范使用，现象是否合理	
项目完成度和准确度	1. 实现题意 2. 操作和现象合理	20	该项目的所有功能是否能实现	

6. 实训思考

试一下，能否实现 "一个小灯从左向右流水，再从右向左流水，如此循环……"？

第3章　基于CPLD/FPGA的单元项目开发

3.1　项目1　设计基本逻辑门电路

 学习目标

1. 能力目标

1) 应用门级描述、连续赋值语句描述及过程赋值语句描述等方式进行基本门电路的设计。

2) 掌握几种描述方式的异同之处，并在设计过程中加以灵活运用。

2. 知识目标

1) 掌握门级描述的基本门原语及元件例化的方法。

2) 掌握连续赋值语句描述和过程赋值语句描述的基本结构及相关语法。

3. 素质目标

1) 灵活运用门级电路的设计。

2) 培养读者进行实验仿真及下载的技能。

情境设计

本节主要通过设计 $F = \overline{AB} + BCD$ 组合门电路的实例，介绍一般组合门电路设计的方法，重点介绍用门级描述、连续赋值语句描述及过程赋值语句描述等方式进行基本门电路的设计过程。具体教学情境设计如表3-1所示。

表3-1　教学情境设计

序号	教 学 情 境	技 能 训 练	知 识 要 点	学时数
情境	设计 $F = \overline{AB} + BCD$ 组合门电路	1. 将逻辑函数映射成对应的逻辑电路 2. 会用门原语设计该组合门电路 3. 会用连续赋值语句描述、过程赋值语句设计该组合门电路	1. 〈K1〉～〈K8〉键盘在实验板上与EPM1270T144C5N芯片的引脚连接 2. 掌握门级描述、连续赋值语句描述、过程赋值语句描述的结构及语法	2

1. 任务

用门级描述、连续赋值语句描述、过程赋值语句描述3种方式设计 F=!(AB)+BCD 组合门电路。

2. 要求

通过此案例的编程和下载运行，让读者初步了解和掌握组合门电路设计的一般方法。

3. 分析

在 CCIT CPLD/FPGA 实验仪上已经为用户准备了8个拨码开关，其硬件原理图如图1-31所示。

在 CCIT CPLD/FPGA 实验仪中用标号 SW0～SW7 分别与芯片的 71～78 引脚相连。这样读者可以把 SW0、SW1、SW2 和 SW3 当作输入 A、B、C、D；而 F 可以用 L1 发光管来表示。

4. 程序设计

1）门级描述：文件名 gate1.v。

```
module gate1(A,B,C,D,F);        //模块名 gate1
    output F;                   //定义输出口
    input A,B,C,D;              //定义输入口
    wire F1,F2;                 //定义线型中间变量
    nand(F1,A,B);               //调用门原语
    and(F2,B,C,D);
    or(F,F1,F2);
endmodule
```

2）assign 连续赋值语句描述：文件名 gate2.v。

```
module gate2(A,B,C,D,F);        //模块名 gate2
    output F;                   //定义输出口
    input A,B,C,D;              //定义输入口
    assign F=~(A&B)|(B&C&D);    //连续赋值
endmodule
```

3）过程赋值语句描述：文件名 gate3.v。

```
module gate3(A,B,C,D,F);        //模块名 gate3
    output F;                   //定义输出口
    input A,B,C,D;              //定义输入口
    reg F;                      //定义寄存器
    always@(A or B or C or D)   //过程赋值
        begin
            F=~(A&B)|(B&C&D);
        end
endmodule
```

5. 下载运行

1）用鼠标双击 Quartus II 软件快捷图标，进入 Quartus II 集成开发环境，新建工程项目文件 gate.qpf，并在该项目下新建 Verilog 源程序文件 gate1.v 或 gate2.v 或 gate3.v，分别输入上面的程序代码并保存。

2）为该工程项目选择一个目标器件，并对相应的引脚进行锁定，所选择的器件应该是 Altera 公司的 EPM1270T144C5N 芯片，引脚锁定表如表 3-2 所示。

表 3-2　引脚锁定表

引　脚　号	引　脚　名	引　脚　号	引　脚　名
71	A	74	D
72	B	29	F
73	C		

3）对该工程文件进行编译处理，若在编译过程中发现错误，则需找出并更正错误，直至成功为止。

4）读者若需要对所建的工程项目进行验证，则需输入必要的波形仿真文件，然后进行波形仿真模拟。观察模拟仿真结果并与预期的目标相比较，看是否符合设计要求，若不满足用户要求，则更正程序相关部分。

5）使用 USB-Blaster 下载电缆，将开发板 JTAG 口与 USB-Blaster 下载口相连，再打开工作电源，执行下载命令把程序下载到 CCIT CPLD/FPGA 实验仪的 EPM1270T144C5N 器件中。当〈SW2〉或〈SW3〉键拨到"ON"时，能看到 CCIT CPLD/FPGA 实验仪上的 L1 灯亮了吗？此时为什么发光管 L1 被点亮了呢，请读者自己分析一下。

门元件例化的方法

门元件例化的定义格式：

门类型关键字 <例化的门名称> (<端口例表>);

端口列表按下列顺序列出：

（输出，输入 1，输入 2，输入 3……）;

例如：　　and myand(out,in1,in2,in3);　　　//三输入与门，例化的门名称为 myand
　　　　　and(out,in1,in2);　　　　　　　//二输入与门，无例化的门名称
常用的门类型关键字如表 3-3 所示。

表 3-3　常用的门类型关键字

门类型关键字	功　能	门类型关键字	功　能
not	非门	nor	或非门
and	与门	xor	异或门
nand	与非门	xnor	同或门
or	或门	buf	缓冲器

下面以 2 选 1 的电路设计为例来说明 Verilog HDL 的门级描述和行为描述的方法。

（1）Verilog HDL 的门级描述

```
//调用门原语实现 2 选 1
module mux2_1(out,in1,in2,ctrl);
    output out;                //定义输出口
    intput in1,in2,ctrl;       //定义输入口
    wire notctrl,x,y;          //定义线型变量
    /* 以下为引用门原语以实现 2 选 1 的逻辑功能*/
    not(notctrl,ctrl);
    and(x,notctrl,in1);
    and(y,ctrl,in2);
    or(out,x,y);
endmodule
```

（2）Verilog HDL 的行为描述

下面分别用逻辑功能、case 语句、条件运算符等行为描述方式来实现 2 选 1。

1）逻辑功能描述。

```
module mux2_1(out,in1,in2,ctrl);
    output out;                      //定义输出口
    intput in1,in2,ctrl;             //定义输入口
    assign out=(in1&ctrl)|(in2&~ctrl); //连续赋值语句实现 2 选 1 的逻辑功能
endmodule
```

2）case 语句描述。

```
module mux2_1(out,in1,in2,ctrl);
    output out;                      //定义输出口
    intput in1,in2,ctrl;             //定义输入口
    reg out;                         //定义输出口为寄存型
    /* 以下用 always 块语句及 CASE 语句以实现逻辑功能 */
    always@(in1 or in2 or ctrl)      //当 in1、in2、ctrl 中有一个值发生变化则执行一次语句块
    begin
        case(ctrl)                   //用 case 语句实现 2 选 1 的逻辑功能
            1'b0:out=in2;
            1'b1:out=in1;
            default:out=1'bx;
        endcase
    end
endmodule
```

3）条件运算符。

```
module mux2_1(out,in1,in2,ctrl);
    output out;                      //定义输出口
    intput in1,in2,ctrl;             //定义输入口
    assign out=ctrl?in1:in2;         //用条件运算符及连续赋值语句实现 2 选 1 的逻辑功能
endmodule
```

3.2 项目 2 设计译码器

学习目标

1．能力目标

1）应用 Verilog HDL 进行有关译码电路的设计。

2）用 case 语句进行 3-8 译码器及 8 段 LED 数码管译码电路的设计。

2．知识目标

1）掌握译码器的基本电路。

2）用 case 语句进行有关组合器件的编程设计。

3．素质目标

1）掌握组合逻辑电路的设计方法。

2）建立互帮互助的同学关系。

 情境设计

本节主要通过两个实例，即 3-8 译码电路及数码管译码显示电路，来介绍一般译码电路的设计方法，重点讲解 3-8 译码电路及数码管译码显示电路的设计过程。具体教学情境设计如表 3-4 所示。

表 3-4　教学情境设计

序号	教学情境	技能训练	知识要点	学时数
情境 1	设计 3-8 译码器	1. 能将 3-8 译码电路映射成对应的端口 2. 会用 case 语句设计组合逻辑器件	1. SW0～SW2 拨码开关按键及 L1～L8 发光二极管在实验板上与 EPM1270T144C5N 芯片的引脚连接 2. 掌握 case 语句的结构及语法定义	2
情境 2	设计 8 段 LED 数码管译码电路	1. 能将 8 段 LED 数码管译码电路映射成对应的输出端口 2. 会用 case 语句设计 8 段 LED 数码管译码电路	1. SW0～SW3 拨码开关按键键盘及 1 位共阴数码管在实验板上与 EPM1270T144C5N 芯片的引脚连接 2. 掌握 case 语句的结构及语法定义	2

3.2.1　任务 1　设计 3-8 译码器

译码器概念

译码器是组合逻辑电路的一类重要的器件，其可以分为变量译码和显示译码两类。

变量译码一般是一种较少输入变为较多输出的器件，一般分为 2n 译码和 8421BCD 码译码两类。

显示译码主要解决二进制数显示成对应的十或十六进制数的转换功能，一般其可分为驱动 LED 和驱动 LCD 两类。

译码是编码的逆过程，在编码时，每一种二进制代码，都赋予了特定的含义，即都表示了一个确定的信号或者对象。把代码状态的特定含义"翻译"出来的过程叫作译码，实现译码操作的电路称为译码器。或者说，译码器是可以将输入二进制代码的状态翻译成输出信号，以表示其原来含义的电路。有一些译码器设有一个和多个使能控制输入端，又称为片选端，用来控制允许译码或禁止译码。

根据需要，输出信号可以是脉冲，也可以是高电平或者低电平。

典型应用：

74138 是一种 3-8 译码器，3 个输入端 CBA 共有 8 种状态组合（000—111），可译出 8 个输出信号 Y0～Y7。这种译码器设有 3 个使能输入端，根据这 3 个使能端的状态，可让译码器处于工作状态，输出低电平；或处于禁止状态，输出高电平。

BCD 七段显示译码器电路，LED 数码管将显示与 BCD 码对应的十进制数 0～9。若显示译码器电路输出高电平，则应该采用共阴极 LED 数码管，否则相反。

1. 任务

在 Verilog HDL 中，用 case 语句设计一个 3-8 译码器。

2. 要求

通过此案例的编程和下载运行，让读者初步了解译码电路设计的一般方法。

3．分析

在 CCIT CPLD/FPGA 实验仪上，已经为读者准备了一个 8 位拨码开关及 8 个 LED 发光二极管，其硬件原理图前面都已经介绍过，此处不再介绍。在 CCIT CPLD/FPGA 实验仪中 SW0～SW7 分别与芯片的 71～78 引脚相连，L1～L8 分别与芯片 29～32、37～40 引脚相连。这样读者可以把 SW0、SW1、SW2 当作 3-8 译码器的 3 个输入端口，L1～L8 分别 3-8 译码器的 8 个输出端口。

4．程序设计

3-8 译码器，文件名 decoder_38.v。

```
module decoder_38 (out,in);          //模块名 decoder_38
    output[7:0] out;                 //定义输出口
    input[2:0] in;                   //定义输入口
    reg[7:0] out;                    //定义寄存器

    always@(in)                      //当输入有变化时，则执行一次语句体
        begin
            case(in)                 //根据三个拨码键的状态，点亮相应发光二极管
                3'd0:out=8'b11111110;
                3'd1:out=8'b11111101;
                3'd2:out=8'b11111011;
                3'd3:out=8'b11110111;
                3'd4:out=8'b11101111;
                3'd5:out=8'b11011111;
                3'd6:out=8'b10111111;
                3'd7:out=8'b01111111;
            endcase
        end
endmodule
```

5．下载运行

1）用鼠标双击 Quartus II 软件快捷图标进入 Quartus II 集成开发环境，新建工程项目文件 decoder_38.qpf，并在该项目下新建 Verilog 源程序文件 decoder_38.v，输入上面的程序代码并保存。

2）为该工程项目选择一个目标器件，并对相应的引脚进行锁定，所选择的器件应该是 Altera 公司的 EPM1270T144C5N 芯片，引脚锁定表如表 3-5 所示。

表 3-5　引脚锁定表

引　脚　号	引　脚　名	引　脚　号	引　脚　名
71	in0	73	in2
72	in1	29	out0
30	out1	38	out5
31	out2	39	out6
32	out3	40	out7
37	out4		

3）对该工程文件进行编译处理，若在编译过程中发现错误，则找出并更正错误直至成功为止。

4）用户若需要对所建的工程项目进行验证，输入必要的波形仿真文件，然后进行波形仿真模拟。观察模拟仿真结果并与预期的目标相比较，看是否符合设计要求，若不满足用户要求，则更正程序相关部分。

5）使用 USB-Blaster 下载电缆，将开发板 JTAG 口与 USB-Blaster 下载口相连，再打开工作电源，执行下载命令把程序下载到 CCIT CPLD/FPGA 实验仪的 EPM1270T144C5N 器件中。当〈SW0〉、〈SW1〉和〈SW2〉键按照如表 3-6 中的要求被按下时，能看到 CCIT CPLD/FPGA 实验仪上的相应发光二极管被点亮吗？为什么对应的发光二极管被点亮了呢，请读者自己思考一下。

3-8 译码器对应的实验现象如表 3-6 所示。

表 3-6　3-8 译码器对应的实验现象

SW0	SW1	SW2	L1	L2	L3	L4	L5	L6	L7	L8
0	0	0	亮	灭	灭	灭	灭	灭	灭	灭
0	0	1	灭	亮	灭	灭	灭	灭	灭	灭
0	1	0	灭	灭	亮	灭	灭	灭	灭	灭
0	1	1	灭	灭	灭	亮	灭	灭	灭	灭
1	0	0	灭	灭	灭	灭	亮	灭	灭	灭
1	0	1	灭	灭	灭	灭	灭	亮	灭	灭
1	1	0	灭	灭	灭	灭	灭	灭	亮	灭
1	1	1	灭	灭	灭	灭	灭	灭	灭	亮

条件语句解析 2

Verilog HDL 中的条件语句有两种：if-else 语句和 case 语句。Verilog HDL 中的 if-else 语句与 C 语言中的基本相同，唯独不同的是，Verilog HDL 中的条件表达的值为 1,0,x 和 z。当条件表达式的值为 1 时（即条件表达成立），执行后面的块语句；当条件表达式的值为 0,x 或 z 时（即条件表达不成立），不执行后面的块语句。

Verilog HDL 中的 case 语句多用于多条件译码电路的描述中，如译码器、数据选择器等。Verilog HDL 共提供了 3 种形式的 case 语句。

1．case（敏感表达式）

　　值 1：　　块语句 1；
　　值 2：　　块语句 2；

　　　……

　　值 n：　　块语句 n；
　　default: 块语句 n+1；
　　endcase

2．casez（敏感表达式）

　　值 1：　　块语句 1；

值2:   块语句2；
    ……
值n: 块语句n；
default: 块语句n+1；
endcase

3. casex（敏感表达式）

值1:   块语句1；
值2:   块语句2；
    ……
值n: 块语句n；
default: 块语句n+1；
endcase

这3种语句的描述方式唯一的区别就是对敏感表达式的判断，其中，第（1）种（case）要求敏感表达式的值与给定的值1、值2、……或值n中的一个全等时，执行后面相应的块语句；如果均不等时，则执行default语句。第（2）种（casez）则认为，如果给定的值中有某一位（或某几位）是高阻态（z），则认为该位为"真"，敏感表达式与其比较时不予判断，只需比较其他位。第（3）种（casex）则认为，如果给定的值中有某一位（或某几位）是高阻态（z）或不定态（x），同样则认为该位为"真"，敏感表达式与其比较时不予判断。

此外，还有另外一种标识x或z的方式，即用表示无关值的"?"来表示。

下面是一个采用casez语句描述并使用了符号"?"的数据选择器的例子。

```
module mux_z(out,a,b,c,d,select);
output out;
input a,b,c,d;
input[3:0]select;
reg out;
always@(select or a or b or c or d)
    begin
        casez(select)
            4'b???1:out=a;
            4'b??1?:out=b;
            4'b?1??:out=c;
            4'b1???:out=d;
        endcase
    end
endmodule
```

3.2.2 任务2 设计八段LED数码管译码电路

1 位数码管

数码管是工程设计中使用较广的一种输出显示器件，一个8段数码管分别由a、b、c、

d、e、f、g 位段，外加一个小数点的位段 h（或记为 dp）组成。常见的数码管有共阴和共阳两种，共阴数码管是将 8 个发光二极管的阴极连接在一起作为公共端，而共阳数码管是将 8 个发光二极管的阳极连接在一起作为公共端，称公共端为位码，而其他的 8 位称作段码，共阴和共阳数码管如图 3-1 所示，数码管外形图如图 3-2 所示。按驱动方式可以分为静态和动态两种显示方式。

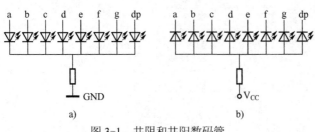

图 3-1　共阴和共阳数码管

a) 共阴极　b) 共阳极

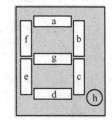

图 3-2　数码管外形图

共阴 8 段数码管的信号端高电平有效，只要在各个位段上加上相应的信号即可使相应的位段发光，比如：要使 a 段发光，则在 a 段加上高电平即可。共阳极的数码管则相反，在相应的位段加上低电平即可使该位段发光。因而，一个 8 段数码管就必须有 8 位（即一个字节）数据来控制各个位段的亮灭。比如：对共阴极 8 段数码管，当 seg0～seg7 分别接 a～g、dp，即 seg=8'b10000000 时，dp 段亮；当 seg=8'b01111111 时，除了 dp 段不亮，其余段均亮。

1. 任务

用 case 语句实现 7 段 LED 数码管译码显示功能。

2. 要求

通过此案例的编程和下载运行，让读者初步了解数码管译码显示电路设计的一般方法。

3. 分析

在 CCIT CPLD/FPGA 实验仪上已经为用户准备了一个 1 位静态的共阴数码管，1 位共阴数码管原理图如图 3-3 所示。

其中段码线 SEG_E～SEG_DP 分别与芯片的 119～127 引脚相连，具体分配如下：

图 3-3　1 位共阴数码管原理图

引脚	119	120	121	122	123	124	125	127
名称	SEG_E	SEG_D	SEG_C	SEG_DP	SEG_B	SEG_A	SEG_F	SEG_G

只要在对应引脚上一直输出高电平"1"，这时数码管的对应段就被点亮。

4. 程序设计

7 段 LED 数码管译码显示，文件名 decoder_37.v。

```
module decoder_37 (seg,sw);          //模块名 decoder_37
    output[7:0] seg;                 //定义输出口
    input[2:0] sw;                   //定义输入口
    reg[7:0] seg_reg;                //定义输出口为寄存器型
```

```
        always@(sw)                        //拨码开关 SW 发生变化时，执行一次语句体
            begin
                case(sw)                   //根据 SW 值，向 1 位数码管发送相应段码
                    3'd0:seg_reg=8'h3f;    //显示 0
                    3'd1:seg_reg=8'h06;    //显示 1
                    3'd2:seg_reg=8'h5b;    //显示 2
                    3'd3:seg_reg=8'h4f;    //显示 3
                    3'd4:seg_reg=8'h66;    //显示 4
                    3'd5:seg_reg=8'h6d;    //显示 5
                    3'd6:seg_reg=8'h7d;    //显示 6
                    3'd7:seg_reg=8'h07;    //显示 7
                    default: seg_reg=8'h00; //不显示
                endcase
            end
        assign seg=seg_reg;
    endmodule
```

5．下载运行

1）用鼠标双击 Quartus II 软件快捷图标进入 Quartus II 集成开发环境，新建工程项目文件 decoder_37.qpf，并在该项目下新建 Verilog 源程序文件 decoder_37.v，输入上面的程序代码并保存。

2）为该工程项目选择一个目标器件，并对相应的引脚进行锁定，所选择的器件应该是 Altera 公司的 EPM1270T144C5N 芯片，引脚锁定表如表 3-7 所示。

表 3-7　引脚锁定表

引　脚　号	引　脚　名	引　脚　号	引　脚　名
124	seg0	127	seg6
123	seg1	122	seg7
121	seg2	71	sw0
120	seg3	72	sw1
119	seg4	73	sw2
125	seg5		

3）对该工程文件进行编译处理，若在编译过程中发现错误，则找出并更正错误，直至成功为止。

4）用户若需要对所建的工程项目进行验证，则需输入必要的波形仿真文件，然后进行波形仿真模拟。观察模拟仿真结果并与预期的目标相比较，看是否符合设计要求，若不满足用户要求，则更正程序相关部分。

使用 USB-Blaster 下载电缆，将开发板 JTAG 口与 USB-Blaster 下载口相连，再打开工作电源，执行下载命令把程序下载到 CCIT CPLD/FPGA 实验仪的 EPM1270T144C5N 器件中。当 SW0、SW1 和 SW2 拨码开关键按照如表 3-8 中的要求拨动时，能看到 CCIT CPLD/FPGA 实验仪上的 1 位数码管上显示的数字吗？为什么会显示对应的数据呢，请用户自己思考。

实验现象如表 3-8 所示。

表 3-8　实验现象

SW0	SW1	SW2	1 位数码管显示
0	0	0	均显示 "0"
0	0	1	均显示 "1"
0	1	0	均显示 "2"
0	1	1	均显示 "3"
1	0	0	均显示 "4"
1	0	1	均显示 "5"
1	1	0	均显示 "6"
1	1	1	均显示 "7"

3.2.3　技能实训

在 CCIT CPLD/FPGA 实验仪上用 SW0~SW3 这 4 个拨码键控制在 1 位共阴数码管上显示 "0~9、A、b、C、d、E、F" 十六进制数字,当 SW4 键处于 "OFF" 时,显示 "H"。

1. 实训目标

1) 增强专业意识,培养良好的职业道德和职业习惯。

2) 培养自主创新的学习能力和良好的实践操作能力。

3) 掌握 8 段 LED 数码管译码电路,在实验板上与 EPM1270T144C5N 芯片的引脚连接。

4) 掌握 case 语句的结构及语法定义。

2. 实训设备

1) 实验仪 CCIT-CPLD。

2) QuartusII 13.1 软件开发环境。

3. 实训内容与步骤

1) 分析题意。

根据题意可知,用户通过 SW4~SW0 将数据输入译码器,经过译码后,电路将共阴字段码输出。SW4 的优先级最高,只有当 SW4 为 1 时,电路才能正常译码,SW4 实际上是译码电路的使能端。请读者按照题意,完成表 3-9。

表 3-9　真值表

SW4	SW3	SW2	SW1	SW0	显示数字	seg7~seg0
1	0	0	0	0	0	00111111
1	0	0	0	1	1	
1	0	0	1	0	2	
					3	
					4	
					5	
					6	
					7	
					8	

SW4	SW3	SW2	SW1	SW0	显示数字	seg7～seg0
					9	
					A	
					b	
					C	
					d	
					E	
					F	
0	×	×	×	×	H	

2）新建工程。

启动 QuartusII 软件，新建工程，通过"File"→"New Project Wizard…"菜单命令启动新项目向导，利用向导，建立一个新项目，这里将工程名取为 decoder_SMG，顶层文件名取为 decoder_SMG.v。

3）芯片设置。

在 Family 栏目设置为"MAX II"，选中"Specific device selected in 'Available devices' list"选项，在 Available device 窗口中选中所使用的器件的具体型号，这里以 EPM1270T144C5N 为例。

4）编写程序代码。

新建 Verilog HDL 文件 decoder_SMG.v，打开 Verilog HDL 编辑器，输入程序代码并保存。

```
module decoder_SMG(seg,sw);
    output[7:0] seg;               //定义输出口
    input[4:0] sw;                 //定义输入口
    reg[7:0] seg_reg;              //定义输出口为寄存器型
    always@(sw)                    //拨码开关 SW 发生变化时，执行一次语句体
        begin
        _____
        _____
        _____
        _____
        _____
        _____
        _____
        _____
        end
endmodule
```

5）编译并改正语法错误。

6）设置芯片引脚。

在表 3-10 中指定芯片的引脚，并设置不用的引脚。

引脚锁定表如表 3-10 所示。

表 3-10 引脚锁定表

引 脚 名	引 脚 号	引 脚 名	引 脚 号
seg0		seg7	
seg1		SW0	
seg2		SW1	
seg3		SW2	
seg4		SW3	
seg5		SW4	
seg6			

7）重新编译，使得引脚设置生效。

8）下载并运行。

使用 USB 下载电缆，将 USB-Blaster 的一端与计算机 USB 口连接，另一端通过 10 针线缆与 CCIT-CPLD 实验仪的 JTAG 口相连，接通开发板电源。在 Tools 菜单下，选择 Programmer 命令，打开 Quartus II Programmer 工具。单击"Hardware Setup"按钮，进行下载线设置，选择所用的下载线型号，单击"Add File…"按钮，将 decoder_SMG.pof 文件加入进来。选中"Program/Configure"选项，单击"Start"按钮，将文件 decoder_SMG.pof 下载到开发板上。

9）调试过程。

拨动 SW0～SW4，观察数码管，实训结果表填写表 3-11，对比其与真值表 3-9 是否一致。

表 3-11 实训结果表

SW4	SW3	SW2	SW1	SW0	数码管显示数字

90

4. 实训注意事项

1）明确 LED 数码管是共阴极还是共阳极。

2）注意 case 语句的书写。

5. 实训考核

请读者根据表 3-12 所示的实训考核要求，进行实训操作，保持良好的实训操作规划，熟悉整个工程的新建、程序代码编写、开发环境设置和编译下载调试的过程。

表 3-12　实训考核要求

项　　目	内　　容	配　　分	考　核　要　求	得　　分
职业素养	1. 实训的积极性 2. 实训操作规范 3. 纪律遵守情况	10	积极参加实训，遵守安全操作规程，有良好的职业道德和敬业精神	
Quartus II 软件的使用及程序的编写	1. 新建工程的流程 2. 代码语法的规范、case 语句的掌握 3. 芯片引脚的指定	40	能熟练新建工程、规范编写代码、改正语法错误、掌握 case 语句的结构及语法定义，正确指定引脚	
调试过程	1. 程序下载 2. 实验仪的使用 3. 操作是否规范	30	能下载程序，实验仪的规范使用，现象是否合理	
项目完成度和准确度	1. 实现题意 2. 操作和现象合理	20	该项目的所有功能是否能实现	

6. 实训思考

如果是共阳极数码管，该如何实现？

3.3　项目 3　编码器和数据选择器设计

学习目标

1. 能力目标

1）掌握 if-else 语句或 casex 语句的特点，进行 8-3 优先编码器电路设计。

2）掌握模块实例引用的方法，设计 2-1 和 4-1 数据选择器电路。

2. 知识目标

1）掌握 Verilog HDL 进行编码电路设计。

2）掌握模块实例引用的方法。

3. 素质目标

1）培养读者组合逻辑电路综合设计的能力。

2）培养读者实验仿真及下载的技能。

情境设计

本节主要通过 8-3 优先编码器电路设计和 2-1 与 4-1 数据选择器电路设计的实例，介绍一般编码电路设计的方法和模块实例引用的方法。具体教学情境设计如表 3-13 所示。

表 3-13　教学情境设计

序号	教学情境	技能训练	知识要点	学时数
情境 1	设计 8-3 编码器	1. 将 8-3 编码电路映射成对应的端口 2. 会用 if-else 语句或 casex 语句设计编码电路	1. SW0～SW7 拨码开关键及发光二极管 VL 在实验板上与 EPM1270T144C5N 芯片的引脚连接 2. 掌握 if-else 和 casex 语句的结构及语法定义	2
情境 2	设计 4-1 数据选择器	由 2-1 数据选择器通过模块实例引用的方法实现 4-1 数据选择器设计	1. 能将 4-1 数据选择器电路映射成对应的 SW0～SW5 拨码开关键及发光二极管 VL 2. 掌握模块实例引用的方法	2

3.3.1　任务 1　设计 8-3 优先编码器

优先编码器概念

编码与译码的过程刚好相反。通过编码器可对一个有效输入信号生成一组二进制代码。有的编码器设有使能端，用来控制允许编码或禁止编码。

优先编码器的功能是允许同时在几个输入端有输入信号，编码器按输入信号排定的优先顺序，只对同时输入的几个信号中优先权最高的一个进行编码。

典型应用：例如，74147 为 BCD 优先编码器，输入和输出都是低电平有效。为了取得有效输出高电平，可在每个输出端连接一个反相器。

1. 任务

用 if-else 语句和 casex 语句实现一个 8-3 优先编码器。

2. 要求

通过此案例的编程和下载运行，让读者初步了解编码电路设计的一般方法。

3. 分析

在 CCIT CPLD/FPGA 实验仪上已经为读者准备了一个 8 位拨码开关按键及 8 个 LED 发光二极管，其硬件原理图前面已经介绍过，此处不再介绍。在 CCIT CPLD/FPGA 实验仪中，SW0～SW7 分别与芯片的 71～78 引脚相连，L1～L8 分别与芯片 29～32、37～40 引脚相连。这样读者可以把 SW0～SW7 当作 8-3 优先编码器的 8 个输入端口，L1～L3 分别为 8-3 优先编码器的 3 个输出端口。SW7 的优先级最高，SW0 最低；低电平有效。

4. 程序设计

1）利用 casex 语句编写 8-3 优先编码器，文件名 encode_83casex.v。

```
module encode_83casex (out,in);          //模块名 encode_83casex
    output[2:0] out;                     //定义输出口
    input[7:0] in;                       //定义输入口
    reg[2:0] out;                        //定义寄存器
    always@(in)                          //8 位拨码开关状态有变，则执行一次语句体
        begin
            casex(in)
                8'b0???????:out=3'b111;  //当 SW7 为低电平时，无论 SW0～SW6 为何值，
                                         //则输出为 7
                8'b10??????:out=3'b110;  //当 SW7 为高电平，且 SW6 为低电平时，无论
                                         //SW0～SW5 为何值，则输出为 6
```

```
                8'b110?????:out=3'b101;
                8'b1110????:out=3'b100;
                8'b11110???:out=3'b011;
                8'b111110??:out=3'b010;
                8'b1111110?:out=3'b001;
                8'b11111110:out=3'b000;
            endcase
        end
    endmodule
```

2）利用 if-else 语句编写 8-3 优先编码器，文件名 encode_83if.v。

```
module encode_83if(out,in);              //模块名 encode_83if
    output[2:0] out;                     //定义输出口
    input[7:0] in;                       //定义输入口
    reg[2:0] out;                        //定义寄存器
    always@(in)                          //8 位拨码开关状态有变，则执行一次语句体
    begin
        if（!in[7]）out=3'b111;           //当 SW7 为低电平时，无论 SW0～SW6 为何值，则
                                         //输出为 7
        else if（!in[6]）out=3'b110;      //当 SW7 为高电平时，且 SW6 为低电平时，无论
                                         //  SW0～SW5 为何值，则输出为 6
        else if（!in[5]）out=3'b101;
        else if（!in[4]）out=3'b100;
        else if（!in[3]）out=3'b011;
        else if（!in[2]）out=3'b010;
        else if（!in[1]）out=3'b001;
        else if（!in[0]）out=3'b000;
    end
endmodule
```

5．下载运行

1）用鼠标双击 Quartus II 软件快捷图标进入 Quartus II 集成开发环境，新建工程项目文件 encode_83casex.qpf，并在该项目下新建 Verilog 源程序文件 encode_83casex.v 或 encode_83if.v，输入上面的程序代码并保存。

2）为该工程项目选择一个目标器件，并对相应的引脚进行锁定，所选择的器件应该是 Altera 公司的 EPM1270T144C5N 芯片，引脚锁定表如表 3-14 所示。

表 3-14　引脚锁定表

引　脚　号	引　脚　名	引　脚　号	引　脚　名
71	in0	77	in6
72	in1	78	in7
73	in2	29	out0
74	in3	30	out1
75	in4	31	out2
76	in5		

3）对该工程文件进行编译处理，若在编译过程中发现错误，找出并更正错误直至成功为止。

4）读者若需要对所建的工程项目进行验证，则需输入必要的波形仿真文件，然后进行波形仿真模拟。观察模拟仿真结果并与预期的目标相比较，看是否符合设计要求，若不满足读者要求，则更正程序相关部分。

5）使用 USB-Blaster 下载电缆，将开发板 JTAG 口与 USB-Blaster 下载口相连，再打开工作电源，执行下载命令把程序下载到 CCIT CPLD/FPGA 实验仪的 EPM1270T144C5N 器件中。当 SW0～SW7 按照如表 3-15 中的要求被按下时，读者能看到 CCIT CPLD/FPGA 实验仪上的相应二极管小灯亮被点亮了吗？为什么对应的发光管小灯被点亮了呢，请用户自己思考一下。

实验现象如表 3-15 所示。

表 3-15　实验现象

SW0	SW1	SW2	SW3	SW4	SW5	SW6	SW7	L1	L2	L3
?	?	?	?	?	?	?	0	灭	灭	灭
?	?	?	?	?	?	0	1	亮	灭	灭
?	?	?	?	?	0	1	1	灭	亮	灭
?	?	?	?	0	1	1	1	亮	亮	灭
?	?	?	0	1	1	1	1	灭	灭	亮
?	?	0	1	1	1	1	1	亮	灭	亮
?	0	1	1	1	1	1	1	灭	亮	亮
0	1	1	1	1	1	1	1	亮	亮	亮

3.3.2　技能实训

在 CCIT CPLD/FPGA 实验仪上，设计一个 8-3 优先编码器，并把输出值在单个共阴数码管上显示。

1. 实训目标

1）增强专业意识，培养良好的职业道德和职业习惯。

2）培养自主创新的学习能力和良好的实践操作能力。

3）掌握 8-3 编码电路工作原理。

4）熟悉 8 段 LED 数码管译码电路例化。

5）掌握 if-else 语句和 casex 语句的带优先级设计要点。

2. 实训设备

1）实验仪 CCIT-CPLD。

2）QuartusII 13.1 软件开发环境。

3. 实训内容与步骤

1）分析题意。

根据题意可知，读者通过 SW7～SW0 将数据输入编码器，电路将编码值用共阴字段码输出。SW7 的优先级最高，SW0 的优先级最低，设低电平有效。请读者按照题意，完成表 3-16。

表 3-16　真值表

SW7	SW6	SW5	SW4	SW3	SW2	SW1	SW0	显示数字	seg7～seg0
								7	00000111
								6	
								5	
								4	
								3	
								2	
								1	
								0	

2）新建工程。

启动 QuartusII 软件，新建工程，通过 "File" → "New Project Wizard…" 菜单命令启动新项目向导，利用向导，建立一个新项目，这里将工程名取为 encoder，顶层文件名取为 encoder.v。

3）芯片设置。

在 Family 栏目设置为 "MAX II"，选中 "Specific device selected in 'Available devices' list" 选项，在 Available device 窗口中选中所使用的器件的具体型号，这里以 EPM1270T144C5N 为例。

4）编写程序代码。

新建 Verilog HDL 文件 encoder.v，打开 Verilog HDL 编辑器，输入程序代码并保存。

```
module encoder(in,seg);
    output[7:0] seg;                    //定义输出口
    input[7:0] in;                      //定义输入口
    reg[2:0] code;                      //编码值，寄存器型
    reg[7:0] seg;                       //7 段显示码，寄存器型

    /*always 语句实现 8-3 优先编码*/
    always@(in)                         //拨码开关 SW 发生变化时，执行一次语句体
        begin
        _____
        _____
        _____
        _____
        _____
        _____
        _____
        _____
        end
```

```
/*always 语句实现 7 段显示译码*/
always@(code)                    //编码值 code 发生变化时，执行一次语句体
    begin
```

```



```

```
    end
endmodule
```

5）编译并改正语法错误。

6）设置芯片引脚。

在表 3-17 中指定芯片的引脚，并设置不用的引脚。

引脚锁定表如表 3-17 所示。

表 3-17　引脚锁定表

引　脚　名	引　脚　号	引　脚　名	引　脚　号
seg0		in0	
seg1		in1	
seg2		in2	
seg3		in3	
seg4		in4	
seg5		in5	
seg6		in6	
seg7		in7	

7）重新编译，使得引脚设置生效。

8）下载并运行。

使用 USB 下载电缆，将 USB-Blaster 的一端与计算机 USB 口连接，另一端通过 10 针线缆与 CCIT-CPLD 实验仪的 JTAG 口相连，接通开发板电源。在 Tools 菜单下，选择 Programmer 命令，打开 Quartus II Programmer 工具。单击"Hardware Setup"按钮，进行下载线设置，选择所用的下载线型号，单击"Add File…"按钮，将 encoder.pof 文件加入进来。选中"Program/Configure"选项，单击"Start"按钮，将文件 encoder.pof 下载到开发板上。

9）调试过程。

拨动 SW0～SW7，观察数码管，实训结果表填写表 3-18，对比其与真值表 3-16 是否一致。

表 3-18　实训结果表

SW7	SW6	SW5	SW4	SW3	SW2	SW1	SW0	数码管显示数字

4. 实训注意事项

1）明确优先编码器的逻辑关系。

2）明确输入、输出端口的对应关系。

5. 实训考核

请读者根据表 3-19 所示的实训考核要求，进行实训操作，保持良好的实训操作规划，熟悉整个工程的新建、程序代码编写、开发环境设置和编译下载调试的过程。

表 3-19　实训考核要求

项　　目	内　　容	配　分	考核要求	得　　分
职业素养	1. 实训的积极性 2. 实训操作规范 3. 纪律遵守情况	10	积极参加实训，遵守安全操作规程，有良好的职业道德和敬业精神	
Quartus II 软件的使用及程序的编写	1. 新建工程的流程 2. 代码语法的规范、case 语句和 if-else 语句的掌握 3. 芯片引脚的指定	40	能熟练新建工程、规范编写代码、改正语法错误、掌握 case 语句的结构及语法定义，正确指定引脚	
调试过程	1. 程序下载 2. 实验仪的使用 3. 操作是否规范	30	能下载程序，实验仪的规范使用，现象是否合理	
项目完成度和准确度	1. 实现题意 2. 操作和现象合理	20	该项目的所有功能是否能实现	

3.3.3 任务 2 设计 4–1 数据选择器

在多路数据传送过程中，能够根据需要将其中任意一路选出来的电路，叫作数据选择器(MUX)，也称为多路选择器或多路开关。数据分配器是数据选择器的相反过程。

数据选择器的逻辑功能是在地址选择信号的控制下，从多路数据中选择一路数据作为输出信号，4 选 1 数据选择器原理示意图如图 3-4 所示。

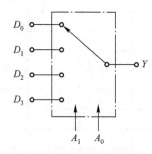

图 3-4 4 选 1 数据选择器原理示意图

有 4 选 1 数据选择器、8 选 1 数据选择器（型号为 74151、74LS151）、16 选 1 数据选择器（可以用两片 74151 连接起来构成）等之分。

1．任务

用模块实例引用的方法实现 4–1 数据选择器功能。

2．要求

通过此案例的编程和下载运行，让读者初步掌握模块实例引用的方法。

3．分析

在 CCIT CPLD/FPGA 实验仪上已经为用户准备了一个 8 位拨码开关按键及 8 个 LED 发光二极管。这样读者可以把 SW0～SW5 当作 4–1 数据选择器的 6 个输入端口：in0、in1、in2、in3 和 s0、s1。L1 作为 4–1 数据选择器的 1 个输出端口 y。

4．程序设计

1）2–1 数据选择器，文件名 MUX2_1.v。

```
module MUX2_1 (a,b,s,out);          //模块名 MUX2_1
    output out;                      //定义输出口
    input a,b,s;                     //定义输入口
    assign out=s?b:a;                //连续赋值语句实现 2 选 1 功能
endmodule
```

2）4–1 数据选择器，文件名 MUX4_1.v。

```
module MUX4_1 (in,s,y);             //模块名 MUX4_1
    output y;                        //定义输出口
    input[3:0] in;                   //定义输入口
    input[1:0] s;                    //定义选择信号输入
    wire y0,y1;
    MUX2_1 Q1(in[0], in[1],s[0],y0); //引用 2 选 1 模块，从 in[0], in[1]中选 1 路
    MUX2_1 Q2(in[2], in[3],s[0],y1); //引用 2 选 1 模块，从 in[2], in[3]中选 1 路
    MUX2_1 Q3(y0, y1,s[1],y);        //引用 2 选 1 模块，从 y0,y1 中选 1 路
endmodule
```

5．下载运行

1）用鼠标双击 Quartus II 软件快捷图标进入 Quartus II 集成开发环境，新建工程项目文

件 MUX4_1.qpf，并在该项目下新建 Verilog 源程序文件 MUX2_1.v 和 MUX4_1.v，分别输入上面的程序代码并保存。

2）将 MUX4_1.v 选定为该工程项目的当前文件，选择一个目标器件并对其相应的引脚进行锁定，所选择的器件应该是 Altera 公司的 EPM1270T144C5N 芯片，引脚锁定表如表 3-20 所示。

表 3-20　引脚锁定表

引　脚　号	引　脚　名	引　脚　号	引　脚　名
71	in0	75	s0
72	in1	76	s1
73	in2	29	y
74	in3		

3）对该工程文件进行编译处理，若在编译过程中发现错误，则需找出并更正错误，直至成功为止。

4）读者若需要对所建的工程项目进行验证，输入必要的波形仿真文件，然后进行波形仿真模拟。观察模拟仿真结果并与预期的目标相比较，看是否符合设计要求，若不满足读者要求，则更正程序相关部分。

5）使用 USB-Blaster 下载电缆，将开发板 JTAG 口与 USB-Blaster 下载口相连，再打开工作电源，执行下载命令把程序下载到 CCIT CPLD/FPGA 实验仪的 EPM1270T144C5N 器件中。当读者看到 L1 灯被点亮时，能总结出与 SW0～SW5 中的哪些键有关系？有什么样的对应关系呢？能从观察到的实验现象中总结出表 3-21 所示的结论吗？

实验现象如表 3-21 所示。

表 3-21　实验现象

SW0	SW1	SW2	SW3	SW4	SW5	L1
1	?	?	?	0	0	灭
0	?	?	?	0	0	亮
?	1	?	?	1	0	灭
?	0	?	?	1	0	亮
?	?	1	?	0	1	灭
?	?	0	?	0	1	亮
?	?	?	1	1	1	灭
?	?	?	0	1	1	亮

模块实例引用解析

模块实例用来复制一个已知模块的逻辑电路对象，并定义组件在电路中的连接方式，此时这个逻辑电路对象即称为实例引用组件，其定义结构为：

　　　　<模块名称><实例名称>(引脚 1，引脚 2，……)；

上面的结构用已知的"模块名称"产生"实例名称"这个实例组件及相应的引脚关系列表。其中每一个引脚用","隔开，任一引脚的宽度必须与其在已知模块所对应端口的宽度一致。

MUX4_1.v 程序中引用模块实例 MUX2_1 时采用顺序的连接方式，即引脚关系列表中的引脚连接是按顺序的方式实现的。其中以 MUX2_1 产生 Q1，并将 in[0]接至 MUX2_1 的输入引脚 a，in[1] 接至 MUX2_1 的输入引脚 b，s[0] 接至 MUX2_1 的输入引脚 s，y0 接至 MUX2_1 的输出引脚 out。这样程序中引用 3 个 MUX2_1 建立的实例组件 Q1、Q2 及 Q3，并按顺序方式连接，完成了 4 选 1 多路输入选择器的电路设计。

3.3.4 技能实训

在 CCIT CPLD/FPGA 实验仪上，先设计一个 1-2 多路输出选择器电路组件，然后按照实例化方式设计一个 1-4 多路输出选择器电路。

1. 实训目标

1）增强专业意识，培养良好的职业道德和职业习惯。

2）培养自主创新的学习能力和良好的实践操作能力。

3）掌握多路数据选择器设计方法。

4）掌握实例化电路的设计方法。

5）熟练使用 assign 语句和条件语句设计多路逻辑。

2. 实训设备

1）实验仪 CCIT-CPLD。

2）QuartusII 13.1 软件开发环境。

3. 实训内容与步骤

1）分析题意。

根据题意可知，读者先构造 1-2 多路选择器，然后实例化 3 个 1-2 多路器构造 1-4 的多路选择器，如图 3-5 所示。

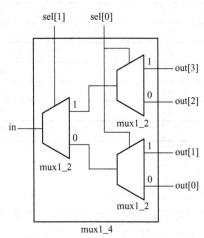

图 3-5　1-4 多路选择器

2）新建工程。

启动 QuartusII 软件，新建工程，通过"File"→"New Project Wizard…"菜单命令启动新项目向导，利用向导，建立一个新项目，这里将工程名取为 mux1_4，顶层文件名取为 mux1_4.v。

3）芯片设置。

在 Family 栏目设置为"MAX II"，选中"Specific device selected in 'Available devices' list"选项，在 Available device 窗口中选中所使用的器件的具体型号，这里以 EPM1270T144C5N 为例。

4）编写程序代码。

新建 Verilog HDL 文件 mux1_4.v，打开 Verilog HDL 编辑器，输入程序代码并保存。

```
module mux1_2 (in,out,sel);
    input in,sel;                              //定义输入口
    output[1:0] out;                           //定义输出口
    assign out = sel ? {in,1'bz} : {1'bz,in};  //条件语句
endmodule

module mux1_4 (in,out,sel);
    input in;                                  //定义输入口
    input[1:0] sel;
    output[3:0] out;                           //定义输出口
    wire[1:0] u1out;
    mux1_2   U1(in,u1out,sel[1]);              //实例化 1-2 多路选择器 U1
    _____;                     //实例化 1-2 多路选择器 U2
    _____;                     //实例化 1-2 多路选择器 U3

endmodule
```

5）编译并改正语法错误。

6）设置芯片引脚。

mux1_4 的输入端接拨码开关，输出端接发光二极管。在表 3-22 中指定芯片的引脚，并设置不用的引脚。

引脚锁定表如表 3-22 所示。

表 3-22　引脚锁定表

引 脚 名	引 脚 号	引 脚 名	引 脚 号
in		out2	
sel1		out1	
sel0		out0	
out3			

7）重新编译，使得引脚设置生效。

8）下载并运行。

使用 USB 下载电缆，将 USB-Blaster 的一端与计算机 USB 口连接，另一端通过 10 针

线缆与 CCIT-CPLD 实验仪的 JTAG 口相连，接通开发板电源。在 Tools 菜单下，选择"Programmer"命令，打开 Quartus II Programmer 工具。单击"Hardware Setup"按钮，进行下载线设置，选择所用的下载线型号，单击"Add File…"按钮，将 mux1_4.pof 文件加入进来。选中"Program/Configure"选项，单击"Start"按钮，将文件 mux1_4.pof 下载到开发板上。

9）调试过程。

拨动 SW0～SW2，观察发光二极管，验证电路是否符合要求。

4．实训注意事项

1）明确多路器的逻辑关系。

2）明确输入、输出端口的对应关系。

5．实训考核

请读者根据表 3-23 所示的实训考核要求，进行实训操作，保持良好的实训操作规划，熟悉整个工程的新建、程序代码编写、开发环境设置和编译下载调试的过程。

表 3-23　实训考核要求

项　目	内　容	配　分	考核要求	得　分
职业素养	1．实训的积极性 2．实训操作规范 3．纪律遵守情况	10	积极参加实训，遵守安全操作规程，有良好的职业道德和敬业精神	
Quartus II 软件的使用及程序的编写	1．新建工程的流程 2．代码语法的规范、assign 语句和实例化语句的掌握 3．芯片引脚的指定	40	能熟练新建工程、规范编写代码、改正语法错误、掌握实例化语句的用法，正确指定引脚	
调试过程	1．程序下载 2．实验仪的使用 3．操作是否规范	30	能下载程序，实验仪的规范使用，现象是否合理	
项目完成度和准确度	1．实现题意 2．操作和现象合理	20	该项目的所有功能是否能实现	

3.4　项目 4　触发器设计

📋 学习目标

1．能力目标

1）设计基本触发器。

2）设计时钟触发器：D 型触发器、RS 触发器、JK 触发器和 T 型触发器。

3）设计置位、复位、异步及同步等触发器。

2．知识目标

1）掌握触发器的基本知识。

2）掌握触发器在数字系统中的应用。

3．素质目标

1）培养读者编程技巧及利用触发器进行时序逻辑电路设计的能力。

2）遵守纪律，团结协作。

 情境设计

本节主要通过时钟触发器的设计实例，介绍触发器的基本功能及在时序逻辑电路中的应用设计。具体教学情境设计如表 3-24 所示。

表 3-24　教学情境设计

序号	教 学 情 境	技 能 训 练	知 识 要 点	学时数
情境1	触发器设计	1. 理解时钟触发器的工作原理编制程序，设计 D 型触发器、RS 触发器、JK 触发器和 T 型触发器 2. 编制程序，设计置位、复位、异步、同步等触发器	1. 基本触发器和时钟触发器的基本功能 2. 掌握 Verilog HDL 设计时钟触发器的方法及时钟触发器的应用	2

3.4.1　任务 1　触发器概述

数字电路是由组合逻辑电路和时序逻辑电路两部分组成的。全加器、译码器以及数据选择器等电路属于组合逻辑电路，它们的输出只取决于当前输入，与过去的输入是没有关系的，这是组合逻辑电路的基本特征。此处还会需要一些与过去输入有关（或者说是与以前的状态有关）的电路，比如在电子钟项目里，就需要计数器电路，而计数器的输出，显然与它前面的状态密切相关。如果计数器前面计数值是 5，在收到一个计数脉冲后，它的输出数值就变成 6；计数器前面计数值是 3，在收到一个计数脉冲后，它的输出数值就变成 4……

像计数器一类的电路就属于时序逻辑电路，而构成时序逻辑电路的"细胞"就是触发器，它类似于组合逻辑电路中的与门、或门等基本逻辑门电路。

3.4.2　任务 2　识别基本触发器

触发器总是有两种状态，分别叫作"状态 0"和"状态 1"，在一定的输入情况下，两个状态可以相互切换，在另一些的输入情形下，其状态又可以保持不变。

基本触发器是其他触发器的基础，但是它也具备上述特性，通常它由与非门或者或非门构成。

图 3-6 是一个用与非门构成的基本触发器。当 Q 输出为 0、Qn 输出为 1 时，称为状态 0；当 Q 输出为 1、Qn 输出为 0 时，称为状态 1。Sn 和 Rn 是这个触发器的两个输入引脚。

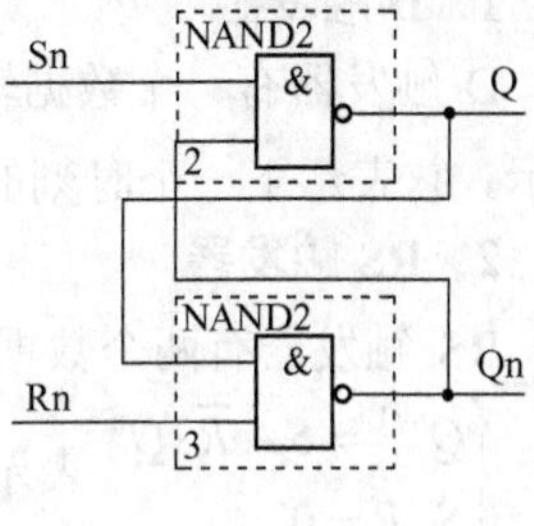

图 3-6　一个用与非门构成的基本触发器

当 Sn、Rn 输入分别是 1、0 时（不管原来的状态如何），一定是 Q 输出为 0、Qn 输出为 1（触发器一定进入状态 0）；当 Sn、Rn 输入分别是 0、1 时（不管原来的状态如何），一定是 Q 输出为 1、Qn 输出为 0（触发器一定进入状态 1）。

若 Sn、Rn 输入都是 1 时，如果触发器原来处于状态 1，就仍然维持在状态 1；如果触发器原来处于状态 0，就仍然维持在状态 0。

表 3-25 是表示这个触发器的真值表。

表 3-25　触发器的真值表

Sn	Rn	Q^n	Q^{n+1}
0	0	0	x
0	0	1	x
0	1	0	1
0	1	1	1
1	0	0	0
1	0	1	0
1	1	0	0
1	1	1	1

其中，Q^n 表示触发器原来的状态，Q^{n+1} 表示触发器后来的状态。

从这张表中可以看出，当 Sn、Rn 输入为 11 时，触发器状态不变；Sn、Rn 输入为 10 时，触发器状态清 0；Sn、Rn 输入为 01 时，触发器状态置 1，这个触发器的输入端不应该同时为 0（这时输出端同时为 1）。

用 Verilog 编写的程序如下。

```
module trigger(Sn,Rn,Q,Qn);
    input Sn,Rn;                 //定义基本触发器的输入口
    output Q,Qn;                 //定义基本触发器的输出口
    assign Q=~(Sn&Qn);           //连续赋值语句实现基本触发器输出
    assign Qn=~(Rn&Q);
endmodule
```

3.4.3　任务3　识别触发器的逻辑功能

触发器按照逻辑功能分类，可以分成 D 触发器、RS 触发器、JK 触发器和 T 触发器。

1．D 触发器

D 触发器有一个数据输入信号端——D 输入端，其逻辑功能可以用特性方程：$Q^{n+1} = D$ 表示。它表示下一个时刻的状态就等于前一时刻输入端的数值。

2．RS 触发器

RS 触发器有两个数据输入信号端——R 输入端和 S 输入端，其逻辑功能可以用特性方程：$\begin{cases} Q^{n+1} = S + \overline{R} \cdot Q^n \\ S \cdot R = 0 \end{cases}$ 表示。其第二行是约束条件，表示输入端应该至少有一个为 0，第一行表示：当输入端 S 为 1，或者输入端 R 为 0 而原状态是 1 态，下一时刻的状态是状态 1；而其他情况下，触发器下一时刻的状态是状态 0。

3．JK 触发器

JK 触发器有两个数据输入信号端——J 输入端和 K 输入端，其逻辑功能可以用特性方程：$Q^{n+1} = J\overline{Q^n} + \overline{K}Q^n$ 表示。它表示：当输入端 J、K 为 00 时，下一时刻的状态维持原来的

状态不变；J、K 为 01 时，下一时刻的状态是状态 0；当输入端 J、K 为 10 时，下一时刻的状态是状态 1；当输入端 J、K 为 11 时，下一时刻的状态与原状态相反。

4．T 触发器

JK 触发器有一个数据输入信号端——T 输入端，其逻辑功能可以用特性方程：$Q^{n+1} = T\overline{Q^n} + \overline{T}Q^n$ 表示。它表示：当输入端 T 为 0 时，下一时刻的状态维持原来的状态不变；当输入端 T 为 1 时，下一时刻的状态与原状态相反。

3.4.4 任务 4 设计时钟触发器

在电路中实际使用的触发器是时钟触发器，即触发器另有一个时钟信号的输入端，触发器的状态改变不仅取决于数据输入信号，还取决于时钟信号是否满足条件。一般是时钟信号的上升沿或下降沿作为触发条件。

下面的程序描述一个上升沿触发的 D 触发器。

```
module     D_trigger(clk,D,Q,Qn);
    input      clk,D;              //定义 D 触发器的输入口
    output     Q,Qn;              //定义 D 触发器的输出口
    reg   Q,Qn;
    always @(posedge clk)         //每个时钟周期上升沿输出输入口的值
    begin
        Q<=D;
        Qn<=~D;
    end
endmodule
```

这个触发器状态的改变只有在 clk 信号上升沿到来后才可能发生。

下面的程序描述一个下降沿触发的 JK 触发器。

```
module     JK_trigger(clk,J,K,Q);
    input      clk,J,K;           //定义 JK 触发器的输入口
    output     Q;                 //定义 JK 触发器的输出口
    reg   Q;
    always @(negedge clk)         //每个时钟周期下降沿输出
        Q<=J&(~Q)|(~K)&Q;
endmodule
```

3.4.5 任务 5 设计直接置位复位触发器

实际的触发器往往还需要直接置位、直接复位的输入端，用于触发器的强制置位（即强制进入状态 1）或强制复位（即强制进入状态 0）。下面的程序描述带直接置位和直接复位的 D 触发器。

```
module     D_trigger(clk,D,Rdn,Sdn,Q);
    input      clk,D,Rdn,Sdn;     //定义置位复位 D 触发器的输入口
```

```
        output      Q;                      //定义置位复位 D 触发器的输出口
        reg    Q;
        always @(posedge clk)               //每个时钟周期上升沿执行语句体一次
        begin
            if(Sdn==1'b0)                    //置"1"操作
                Q<=1'b1;
            else if(Rdn==1'b0)               //复位操作
                Q<=1'b0;
            else
                Q<=D;                        //D 触发器正常输出
        end
    endmodule
```

在上述 D 触发器中，当时钟信号上升沿来到后，触发器的状态优先取决于 Sdn 和 Rdn 的输入情况，只有它们都是 1 时，触发器的状态才取决于特性方程的 D 输入端。上述 Sdn 和 Rdn 被称为同步置位端和同步复位端，即触发器状态的改变与时钟信号是同步的，只有在 clk 上升沿来到时，触发器的状态才可能改变。

还有一种被称为异步置位端和异步复位端的直接置位、复位输入信号端，在这种输入端上输入了有效信号后，触发器的状态可能立即改变，而不管当前是否有时钟触发信号。

以下程序描述了一个带异步清零端的 D 触发器。

```
module      trigger(clk,D,Rdn,Q);
    input       clk,D,Rdn;                  //定义异步清零 D 触发器的输入口
    output      Q;                          //定义异步清零 D 触发器的输出口
    reg    Q;
    always @(posedge clk or negedge Rdn）    //时钟上升沿或按键下降沿执行语句体
    begin
        if(Rdn==1'b0)                        //按键按下，则清零
            Q<=1'b0;
        Else
            Q<=D;                            //D 触发器正常输出
    end
endmodule
```

3.4.6 任务 6 转换不同逻辑功能的触发器

查找集成电路的手册会发现，触发器只有 D 触发器和 JK 触发器两种逻辑功能芯片，如果需要得到另外逻辑功能的触发器，就必须用 D 触发器或 JK 触发器实现其功能，下面进行分析。

1．用 JK 触发器实现 T 触发器的逻辑功能

T 触发器的特性方程是：$Q^{n+1} = T\overline{Q^n} + \overline{T}Q^n$，而 JK 触发器的特性方程是 $Q^{n+1} = J\overline{Q^n} + \overline{K}Q^n$，通过对比发现，只要把输入引脚 T 分别接 JK 触发器的 J、K 两个输入引脚就

实现了将 JK 触发器转换成 T 触发器，如图 3-7 所示。

2. 用 D 触发器实现 RS 触发器的逻辑功能

RS 触发器的特性方程是：$\begin{cases} Q^{n+1} = S + \overline{R} \cdot Q^n \\ S \cdot R = 0 \end{cases}$，而 D 触发器的特性方程是 $Q^{n+1} = D$，通过对比发现，如果把 $S + \overline{R} \cdot Q^n$ 的逻辑式赋给 D 触发器的数据输入端，就可以把 D 触发器转换成 RS 触发器，图 3-8 是实现的电路。

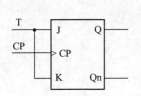

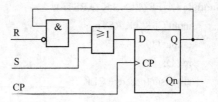

图 3-7　JK 触发器转换成 T 触发器　　　　图 3-8　D 触发器转换成 RS 触发器

3.4.7　技能实训

设计一个带异步清零端的 JK 触发器，并在 CCIT CPLD/FPGA 实验仪上验证。

1. 实训目标

1）增强专业意识，培养良好的职业道德和职业习惯。

2）培养自主创新的学习能力和良好的实践操作能力。

3）掌握触发器的设计方法。

4）熟练使用 always 语句描述时序逻辑。

5）明确异步清零，同步置数等概念。

2. 实训设备

1）实验仪 CCIT-CPLD。

2）QuartusII 13.1 软件开发环境。

3. 实训内容与步骤

1）分析题意。

JK 触发器有两个数据输入信号端——J 输入端和 K 输入端，其逻辑功能可以用特性方程：$Q^{n+1} = J\overline{Q^n} + \overline{K}Q^n$ 表示。它表示：当输入端 J、K 为 00 时，下一时刻的状态维持原来的状态不变；J、K 为 01 时，下一时刻的状态是状态 0；当输入端 J、K 为 10 时，下一时刻的状态是状态 1；当输入端 J、K 为 11 时，下一时刻的状态与原状态相反。

用户应先使用 always 语句完成对一般 JK 触发器的逻辑描述，然后加上异步复位功能的描述，从而实现此设计。

2）新建工程。

启动 QuartusII 软件，新建工程，通过 "File" → "New Project Wizard…" 菜单命令启动新项目向导，利用向导，建立一个新项目，这里将工程名取为 JK_FF，顶层文件名取为 JK_FF.v。

3）芯片设置。

在 Family 栏目设置为"MAX II"，选中"Specific device selected in 'Available devices' list"选项，在 Available device 窗口中选中所使用的器件的具体型号，这里以 EPM1270T144C5N 为例。

4）编写程序代码。

新建 Verilog HDL 文件 JK_FF.v，打开 Verilog HDL 编辑器，输入程序代码并保存。

```verilog
module JK_FF (CLK,J,K,Q,RSTn);
    input CLK,J,K,RSTn;                //定义输入口
    output Q;                          //定义输出口
    reg Q;                             //定义寄存器
    always@(posedge CLK or _____)
        if(_____)
            Q <= 0;                    //异步复位
        else
            Q <=_____ ;
endmodule
```

5）编译并改正语法错误。

6）设置芯片引脚。

JK_FF 的 J、K、CLK 和 RSTn 输入端接拨码开关，输出端接发光二极管。在表 3-26 中指定芯片的引脚，并设置不用的引脚。

引脚锁定表如表 3-26 所示。

表 3-26　引脚锁定表

引　脚　名	引　脚　号	引　脚　名	引　脚　号
J		RSTn	
K		Q	
CLK			

7）重新编译，使得引脚设置生效。

8）下载并运行。

使用 USB 下载电缆，将 USB-Blaster 的一端与计算机 USB 口连接，另一端通过 10 针线缆与 CCIT-CPLD 实验仪的 JTAG 口相连，接通开发板电源。在 Tools 菜单下，选择 Programmer 命令，打开 Quartus II Programmer 工具。单击"Hardware Setup"按钮，进行下载线设置，选择所用的下载线型号，单击"Add File..."按钮，将 JK_FF.pof 文件加入进来。选中"Program/Configure"选项，单击"Start"按钮，将文件 JK_FF.pof 下载到开发板上。

9）调试过程。

① 明确触发器的现态 Q^n。

② 拨动拨码开关，设置 J 和 K。

③ 拨动拨码开关，使 CLK 端输入上升沿，并观察现象，填写表格 3-27 触发器次态 Q^{n+1}。

④ 重复步骤①、②多次，完成对 JK 触发器的置数、置零、翻转和保持功能的验证。

⑤ 先将触发器现态设置成 1 状态，然后拨动拨码开关，使 RSTn 端输入下降沿，观察现象，验证触发器的异步复位功能。

触发器的真值表如表 3-27 所示。

表 3-27　触发器的真值表

J	K	Q^n	CLK	RSTn	Q^{n+1}
0	0	0			
0	0	1			
0	1	0			
0	1	1			
1	0	0			
1	0	1			
1	1	0			
1	1	1			

4. 实训注意事项

1）明确触发器的时序逻辑。

2）明确输入、输出端口的对应关系。

5. 实训考核

请读者根据表 3-28 所示的实训考核要求，进行实训操作，保持良好的实训操作规划，熟悉整个工程的新建、程序代码编写、开发环境设置和编译下载调试的过程。

表 3-28　实训考核要求

项　　目	内　　容	配　　分	考核要求	得　　分
职业素养	1. 实训的积极性 2. 实训操作规范 3. 纪律遵守情况	10	积极参加实训，遵守安全操作规程，有良好的职业道德和敬业精神	
Quartus II 软件的使用及程序的编写	1. 新建工程的流程 2. 代码语法的规范、触发器时序描述正确 3. 芯片引脚的指定	40	能熟练新建工程、规范编写代码、改正语法错误、掌握触发器的描述，正确指定引脚	
调试过程	1. 程序下载 2. 实验仪的使用 3. 操作是否规范	30	能下载程序，实验仪的规范使用，现象是否合理	
项目完成度和准确度	1. 实现题意 2. 操作和现象合理	20	该项目的所有功能是否能实现	

6. 实训思考

若使 JK 触发器的时钟输入端接 0.5Hz 的方波信号，电路该如何设计？

3.5 项目 5 全加器设计

学习目标

1. 能力目标

1) 编制程序：用与非门，构成一位全加器。

2) 编制程序：用多个一位全加器，构成串行进位的多位加法器。

3) 编制程序：用多位加法器和异或门，构成减法器。

4) 编制程序：实现先行进位的加法器。

2. 知识目标

1) 掌握全加器的基本逻辑功能。

2) 掌握串行进位和先行进位的概念。

3. 素质目标

1) 克服困难，努力学习。

2) 遵守纪律，团结协作。

情境设计

本节主要通过全加器设计的实例，介绍全加器设计的方法和先行进位加法器的方法。具体教学情境设计如表 3-29 所示。

表 3-29　教学情境设计

序号	教 学 情 境	技 能 训 练	知 识 要 点	学时数
情境 1	1 位、串行进位、先行进位全加器设计	1. 编制程序，使用与非门，实现一位全加器 2. 编制程序，用多个一位全加器构成串行进位的多位加法器 3. 编制程序，用加法器和异或门构成减法器 4. 编制程序，构成先行进位的加法器	1. 全加器和全减器的互换 2. 先行进位的加法器	2

3.5.1 任务 1 设计一位全加器

1. 任务

设计一位全加器。

2. 分析

在计算机电路中，加法器是必不可少的部件，而加法器通常是由一位全加器串接而成的。一位全加器就是完成两个一位二进制数据和一个进位数据之和计算的基础单元电路，它有被加数、加数、低位来的进位三个输入端，还有本位和、向高位进位的两个输出端。一位全加器的真值表如表 3-30 所示。

表 3-30　全加器的真值表

被加数 a	加数 b	低位的进位 ci	本位和 s	向高位进位 co
0	0	0	0	0
0	0	1	1	0
0	1	0	1	0
0	1	1	0	1
1	0	0	1	0
1	0	1	0	1
1	1	0	0	1
1	1	1	1	1

根据真值表，可以得出本位和与向高位进位的逻辑表达式：

$$s = \overline{a} \cdot \overline{b} \cdot ci + \overline{a} \cdot b \cdot \overline{ci} + a \cdot \overline{b} \cdot \overline{ci} + a \cdot b \cdot ci$$
$$co = a \cdot b + a \cdot ci + b \cdot ci$$

3．程序设计

```
module adc_1(a,b,ci,s,co);               // 模块名
    input a,b,ci;                        //被加数、加数、低位来的进位
    output s,co;                         //本位和、向高位的进位
    assign      s=~a&~b&ci|~a&b&~ci|a&~b&~ci|a&b&ci;
    assign      co=a&b|a&ci|b&ci;
endmodule
```

3.5.2　任务2　设计串行进位加法器

1．任务

编制程序实现一个多位串行进位的加法器。

2．分析

可以用模块实例引用的方法完成一个多位串行进位的加法器，如果已经编制完成了一位全加器的模块 adc_1，则 4 位加法器可以通过实例引用实现。

3．程序设计

```
module adc_4 (a,b,ci,s,co);
    input[3:0]    a,b;               //被加数、加数
    input ci;                        //低位来的进位
    output[3:0] s;                   //本位和
    output co;                       //向高位的进位
    wire[2:0]    c;
    adc_1adc_1a(a[0],b[0],ci,s[0],c[0]);       //引用一位全加器，计算低位
    adc_1adc_1b(a[1],b[1],c[0],s[1],c[1]);     //引用一位全加器，计算次低位
    adc_1adc_1c(a[2],b[2],c[1],s[2],c[2]);     //引用一位全加器，计算第 3 位
```

adc_1adc_1d(a[3],b[3],c[2],s[3],co);   //引用一位全加器，计算高位
endmodule

4 位加法器原理图 1 如图 3-9 所示。

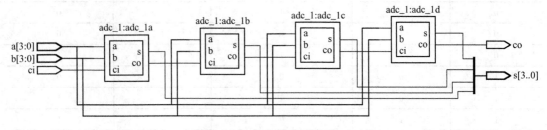

图 3-9   4 位加法器原理图 1

程序可以更加简化，代码如下：

```
module adc_4 (a,b,ci,s,co);
    input[3:0]    a,b;        //被加数、加数
    input ci;              //低位来的进位
    output[3:0] s;         //本位和
    output co;             //向高位的进位
    assign {co,s}=a+b+ci;
endmodule
```

4 位加法器原理图 2 如图 3-10 所示。

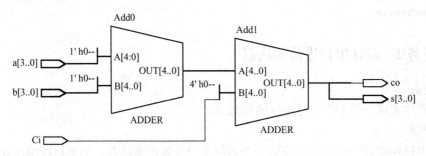

图 3-10   4 位加法器原理图 2

3.5.3   任务 3   设计先行进位加法器

1. 任务

实现一个 4 位的先行进位加法器。

2. 分析

采用串行进位的加法器的每一位结构都是相同的，而且十分简单，但是如果由它构成一个多位的加法器，其高位的计算必须等待从低位来的进位结果。如果加法器的位数达到 32 位或者 64 位，则其速度的延迟是十分明显的。所以我们必须找到一种更好的方法，这就是下面介绍的先行进位的加法器。

此处再仔细地分析一位全加器的 co。

$$co = a\cdot b + a\cdot ci + b\cdot ci = a\cdot b + a\cdot \bar{b}\cdot ci + a\cdot b\cdot ci + a\cdot b\cdot ci + \bar{a}\cdot b\cdot ci = a\cdot b + (a\oplus b)\cdot ci$$

$$s = \bar{a}\cdot \bar{b}\cdot ci + \bar{a}\cdot b\cdot \overline{ci} + a\cdot \bar{b}\cdot \overline{ci} + a\cdot b\cdot ci = \left(\bar{a}\cdot b + a\cdot \bar{b}\right)\cdot \overline{ci} + \left(\bar{a}\cdot \bar{b} + a\cdot b\right)\cdot ci$$

$$= a\oplus b\cdot \overline{ci} + \overline{a\oplus b}\cdot ci$$

设：
$$p = a\cdot b$$
$$q = a\oplus b$$

则有：
$$s = q\cdot \overline{ci} + \bar{q}\cdot ci = q\oplus ci$$
$$co = p + q\cdot ci$$

先行进位加法器的基本思想是：如果某位的被加数、加数都是 1，则该位的进位输出一定是 1，而不必等待低位的进位输入。现在设计一个 4 位的先行进位加法器。

$$c0 = p0 + q0\cdot ci$$
$$c1 = p1 + q1\cdot c0 = p1 + q1p0 + q1\cdot q0\cdot ci$$
$$c2 = p2 + q2\cdot c1 = p2 + q2\cdot p1 + q2\cdot q1\cdot p0 + q2\cdot q1\cdot q0\cdot ci$$
$$co = p3 + q3\cdot c2 = p3 + q3\cdot p2 + q3\cdot q2\cdot p1 + q3\cdot q2\cdot q1\cdot p0 + q3\cdot q2\cdot q1\cdot q0\cdot ci$$

3．程序设计

```verilog
module adc_4f(a,b,ci,s,co);
    input[3:0]    a,b;          //被加数、加数
    input ci;                   //低位来的进位
    output[3:0] s;              //本位和
    output co;                  //向高位的进位
    wire[3:0]    p,q;
    wire[2:0]    c;
    assign    p=a&b;
    assign    q=a^b;
    assign    c[0]=p[0]|q[0]&ci;
    assign    c[1]=p[1]|q[1]&p[0]|q[1]&q[0]&ci;
    assign    c[2]=p[2]|q[2]&p[1]|q[2]&q[1]&p[0]|q[2]&q[1]&q[0]&ci;
    assign    co=p[3]|q[3]&p[2]|q[3]&q[2]&p[1]|q[3]&q[2]&q[1]&p[0]|q[3]&q[2]&
              q[1]&q[0]&ci;
    assign    s[0]=q[0]^ci;
    assign    s[1]=q[1]^c[0];
    assign    s[2]=q[2]^c[1];
    assign    s[3]=q[3]^c[2];
endmodule
```

4 位的先行进位加法器原理图如图 3-11 所示。从图中可以看出，电路的结构比较复杂，如果要构成位数更多的加法器，显然要构成更多位的加法器，则结构必然更复杂，所以通常先行进位的加法器只做到 4 位，更多位的加法器由 4 位先行进位加法器串接而成。

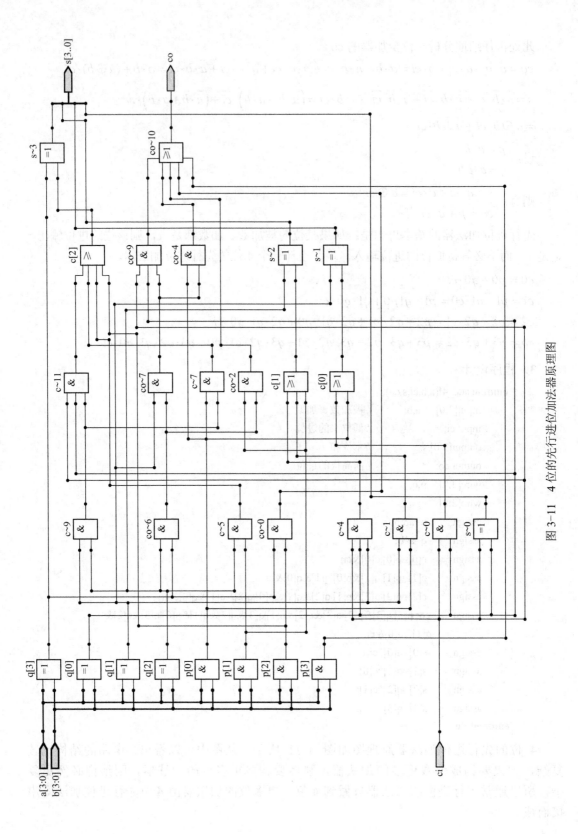

图 3-11 4 位的先行进位加法器原理图

3.5.4 任务 4 设计加减法器

1．任务

完成一个 4 位的加减运算器设计。

2．分析

在计算机电路中，通常既要进行加法运算，也要进行减法运算，此处当然可以用一套加法电路和一套减法电路完成上述要求，但是那样做就会使电路的复杂度增加一倍。此处希望有一套电路，它既可以计算加法，也可以计算减法。

如果要计算 a-b 就等于计算 a+(-b)，所以只要给 a 加上-b 的补码，就可以完成减法任务了，而-b 的补码其实可以将 b 的各个位取反后再加 1 而成。

3．程序设计

```
module add_sub(a,b,ci,s,co,as);
        input[3:0]    a,b;                    //被加(减)数、加(减)数
        input ci;                             //低位来的进位
        input as;                             //加减控制位
        output[3:0]  s;                       //本位和
        output co;                            //向高位的进位
        wire[3:0]    bn;
        wire cin;
        assign       bn=b^{as,as,as,as};      // as 为 0 时 bn=b，as 为 1 时 bn=（-b）的反码
        assign       cin=ci^as;               // as 为 0 时 cin=ci，as 为 1 时 cin=ci 的反码
        assign       {co,s}=a+bn+cin;
endmodule
```

4 位加减运算器原理图如图 3-12 所示。从上述程序和电路原理图可以看到，当输入信号 as 为 0 时，$bn=b$、$cin=ci$，这时的电路就是一个加法器；当输入信号 as 为 1 时，$bn=\overline{b}$、$cin=\overline{ci}$，这时的电路就是一个减法器。

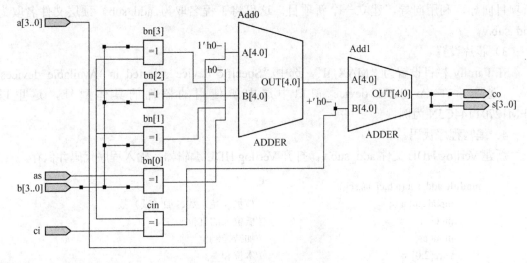

图 3-12 4 位加减运算器原理图

3.5.5 技能实训

在 CCIT CPLD/FPGA 实验仪上，设计一个 3 位串行进位的加减运算器，完成程序设计、电路仿真及下载调试工作，加减运算器的结果要显示在 1 位共阴数码管上。

1. 实训目标

1）增强专业意识，培养良好的职业道德和职业习惯。

2）培养自主创新的学习能力和良好的实践操作能力。

3）掌握加法器的设计方法。

4）掌握用加法器和异或门构成减法器。

2. 实训设备

1）实验仪 CCIT-CPLD。

2）QuartusII 13.1 软件开发环境。

3. 实训内容与步骤

1）分析题意。

如果要计算 a-b 就等于计算 a+(-b)，所以只要给 a 加上-b 的补码，就可以完成减法任务了，而-b 的补码其实可以将 b 的各个位取反后再加 1 而成。

加减法的实现，假定 a、b 为被加（减）数，加（减）数，as 为加减控制位，当 as 为 0 时，$bn=b$、$cin=ci$，这时的电路就是一个加法器；当输入信号 as 为 1 时，$bn=\overline{b}$、$cin=\overline{ci}$，这时的电路就是一个减法器。

```
bn=b^{as,as,as};
cin=ci^as;
temp=a+bn+cin;
{co,s}=temp;
```

2）新建工程。

启动 QuartusII 软件，新建工程，通过"File"→"New Project Wizard…"菜单命令启动新项目向导，利用向导，建立一个新项目，这里将工程名取为 add_sub，顶层文件名取为 add_sub.v。

3）芯片设置。

在 Family 栏目设置为"MAX II"，选中"Specific device selected in 'Available devices' list"选项，在 Available device 窗口中选中所使用的器件的具体型号，这里以 EPM1270T144C5N 为例。

4）编写程序代码。

新建 Verilog HDL 文件 add_sub.v，打开 Verilog HDL 编辑器，输入程序代码并保存。

```
module add_sub(a,b,ci, as,seg);
    input[2:0] a,b;            //被加（减）数、加（减）数
    input ci;                  //低位来的进位
    input as;                  //加减控制位
    wire[2:0] s;               //本位和
    wire co;                   //向高位的进位
    output[7:0] seg;
```

```
wire[2:0]   bn;
wire  cin;
reg[7:0] seg;
assign      bn=_____          // as 为 0 时 bn=b，as 为 1 时 bn=（-b）的反码
assign      cin=_____         // as 为 0 时 cin=ci，as 为 1 时 cin=ci 的反码
assign      {co,s}=_____

/*always 过程实现数码显示译码器*/
always@(_____)
begin
    _____
    _____
    _____
    _____
    _____
    _____
end
endmodule
```

5）编译并改正语法错误。

6）设置芯片引脚。

add_sub 的输入端 a、b、ci 和 as 接拨码开关，输出端 seg 接数码管。在表 3-31 中指定芯片的引脚，并设置不用的引脚。

引脚锁定表如表 3-31 所示。

表 3-31　引脚锁定表

引　脚　名	引　脚　号	引　脚　名	引　脚　号
seg0		a2	
seg1		a1	
seg2		a0	
seg3		b2	
seg4		b1	
seg5		b0	
seg6		ci	
seg7		as	

7）重新编译，使得引脚设置生效。

8）下载并运行。

使用 USB 下载电缆，将 USB-Blaster 的一端与计算机 USB 口连接，另一端通过 10 针线缆与 CCIT-CPLD 实验仪的 JTAG 口相连，接通开发板电源。在 Tools 菜单下，选择"Programmer"命令，打开 Quartus II Programmer 工具。单击"Hardware Setup"按钮，进行下载线设置，选择所用的下载线型号，单击"Add File…"按钮，将 add_sub.pof 文件加入进来。选中"Program/Configure"选项，单击"Start"按钮，将文件 add_sub.pof 下载到开发板上。

9）调试过程。

拨动开关设置被加（减）数，加（减）数、加减控制位、低位来的进位，检查 LED 数码管上显示的和或差是否正确，以及向高位的进位是否正确，实验结果填写表 3-32。

表 3-32 实验结果

as	a2	a1	a0	b2	b1	b0	ci	LED 数码管显示数字

4. 实训注意事项

1）明确加减计数器的实现方法。

2）明确输入、输出端口的对应关系。

5. 实训考核

请读者根据表 3-33 所示的实训考核要求，进行实训操作，保持良好的实训操作规划，熟悉整个工程的新建、程序代码编写、开发环境设置和编译下载调试的过程。

表 3-33 实训考核要求

项 目	内 容	配 分	考核要求	得 分
职业素养	1. 实训的积极性 2. 实训操作规范 3. 纪律遵守情况	10	积极参加实训，遵守安全操作规程，有良好的职业道德和敬业精神	
Quartus II 软件的使用及程序的编写	1. 新建工程的流程 2. 代码语法的规范、加法器描述正确 3. 芯片引脚的指定	40	能熟练新建工程、规范编写代码、改正语法错误、掌握加法器的描述，正确指定引脚	
调试过程	1. 程序下载 2. 实验仪的使用 3. 操作是否规范	30	能下载程序，实验仪的规范使用，现象是否合理	
项目完成度和准确度	1. 实现题意 2. 操作和现象合理	20	该项目的所有功能是否能实现	

3.6 项目 6 计数器设计

 学习目标

1. 能力目标

1）编制程序：使用 D 触发器，实现二进制计数器。

2）编制程序：使用 JK 触发器，实现七进制的同步计数器。

3）编制程序：用异步复位的方法，实现任意进制的计数器。

4）编制程序：用同步置数的方法，实现任意进制的计数器。

2. 知识目标

1）掌握计数器工作的基本原理。

2）掌握各种同步计数器和异步计数器的设计方法。

3. 素质目标

1）克服困难，努力学习。

2）遵守纪律，团结协作。

 情境设计

本节主要通过二进制计数器设计和其他进制计数器设计的实例，介绍一般计数器电路设计的方法和模块实例引用的方法。具体教学情境设计如表 3-34 所示。

表 3-34　教学情境设计

序号	教学情境	技能训练	知识要点	学时数
情境	计数器设计	1. 编制程序构成二进制计数器 2. 编制程序构成七进制计数器 3. 编制程序，用异步复位和同步清零的方法实现 n 进制的计数器	1. 计数器的种类 2. 计数器的清零方法	2

3.6.1　任务 1　设计二进制计数器

1. 任务

实现同步二进制计数器和异步二进制计数器。

2. 要求

完成同步二进制计数器和异步二进制计数器的编程和下载任务。

3. 分析

在数字电路中，经常需要统计输入脉冲的个数，计数器就是用于统计脉冲个数的部件。

按照计数的数制分类，计数器可分成二进制计数器和非二进制计数器。二进制计数器是指计数器历经 2n 个独立状态的计数器，如八进制计数器、十六进制计数器等。

按照计数值增减趋势分类，计数器可分成加计数器、减计数器和可逆计数器。加计数器是随着计数脉冲的到来，计数值不断增加的计数器；减计数器是随着计数脉冲的到来，计数值不断减少的计数器；可逆计数器是用一个引脚来控制计数器为加计数器或减计数器。

按照计数脉冲输入方式分类，计数器又可分成异步计数器和同步计数器。同步计数器是把计数脉冲输入到计数器中每一个寄存器的 CP 端的计数器。

如果不考虑计数器的具体实现方法，那么，实现一个二进制计数器是非常简单的。下面举例说明要构成一个 3 位二进制计数器的程序设计。

4. 程序设计

```
module COUNT2_1 (con,clk);              // COUNT2_1
    output[2:0] con;                    //定义输出口
    input clk;                         //定义输入口
    reg[2:0] con;                      //把 con 定义为寄存器类型
```

```
        always @(negedge clk)              //每个时钟下降沿执行一次计数
            con=con+1'b1;
    endmodule
```

3 位二进制计数器原理图如图 3-13 所示。

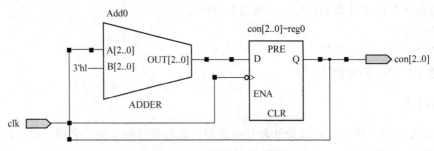

图 3-13　3 位二进制计数器原理图

☞注意：

电路由一个 3 位的加法器和 3 个 D 触发器（它们被画在一起）构成。加法器的一路输入是 "1"，另一路输入是触发器的输出，所以加法器的输出总是比这路输入大 1。而 D 触发器的数据输入端又连接在加法器的输出端上，所以随着 clk 的到来，输出就可以不断加 1。由于 clk 时钟输入端连接到这个电路的每个寄存器上，因此它是同步计数器。

如果希望实际电路更简单些，则可以构造成异步计数器电路。

```
    module COUNT (con,clk);                // 模块名 COUNT
        output[2:0] con;                   //定义输出口
        input clk;                         //定义输入口
        reg[2:0] con;                      //把 con 定义为寄存器类型
        always @(negedge clk)              //每个时钟下降沿执行一次计数
            con[0]=～con[0];               //个位加 1
        always @(negedge con[0])           //个位有进位时，执行一次语句体
            con[1]=～con[1];               //十位加 1
        always @(negedge con[1])           //十位有进位时，执行一次语句体
            con[2]=～con[2];               //百位加 1
    endmodule
```

3 位二进制计数器原理图如图 3-14 所示。

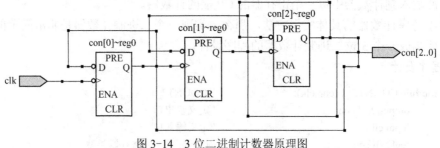

图 3-14　3 位二进制计数器原理图

这个电路因为没有加法器，所以更加简单，但是它也有缺点，就是当高位数据和要发生变化时（例如，数据从 3 加到 4 时），这个计数器电路的低位数据先改变，而高位数据后改变，不能同时变化。

3.6.2　任务2　设计七进制计数器

1．任务

实现同步七进制计数器。

2．要求

完成同步七进制计数器的编程和下载任务。

3．程序设计

```
module COUNT7(con,clk);              //模块名：COUNT7
    output[2:0] con;                 //定义输出口
    input clk;                       //定义输入口
    reg[2:0] con;                    //把 con 定义为寄存器类型
    always @(negedge clk)            //每个时钟下降沿执行一次计数
        if(con==3'h7)
            con=3'h0;
        else
            con=con+1'b1;
endmodule
```

3.6.3　任务3　采用异步置数和同步清零的方法设计七进制计数器

1．任务

采用异步置数和同步清零的方法进行七进制计数器设计。

2．要求

完成采用异步置数和同步清零方法的七进制计数器的编程和下载任务。

3．分析

上述七进制计数器电路的电路构成是这样的：

从图 3-15 中的同步清零七进制计数器电路原理图可以看到，该计数器由 D 触发器、数据选择器、加法器和比较器构成。与前一个计数器电路类似：加法器的输出总是比 D 触发器的输入大 1。当计数器的计数值不等于 6 时，比较器的输出是"0"，数据选择器让加法器的输出传送到 D 触发器的输入端，于是计数器不断加 1；当计数器的计数值等于 7 时，比较器的输出是"1"，数据选择器使数据"0"传送到 D 触发器的输入端，于是计数器归 0。

上述电路是采用同步清零的方式类实现计数值归 0 的。即在计数值到达 7 时，随着计数脉冲的到来，计数器归 0 动作立即发生，实现了计数器归 0 与计数信号的同步。

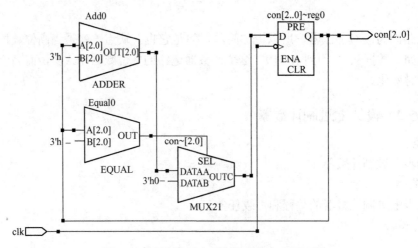

图 3-15　同步清零七进制计数器电路原理图

如果采用异步清零的方式进行，则可以用如下代码实现。

4．程序设计

```
module COUNT(con,clk);                    // 模块名
    output[2:0] con;                      //定义输出口
    input clk;                            //定义输入口
    reg[2:0] con;                         //把 con 定义为寄存器类型
    wire c;
    assign c=&con;                        //当 c=1 时，则 con=3'b111
    always @(negedge clk or posedge c)    //时钟下降沿计数，c 上升沿归 0
        if(c)
            con=3'h0;
        else
            con=con+1'b1;
endmodule
```

该电路计数值归零是采用异步清零端实现的，当数值加到 7 时，与门输出为 1，使计数值归 0。由于计数值的归 0 比计数脉冲的到来要滞后，计数值 "7" 将短暂出现一刹那，所以称这种电路为采用异步清零七进制计数器电路原理图，如图 3-16 所示。

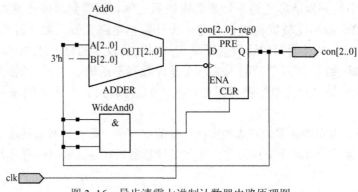

图 3-16　异步清零七进制计数器电路原理图

3.6.4 技能实训

在 CCIT CPLD/FPGA 实验仪上，设计一个十五进制的计数器（要求：每秒钟计数 1），计数结果在 1 位共阴数码管上显示（提示：分时显示个位和十位）。

1. 实训目标

1）增强专业意识，培养良好的职业道德和职业习惯。

2）培养自主创新的学习能力和良好的实践操作能力。

3）掌握任意进制计数器的设计方法。

4）掌握时序电路复位和置数的方法。

2. 实训设备

1）实验仪 CCIT-CPLD。

2）QuartusII 13.1 软件开发环境。

3. 实训内容与步骤

1）分析题意。

根据题意，可知本题必须解决 3 个内容：①要掌握分频程序；②要完成一个十五进制的计数器；③要把计数器的结果分时显示在 1 位共阴数码管上，0.5s 显示十位，0.5s 显示个位。

2）新建工程。

启动 QuartusII 软件，新建工程，通过"File"→"New Project Wizard…"菜单命令启动新项目向导，利用向导，建立一个新项目，这里将工程名取为 counter15，顶层文件名取为 counter15.v。

3）芯片设置。

在 Family 栏目设置为"MAX II"，选中"Specific device selected in 'Available devices' list"选项，在 Available device 窗口中选中所使用的器件的具体型号，这里以 EPM1270T144C5N 为例。

4）编写程序代码。

新建 Verilog HDL 文件 counter15.v，打开 Verilog HDL 编辑器，输入程序代码并保存。

```
module counter15 (CLK,seg);
    input CLK;              //24MHz 时钟输入
    output[7:0] seg;        //7 段数码显示
    reg_____           //定义寄存器
    reg_____           //定义寄存器
    reg_____           //定义寄存器
    reg_____           //定义寄存器


    //从 CCIT CPLD/FPGA 实验仪上 24MHz 分频得到 1Hz 的程序
    always@(negedge clk)
    begin
        count=count+1;              //一个时钟计数一次
        if(count==_____)        //0.5s
```

```
            begin
                    sec=_____;            //0.5s 钟变化一次状态
                    count=0;
            end

/*十五进制计数器程序*/
always@(negedge clk)
            begin
                    count2=count2+1;            //一个时钟计数一次
                    if(count2==_____)        //1s
                    begin
                            if(con==_____)         //十五进制计数
                                    con=_____;
                            else
                                    con=_____;
                                    count2=0;
                    end
            end

/*always 过程实现数码显示译码器*/
always@(sec)
begin
            case(sec)
                    1'b0:
                            case(con/10)
                                    4'd0:seg=8'h3f;
                                    4'd1:seg=8'h06;
                                    4'd2:seg=8'h5b;
                                    4'd3:seg=8'h4f;
                                    4'd4:seg=8'h66;
                                    4'd5:seg=8'h6d;
                                    4'd6:seg=8'h7d;
                                    4'd7:seg=8'h07;
                                    4'd8:seg=8'h7f;
                                    4'd9:seg=8'h67;
                            endcase

                    1'b1:
                            case(con%10)
                                    4'd0:seg=8'hbf;
                                    4'd1:seg=8'h86;
                                    4'd2:seg=8'hdb;
                                    4'd3:seg=8'hcf;
```

```
                    4'd4:seg=8'he6;
                    4'd5:seg=8'hed;
                    4'd6:seg=8'hfd;
                    4'd7:seg=8'h87;
                    4'd8:seg=8'hff;
                    4'd9:seg=8'he7;
                endcase
            endcase
        end
    endmodule
```

5）编译并改正语法错误。

6）设置芯片引脚。

在表 3-35 中指定芯片的引脚，并设置不用的引脚。

引脚锁定表如表 3-35 所示。

表 3-35　引脚锁定表

引　脚　名	引　脚　号	引　脚　名	引　脚　号
seg0		seg5	
seg1		seg6	
seg2		seg7	
seg3		CLK	
seg4			

7）重新编译，使得引脚设置生效。

8）下载并运行。

使用 USB 下载电缆，将 USB-Blaster 的一端与计算机 USB 口连接，另一端通过 10 针线缆与 CCIT-CPLD 实验仪的 JTAG 口相连，接通开发板电源。在 Tools 菜单下，选择 Programmer 命令，打开 Quartus II Programmer 工具。单击 "Hardware Setup" 按钮，进行下载线设置，选择所用的下载线型号，单击 "Add File…" 按钮，将 counter15.pof 文件加入进来。选中 "Program/Configure" 选项，单击 "Start" 按钮，将文件 counter15.pof 下载到开发板上。

9）调试过程。

观察数码管是否是以每秒计数的频率从 0 计数到 15，并分时显示个位和十位。

4. 实训注意事项

1）明确分频器的实现方法。

2）明确计数器的描述方法。

5. 实训考核

请读者根据表 3-36 所示的实训考核要求，进行实训操作，保持良好的实训操作规划，熟悉整个工程的新建、程序代码编写、开发环境设置和编译下载调试的过程。

表 3-36 实训考核要求

项 目	内 容	配 分	考核要求	得 分
职业素养	1. 实训的积极性 2. 实训操作规范 3. 纪律遵守情况	10	积极参加实训，遵守安全操作规程，有良好的职业道德和敬业精神	
Quartus II 软件的使用及程序的编写	1. 新建工程的流程 2. 代码语法的规范、计数器描述正确 3. 芯片引脚的指定	40	能熟练新建工程、规范编写代码、改正语法错误、掌握计数器的描述，正确指定引脚	
调试过程	1. 程序下载 2. 实验仪的使用 3. 操作是否规范	30	能下载程序，实验仪的规范使用，现象是否合理	
项目完成度和准确度	1. 实现题意 2. 操作和现象合理	20	该项目的所有功能是否能实现	

*3.7 项目 7 乘法器设计

 学习目标

1. 能力目标

1）编制程序。实现无符号数乘法器。

2）编制程序。实现带符号数乘法器。

2. 知识目标

1）掌握被乘数左移乘法器的算法。

2）掌握部分积右移乘法器的算法。

3）掌握补码乘法器的布斯算法。

3. 素质目标

1）克服困难，努力学习。

2）遵守纪律，团结协作。

情境设计

本节主要通过乘法器设计的实例，介绍无符号乘法和带符号乘法的基本算法。具体教学情境设计如表 3-37 所示。

表 3-37 教学情境设计

序号	教 学 情 境	技 能 训 练	知 识 要 点	学时数
情境 1	无符号乘法器设计	1. 无时钟信号的无符号乘法器设计 2. 有时钟信号的无符号乘法器设计	1. 被乘数左移算法 2. 部分积右移算法	2
情境 2	带符号乘法器设计	带符号乘法器设计	布斯算法	2

3.7.1 任务 1　利用被乘数左移法设计无符号乘法器

1．任务

利用被乘数左移法设计一个 4 位乘法器。

2．分析

乘法器是计算机系统中常见的功能部件，其实现的方法有被乘数左移法和部分积右移法两种，其中被乘数左移法的基本思想与笔算的十进制乘法相类似。下面举例说明计算 13×11 的过程。

初始状态	被乘数 A=1101　乘数 B=1011 部分积 C=00000000
第 1 步	因为乘数的最低位是 1，所以部分积加上被乘数： C=00000000+1101=00001101 再使被乘数左移一位，乘数右移一位 A=11010　　B=0101
第 2 步	因为乘数的最低位是 1，所以部分积加上被乘数： C=00001101+11010=000100111 再使被乘数左移一位，乘数右移一位 A=110100　　B=0010
第 3 步	因为乘数的最低位是 0，所以部分积不变： C=000100111 再使被乘数左移一位，乘数右移一位 A=1101000　　B=0001
第 4 步	因为乘数的最低位是 1，所以部分积加上被乘数： C=000100111+1101000=10001111
结果	此时的部分积就是最终的乘积结果

3．程序设计

```
module mul_4(a,b,out);              //模块名
    input[3:0]   a,b;               //被乘数和乘数
    output[7:0] out;                //最终的乘积
    reg[7:0]    out;
    reg[7:0] k;                     //部分积
    reg[7:0] at;                    //运算过程中的被乘数
    reg[3:0] bt;                    //运算过程中的乘数
    integer i;                      //循环变量
    always @(a or b)
    begin
        at=a;                       //给 at、bt 赋值
        bt=b;
        k=0;                        //初始时，部分积为 0
        for(i=0;i<4;i=i+1)          //循环 4 次
            begin
                if(bt[0])           //如果乘数最低位是 1，则部分积加上被乘数
                    k=k+at;
                at=at<<1;           //被乘数左移
                bt=bt>>1;           //乘数右移
```

```
                    end
            out=k;                           //乘积输出
        end
    endmodule
```

循环语句解析

Verilog HDL 中存在 4 种类型的循环语句，可以控制语句的执行次数。这 4 种语句分别是 for 语句、repeat 语句、while 语句和 forever 语句。

1）for 语句。与 C 语言完全相同，for 语句的描述格如下。

for（循环变量赋初值；循环结束条件；循环变量增值）块语句；

下面是采用 for 语句描述的七人投票器的例子。

```
    module vote(pass,vote);
    input[6:0] vote;
    output pass;
    reg pass;
    reg[2:0] sum;
    integer i;
    always@(vote)
        begin
            sum=0;
            for(i=0;i<=7;i=i+1)
                if(vote[i]) sum=sum+1;
            if(sum[2])  pass=1;          //至少有 4 人同意
            else        pass=0;
        end
    endmodule
```

2）repeat 语句。repeat 语句可以连续执行一条语句若干次，描述格式如下。

repeat(循环次数表达式)
        块语句；

下面是一个实现 8 位数据前 4 位与后 4 位的数据交换的例子。

```
    module rotate8(data,rotate,out);
    input[7:0] data;
    input rotate;
    output[7:0] out;
    reg temp;
    reg[7:0] out_reg;
    always@( rotate)
        begin
            if(rotate==1)
```

```
            begin
                out_reg=data;
                repeat(4)
                begin
                    temp= out_reg [7];
                    out_reg ={ out_reg <<1,temp};
                end
            end
        end
    assign out=out_reg;
    endmodule
```

3）while 语句。while 语句是不停地执行某一语句，直至循环条件不满足时退出。描述格式如下。

```
while（循环执行条件表达式）
    块语句；
```

下面是采用 while 语句实现从 0～100 的计数例子。

```
module sum();
reg[7:0] count;
reg[15:0] sum;
initial
    begin
        count=0;
        sum=0;
        while(count<101)
            sum=sum+1;
        &display("Sum=%d",sum);
    end
endmodule
```

4）forever 语句。forever 循环语句连续执行过程语句。为跳出这样的循环，中止语句可以与过程语句共同使用。同时，在过程语句中必须使用某种形式的时序控制，否则 forever 循环将永远循环下去。forever 语句必须写在 initial 模块中，用于产生周期性波形。forever 循环的语法格式如下。

```
forever begin
......
end
```

下面是采用 forever 语句的应用实例。

```
initial
forever begin
    if(d) a = b + c;
```

```
            else a= 0;
        end
```

3.7.2　任务2　利用部分积右移法设计无符号乘法器

1．任务

利用部分积右移法设计一个4位乘法器。

2．分析

上述被乘数左移的算法还可以进一步改进，使每次加法运算只在高位进行，由此形成部分积右移的算法。下面仍然以计算13×11的过程为例进行说明。

初始状态	被乘数A=1101　乘数B=1011 部分积 C=000001011
第1步	因为部分积的最低位是1，所以部分积高位加上被乘数： C_h=00000+1101=01101　C=011011011 再使部分积右移一位 C=001101101
第2步	因为部分积的最低位是1，所以部分积高位加上被乘数： C_h=00110+1101=10011　C=100111101 再使部分积右移一位 C=010011110
第3步	因为部分积的最低位是0，所以部分积高位不加被乘数： 再使部分积右移一位 C=001001111
第4步	因为部分积的最低位是1，所以部分积高位加上被乘数： C_h=00100+1101=10001　C=100011111 再使部分积右移一位 C=010001111
结果	此时的部分积的低8位就是最终的乘积结果

3．程序设计

```
module mul_4a(a,b,out);          //模块名
    input[3:0]   a,b;            //被乘数和乘数
    output[7:0] out;             //最终的乘积
    reg[7:0]    out;
    reg[8:0] k;                  //部分积
    integer i;
    always @(a or b)
    begin
        k={5'h00,b};             //初始化部分积
        for(i=0;i<4;i=i+1)       //循环4次
            begin
            if(k[0])             //如果部分积最低位是1，则部分积高位加上被乘数
                k[8:4]=k[8:4]+a;
            k=k>>1;              //部分积右移
            end
        out=k[7:0];              //乘积输出
```

```
            end
        endmodule
```

3.7.3　任务3　设计带符号乘法器

1．任务

实现带符号的乘法器。

2．分析

在计算机系统中，如果采用补码表示带符号的数据，就可以很容易地把一个减法运算转换成加法运算，因此在一般情况下，总是用补码表示一个带符号数。但是，如果计算用补码表示的带符号数的乘积，似乎不能直接进行乘法运算，可是布斯夫妇发现了一个巧妙的算法，可以直接进行补码的乘法运算。

此处先分析两个8位的补码数据，一个是+100，另一个是-100：

$(+100)_{补}=01100100=0\times(-2^7)+1\times2^6+1\times2^5+0\times2^4+0\times2^3+1\times2^2+0\times2^1+0\times2^0$

$(-100)_{补}=10011100=1\times(-2^7)+1\times2^6+1\times2^5+0\times2^4+0\times2^3+1\times2^2+0\times2^1+0\times2^0$

如果乘数B用补码$B_7B_6B_5B_4B_3B_2B_1B_0$表示，则：

$B=B_7*(-2^7)+B_6*2^6+B_5*2^5+B_4*2^4+B_3*2^3+B_2*2^2+B_1*2^1+B_0*2^0=$

$(-B_7+B_6)*2^7+(-B_6+B_5)*2^6+(-B_5+B_4)*2^5+(-B_4+B_3)*2^4+(-B_3+B_2)*2^3+$

$(-B_2+B_1)*2^2+(-B_1+B_0)*2^1+(-B_0+0)*2^0$

乘数经过这样的分解后，可以这样计算补码乘法：

部分积也是先置数为0，并且先在乘数的最低位补上一个0，然后从低位依次检查乘数的相邻两位：如果是01，就在部分积的高位上加上被乘数；如果是10，就在部分积的高位上减去被乘数；如果是00或11，就不进行加减操作。然后再让部分积右移一位，……，反复循环，最终得到乘积。4位布斯算法的补码乘法器程序如下所示。

3．程序设计

```
module mul_b4(a,b,out);              //模块名
    input[3:0]  a,b;                 //被乘数和乘数
    output[7:0] out;                 //最终的乘积
    reg[7:0]    out;
    reg[8:0] k;                      //部分积
    reg[3:0] an;
    integer i;
    always @(a or b)
    begin
        k={4'h0,b,1'b0};             //初始时，部分积为0
        an=-a;
        for(i=0;i<4;i=i+1)           //循环4次
        begin
            if(k[1:0] ==2'b01)
                k[8:5]=k[8:5]+a;
            if(k[1:0] ==2'b10)
                k[8:5]=k[8:5]+an;
```

```
                    k={k[8],k[8:1]};            //部分积算数右移
            end
            out=k[8:1];                         //乘积输出
        end
    endmodule
```

3.8 项目 8 键盘 LED 发光二极管应用设计

学习目标

1．能力目标

1）用键盘和 LED 发光二极管进行简单的输入、输出电路设计。

2）根据扫描键盘的输入来设计 LED 的输出。

2．知识目标

1）掌握键盘扫描编程知识。

2）掌握键盘与 LED 综合设计的方法。

3．素质目标

1）知识迁移能力培养。

2）建立互帮互助的友好关系。

情境设计

本节主要通过两个键盘与 LED 综合的实例，介绍键盘扫描的方法，重点讲解输入、输出电路设计的过程。具体教学情境设计如表 3-38 所示。

表 3-38 教学情境设计

序号	教学情境	技能训练	知识要点	学时数
情境 1	键盘 LED 发光二极管应用 1	1．会用 Verilog 编写键盘扫描程序 2．会进行输入输出的综合设计	1．K1～K8 键盘及 L1～L8 发光二极管在实验板上与 EPM1270T144C5N 芯片的引脚连接 2．掌握键盘扫描的知识点	2
情境 2	键盘 LED 发光二极管应用 2	能读取键值，并用 LED 显示出来	1．键盘与 LED 的综合应用 2．知识点的深化	1
情境 3	键盘去抖动	利用键盘实现计数功能	1．键盘抖动问题 2．去抖动的编程方法	2

3.8.1 任务 1 键盘 LED 发光二极管应用之一

键盘基本问题解析

本节首先简要阐明有关键盘识别的一些基本问题，随后给出 GP32 单片机的键盘中断口的使用方法。

1．键盘模型及接口

键盘是由若干个按键组成的开关矩阵，它是嵌入式系统中最简单的数字量输入设备，操作员通过键盘输入数据或命令，实现简单的人-机通信。

（1）键盘模型

键盘的基本电路是一个接触开关，通、断两种状态分别表示 0 和 1，图 3-17 所示为键盘模型及按键抖动示意图，微处理器可以容易地检测到开关的闭合。当开关打开时，提供逻辑 "1"；当开关闭合时，提供逻辑 "0"。

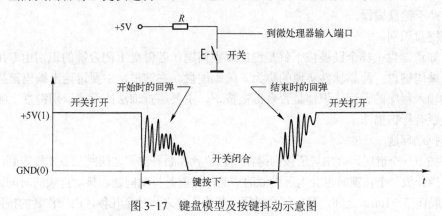

图 3-17　键盘模型及按键抖动示意图

（2）键盘接口

键盘接口按照不同的标准有不同的分类方法。按键盘排布的方式可分成独立方式和矩阵方式；按读入键值的方式可分为直读方式和扫描方式；按是否进行硬件编码可分成非编码方式和硬件编码方式；按微处理器响应方式可分为中断方式和查询方式。将以上各种方式组合可构成不同的键盘接口方式。以下介绍较为常用的两种方式。

1）独立方式。独立方式是指将每个独立按键按一对一的方式直接接到 I/O 输入线上，独立键盘如图 3-18 所示。读键值时直接读 I/O 口，每一个键的状态通过读入键值来反映，所以也称这种方式为一维直读方式（按习惯称为独立式）。这种方式查键实现简单，但占用 I/O 资源较多，一般在键的数量较少时采用。

2）矩阵方式。矩阵方式是用 n 条 I/O 线组成行输入口，m 条 I/O 线组成列输出口，在行列线的每一个交点上设置一个按键，矩阵键盘如图 3-19 所示。读键值方法一般采用扫描方式，即输出口按位轮换输出低电平，再从输入口读入键信息，最后获得键码。这种方式占用 I/O 线较少，在实际应用系统中采用较多。

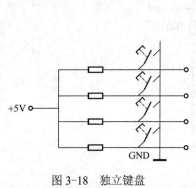

图 3-18　独立键盘

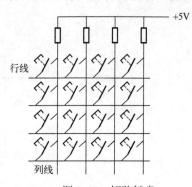

图 3-19　矩阵键盘

设计键盘的时候，在通常小于 4 个按键的应用场合，可以使用独立式接口。如果多于 4

个按键的应用场合，为了减少微处理器的I/O端口线的占用，可以使用矩阵式键盘。

2．键盘的基本问题

为了能实现对键盘的编程，至少我们应该了解下面几个问题：第一，如何识别键盘上的按键？第二，如何区分按键是被真正地按下，还是抖动？第三，如何处理重键问题？了解这些问题有助于键盘编程。

（1）键盘识别

如何知道键盘上哪个键被按下就是键的识别问题。若键盘上闭合键的识别由专用硬件实现，称为编码键盘；而靠软件实现的称为未编码键盘。在这里，主要讨论未编码键盘的接口技术和键输入程序的设计。识别是否有键被按下，主要用查询法；而要识别键盘上哪个键被按下，主要有行扫描法。

（2）抖动问题

当手按下一个键时，会出现所按的键在闭合位置和断开位置之间跳几下才稳定到闭合状态的情况，当释放一个按键时也会出现类似的情况，这就是抖动问题。抖动持续的时间因操作者而异，一般在5~10ms之间，稳定闭合时间一般为十分之几秒至几秒，由操作者的按键动作所确定。在软件上，解决抖动的方法通常是延迟等待抖动的消失或多次识别判定。

（3）重键问题

所谓重键就是有两个及两个以上按键同时处于闭合的状态。在软件上，解决重键问题通常用连锁法与巡回法。

为了正确理解 MCU 键盘接口方法与编程技术，下面以 4×4 键盘为例说明按键识别的基本编程原理。4×4的键盘结构如图3-20所示。图中列线（n_1~n_4）通过电阻接+5V，当键盘上没有键闭合时，所有的行线和列线断开，列线 n_1~n_4 都呈高电平。当键盘上某一个键闭合时，则该键所对应的行线与列线短路。例如，第 2 排第 3 个按键被按下闭合时，行线 m_2 和列线 n_3 短路，此时 n_3 线上的电平由 m_2 的电位所决定。那么如何确定键盘上哪个按键被按下呢？此处可以把列线 n_1~n_4 接到微型计算机的输出口，行线 m_1~m_4 接到微型计算机的输入口，在微型计算机的控制下，使行线 m_1 为低电平(0)，其余三根行线 m_2、m_3、m_4 都为高电平，读列线 n_1~n_4 的状态。如果 n_1~n_4 都为高电平，则 m_1 这一行上没有键闭合；如果读出列线 n_1~n_4 的状态不全为高电平，那么为低电平的列线和 m_1 相交的键处于闭合状态；如果 m_1 这一行上没有键闭合，就使行线 m_2 为低电平，其余行线为高电平，用同样方法检

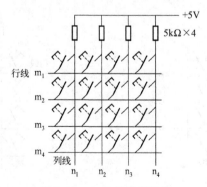

图 3-20　4×4 的键盘结构

查 m_2 这一行上有无键闭合；依此类推，最后使行线 m_4 为低电平，其余的行线为高电平，检查 m_4 这一行上是否有键闭合。这种逐行逐列地检查键盘状态的过程称为对键盘的一次扫描。MCU 对键盘扫描可以采取程序控制的随机方式，即 MCU 空闲时扫描键盘。也可以采取定时控制，即每隔一定时间，MCU 对键盘扫描一次，MCU 可随时响应键输入请求。也可以采用中断方式，当键盘上有键闭合时，向 MCU 请求中断，MCU 响应键盘输入中断，对键盘扫描，以识别哪一键处于闭合状态，并对键输入信息作出相应处理。MCU 对键盘上闭合键的键号确定，可以根据行线和列线的状态计算求得，也可以根据行线和列线状态查表求得。

1）任务。在 CCIT CPLD/FPGA 实验仪上实现对 8 个按键 S1～S8 进行监控，且一旦有键按下，对应的发光二极管 L1～L8 被点亮。

2）要求。通过此案例的编程和下载运行，让读者初步了解输入、输出的一般设计方法。

3）分析。在 CCIT CPLD/FPGA 实验仪上已经为用户准备了 8 个输入按键及 8 个 LED 发光二极管，键盘接口原理图如图 3-21 所示。

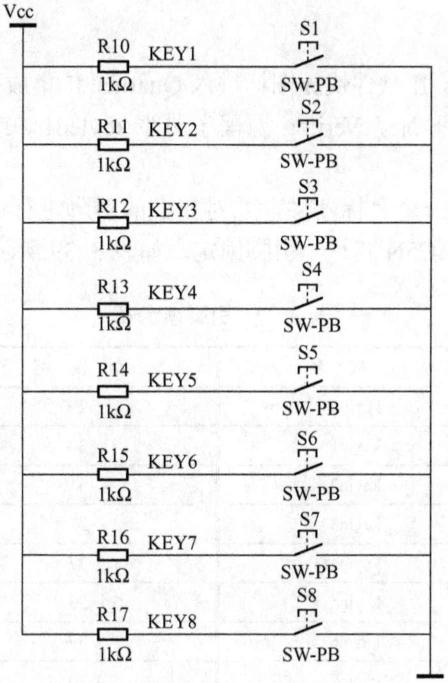

图 3-21　键盘接口原理图

在 CCIT CPLD/FPGA 实验仪中，标号 S1～S8 分别与芯片的 61～63、66～70 引脚相连，L1～L8 分别与芯片 29～32、37～40 引脚相连。这样，一旦 S1～S8 中有键输入，则该引脚由高电平跳变到低电平，这时在相应的 L1～L8 输出低电平即可。

3．程序设计

1）用连续赋值语句实现，文件名 keyled1.v。

```
module keyled1 (keyin,ledout);          //模块名 keyled1
    output[7:0] ledout;                 //定义输出口
    input[7:0] keyin;                   //定义输入口
    assign ledout=keyin;                //输出键值
endmodule
```

2）用过程赋值语句实现，文件名 keyled2.v。

```
module keyled2 (keyin,ledout);          //模块名 keyled2
    output[7:0] ledout;                 //定义输出口
    input[7:0] keyin;                   //定义输入口
    reg[7:0] ledout_regt;               //定义寄存器
    always                              //过程赋值
        begin
            ledout_reg=keyin;           //读取键值
        end
    assing ledout=ledout_reg;           //输出键值
endmodule
```

4．下载运行

1）用鼠标双击 Quartus II 软件快捷图标进入 Quartus II 集成开发环境，新建工程项目文件 keyled.qpf，并在该项目下新建 Verilog 源程序文件 keyled1.v 或 keyled2.v，输入上面的程序代码并保存。

2）为该工程项目选择一个目标器件，并对相应的引脚进行锁定，所选择的器件应该是 Altera 公司的 EPM1270T144C5N 芯片，引脚锁定表如表 3-39 所示。

表 3-39　引脚锁定表

引　脚　号	引　脚　名	引　脚　号	引　脚　名
61	keyin0	29	ledout0
62	keyin1	30	ledout1
63	keyin2	31	ledout2
66	keyin3	32	ledout3
67	keyin4	37	ledout4
68	keyin5	38	ledout5
69	keyin6	39	ledout6
70	keyin7	40	ledout7

3）对该工程文件进行编译处理，若在编译过程中发现错误，找出并更正错误，直至成功为止。

4）用户若需要对所建的工程项目进行验证，输入必要的波形仿真文件，然后进行波形仿真模拟。观察模拟仿真结果并与预期的目标相比较，看是否符合设计要求，若不满足用户要求，则更正程序相关部分。

5）使用 USB-Blaster 下载电缆，将开发板 JTAG 口与 USB-Blaster 下载口相连，再打开工作电源，执行下载命令把程序下载到 CCIT CPLD/FPGA 实验仪的 EPM1270T144C5N 器件

中。当 K1～K8 中有若干个键按下后，观察 L1～L8 发光二极管中有哪个被点亮。

3.8.2　任务 2　键盘 LED 发光二极管应用之二

1．任务

在 CCIT CPLD/FPGA 实验仪上完成对 8 个键盘 K1～K8 的识别，一旦有键被按下，则判断其键值，并点亮相应个发光二极管，如若 K3 被按下，则点亮 L1～L3 发光二极管。

2．要求

通过此案例的编程和下载运行，让读者进一步深入学习输入、输出设计方法。

3．分析

硬件电路和前面的"键盘 LED 发光二极管应用之一"相同，不同之处在于程序处理过程有差异，在检测到键盘被按下时，还要判断其键值并对输出做相应的处理，此处可以用分支条件语句 case 来实现。

4．程序设计

文件名 keyled3.v。

```
module keyled3 (keyin,ledout);                          //模块名 keyled3
    output[7:0] ledout;                                 //定义输出口
    input[7:0] keyin;                                   //定义输入口
    reg[7:0] ledout_regt;                               //定义寄存器
    reg[7:0] buffer;
    always@(keyin)                                      //当有按键有变化时，执行 1 次语句体
        begin
            buffer=keyin;                               //读取键值
            case(buffer)
                8'b11111110:ledout_reg=8'b11111110;     //是键 1，则寄存器赋值 0xfe
                8'b11111101:ledout_reg=8'b11111100;     //是键 2，则寄存器赋值 0xfc
                8'b11111011:ledout_reg=8'b11111000;     //是键 3，则寄存器赋值 0xf8
                8'b11110111:ledout_reg=8'b11110000;     //是键 4，则寄存器赋值 0xf0
                8'b11101111:ledout_reg=8'b11100000;     //是键 5，则寄存器赋值 0xe0
                8'b11011111:ledout_reg=8'b11000000;     //是键 6，则寄存器赋值 0xc0
                8'b10111111:ledout_reg=8'b10000000;     //是键 7，则寄存器赋值 0x80
                8'b01111111:ledout_reg=8'b00000000;     //是键 8，则寄存器赋值 0x00
                default: ledout_reg=8'b11111111;        //否则，给寄存器赋值 0xff
            endcase
        end
    assing ledout=ledout_reg;                           //输出该值
endmodule
```

5．下载运行

1）用鼠标双击 Quartus II 软件快捷图标进入 Quartus II 集成开发环境，新建工程项目文件 keyled3.qpf，并在该项目下新建 Verilog 源程序文件 keyled3.v，输入上面的程序代码并保存。

2）为该工程项目选择一个目标器件，并对相应的引脚进行锁定，所选择的器件应该是

Altera 公司的 EPM1270T144C5N 芯片，引脚锁定表如表 3-40 所示。

表 3-40　引脚锁定表

引　脚　号	引　脚　名	引　脚　号	引　脚　名
61	keyin0	29	ledout0
62	keyin1	30	ledout1
63	keyin2	31	ledout2
66	keyin3	32	ledout3
67	keyin4	37	ledout4
68	keyin5	38	ledout5
69	keyin6	39	ledout6
70	keyin7	40	ledout7

3）对该工程文件进行编译处理，若在编译过程中发现错误，找出并更正错误直至成功为止。

4）读者若需要对所建的工程项目进行验证，则需输入必要的波形仿真文件，然后进行波形仿真模拟。观察模拟仿真结果并与预期的目标相比较，看是否符合设计要求，若不满足读者要求，则更正程序相关部分。

5）使用 USB-Blaster 下载电缆，将开发板 JTAG 口与 USB-Blaster 下载口相连，再打开工作电源，执行下载命令把程序下载到 CCIT CPLD/FPGA 实验仪的 EPM1270T144C5N 器件中。当〈K1〉～〈K8〉中有一个键按下后，观察 L1～L8 发光二极管中有哪些被点亮。

3.8.3　任务 3　键盘去抖动设计

1．任务

在 CCIT CPLD/FPGA 实验仪上设计一个通过按键计数的七进制计数器，计数结果显示在 1 位共阴数码管上。

2．要求

通过此案例的编程和下载运行，让读者深入学习与键盘去抖动有关的设计方法。

3．分析

硬件电路和键盘 LED 发光二极管应用之一相同，前面介绍过键盘抖动问题。要想去抖动，可以通过延时读取键值的方法去除抖动的情况，一般为 10ms 左右的时间可能处于抖动的时间，只要在 20ms 时间后（即键盘已处于稳定态）去读取键值，即可去除抖动，这时根据其键值便对输出作相应的处理。

4．程序设计

程序代码如下所示。

```
/* 获得 20ms 的时钟信号 */
module    f_1M(clkin,clkout);
    input clkin;                    //24MHz 基准时钟输入
    output    clkout;               //20ms 的时钟周期信号输出
```

```verilog
            reg        clkout;
            reg[17:0]  count;                    //分频计数器
            always @(negedge  clkin)
                if(count==18'd240000)            //10ms 执行一次
                begin
                    count<=18'd0;
                    clkout<=~clkout; //获得周期为 20ms 的时钟信号 clkout
                end
                else
                    count<=count+1'b1;
endmodule
/* 顶层模块：实现键盘计数的七进制计数器 */
module keyled4(clk,keyin,seg);
        input   clk;                             //定义基准时钟输入口
        input   keyin;                           //定义键盘输入口
        output[7:0] seg;                         //定义数码管段码输出口
        reg[7:0]    seg;
        wire  clk0;                              //定义 20ms 周期的线型信号
        reg   keyout;
        reg[2:0] counter;                        //定义七进制计数器
        f_1M f_1Ma(clk, clk0);                   //引用模块实例，获得周期为 20ms 的时钟信号 clk0
        always @(negedge clk0)                   //每 20ms 读取一次键值
            keyout=keyin;
        always @(negedge keyout)                 //当键值由高变低时（即被按下一次），执行计数
        begin
            counter=counter+1'b1;                //七进制计数器加 1
            if(counter==7)                       //归 0
                counter=0;
            case(counter)                        //根据七进制计数器的值，送数码管显示
                3'd0:seg=8'h3f;                  //显示 0;
                3'd1:seg=8'h06;                  //显示 1
                3'd2:seg=8'h5b;                  //显示 2
                3'd3:seg=8'h4f;                  //显示 3
                3'd4:seg=8'h66;                  //显示 4
                3'd5:seg=8'h6d;                  //显示 5
                3'd6:seg=8'h7d;                  //显示 6
                default:seg=8'hff;               //不显示
            endcase
        end
endmodule
```

5．下载运行

1）用鼠标双击 Quartus Ⅱ 软件快捷图标进入 Quartus Ⅱ 集成开发环境，新建工程项目文件 keyled.qpf，并在该项目下新建 Verilog 源程序文件 keyled4.v，输入上面的程序代码并保存。

2）为该工程项目选择一个目标器件，并对相应的引脚进行锁定，所选择的器件应该是 Altera 公司的 EPM1270T144C5N 芯片，引脚锁定表如表 3-41 所示。

表 3-41　引脚锁定表

引　脚　号	引　脚　名	引　脚　号	引　脚　名
61	keyin0	119	seg4
124	seg0	125	seg5
123	seg1	127	seg6
121	seg2	122	seg7
120	seg3	18	clk

3）对该工程文件进行编译处理，若在编译过程中发现错误，找出并更正错误，直至成功为止。

4）用读者若需要对所建的工程项目进行验证，则需输入必要的波形仿真文件，然后进行波形仿真模拟。观察模拟仿真结果并与预期的目标相比较，看是否符合设计要求，若不满足读者要求，则更正程序相关部分。

5）使用 USB-Blaster 下载电缆，将开发板 JTAG 口与 USB-Blaster 下载口相连，再打开工作电源，执行下载命令把程序下载到 CCIT CPLD/FPGA 实验仪的 EPM1270T144C5N 器件中。在 K1 键按下若干次后，观察 1 位数码管上的显示变化。

3.8.4　技能实训

在 CCIT CPLD/FPGA 实验仪上实现：当 K8 键按下，则进行计数，计数结果 0～1000 显分时显示在 1 位数码管上。

1. 实训目标

1）增强专业意识，培养良好的职业道德和职业习惯。

2）培养自主创新的学习能力和良好的实践操作能力。

3）会用 Verilog 编写键盘扫描程序。

4）能读取键值，并用 LED 显示出来。

5）掌握去抖动的编程算法。

2. 实训设备

1）实验仪 CCIT CPLD/FPGA。

2）QuartusII 13.1 软件开发环境。

3. 实训内容与步骤

1）分析题意，得知该题要解决两个问题，第一是按键产生的抖动，所以可以采取通过延时读键值的方法去掉抖动的情况，一般在 20ms 时间后去读取键值，即可去除抖动；第二是通过按键，进行计数，并用 LED 显示，那么一位数码管，假定计数到 1000，即实现一个 1000 进制的计数器。

2）编写程序时，可以先编写一个获得 20ms 的时钟信号。

```
module    f_1M(clkin,clkout);
    input clkin;                //24MHz 基准时钟输入
    output    clkout;           //20ms 的时钟周期信号输出
    reg       clkout;
```

```
        reg[17:0]    count;                    //分频计数器
        always      @(negedge clkin)
        begin

            _____

            _____

            _____

            _____

            _____

            _____

        end
    endmodule
```

3）通过按键 K8，实现 1000 进制的计数器。

```
    module keyled (clk,keyin,seg);
        input    clk;                         //定义基准时钟输入口
        input    keyin;                       //定义键盘输入口
        output[7:0] seg;                      //定义数码管段码输出口
        reg[7:0]    seg;
        wire   clk0;                          //定义 20ms 周期的线型信号
        reg    keyout;
        reg[25:0] count;                      //定义普通计数器
        reg[9:0] counter;                     //定义 1000 进制计数器

        f_1M    f_1Ma(clk,clk0);              //引用模块实例，获取 20ms 信号
        always@(posedge clk)
        begin
            count=count+1;
        end

        always@(negedge  clk0)                //每隔 20ms 读取键值
            keyout=_____;

        always@(negedge   keyout )            //按键计数 1000
        begin
            counter=_____;
            if(counter==1000)
                counter=_____;
        end

        always@(counter)
        begin
            case(count[24:23])
                2'b00:
                    case(_____)        //显示百位
                        4'h0:seg=8'h3f;       //显示 0;
```

141

```
                4'h1:seg=8'h06;        //显示 1；
                4'h2:seg=8'h5b;        //显示 2
                4'h3:seg=8'h4f;        //显示 3
                4'h4:seg=8'h66;        //显示 4
                4'h5:seg=8'h6d;        //显示 5
                4'h6:seg=8'h7d;        //显示 6
                4'h7:seg=8'h07;        //显示 7
                4'h8:seg=8'h7f;        //显示 8
                4'h9:seg=8'h6f;        //显示 9
                default:seg=8'h00;     //不显示
            endcase
        2'b01:
            case(_____)         //显示十位
                4'h0:seg=8'h3f;        //显示 0；
                4'h1:seg=8'h06;        //显示 1；
                4'h2:seg=8'h5b;        //显示 2
                4'h3:seg=8'h4f;        //显示 3
                4'h4:seg=8'h66;        //显示 4
                4'h5:seg=8'h6d;        //显示 5
                4'h6:seg=8'h7d;        //显示 6
                4'h7:seg=8'h07;        //显示 7
                4'h8:seg=8'h7f;        //显示 8
                4'h9:seg=8'h6f;        //显示 9
                default:seg=8'h00;     //不显示
            endcase
        2'b10:
            case(_____)         //显示个位
                4'h0:seg=8'h3f;        //显示 0；
                4'h1:seg=8'h06;        //显示 1；
                4'h2:seg=8'h5b;        //显示 2
                4'h3:seg=8'h4f;        //显示 3
                4'h4:seg=8'h66;        //显示 4
                4'h5:seg=8'h6d;        //显示 5
                4'h6:seg=8'h7d;        //显示 6
                4'h7:seg=8'h07;        //显示 7
                4'h8:seg=8'h7f;        //显示 8
                4'h9:seg=8'h6f;        //显示 9
                default:seg=8'h00;     //不显示
            endcase
        endcase
    end
endmodule
```

4）编译并改正语法错误。

5）指定芯片的引脚，并设置不用的引脚。

引脚锁定表如表 3-42 所示。

表 3-42　引脚锁定表

引　脚　名	引　脚　号	引　脚　名	引　脚　号
keyin		seg4	
seg0		seg5	
seg1		seg6	
seg2		seg7	
seg3		clk	

6）重新编译。

7）下载运行并调试。

按动 K8 键，观察一位共阴 LED 数码管上是否从 0 计数到 999。

4. 实训注意事项

1）去抖动程序的编写。

2）如何引用模块实例。

5. 实训考核

请读者根据表 3-43 所示的实训考核要求，进行实训操作，保持良好的实训操作规划，熟悉整个工程的新建、程序代码编写、开发环境设置和编译下载调试的过程。

表 3-43　实训考核要求

项　目	内　容	配　分	考核要求	得　分
职业素养	1. 实训的积极性 2. 实训操作规范 3. 纪律遵守情况	10	积极参加实训，遵守安全操作规程，有良好的职业道德和敬业精神	
Quartus II 软件的使用及程序的编写	1. 能熟练 Quartus II 软件 2. 代码语法的规范、的掌握，熟练掌握 case 语句，掌握分时显示的方法 3. 芯片引脚的指定	40	能熟练使用 Quartus II 软件、规范编写代码、改正语法错误、掌握 case 语句、分时显示的编写，正确指定引脚	
调试过程	1. 程序下载 2. 实验仪的使用 3. 操作是否规范	30	能下载程序，实验仪的规范使用，现象是否合理	
项目完成度和准确度	1. 实现题意 2. 操作和现象合理	20	该项目的所有功能是否能实现	

3.9　项目 9　静态、动态 LED 发光二极管显示

学习目标

1. 能力目标

1）进行静态 LED 数码管显示的设计。

2）进行动态 LED 数码管显示的设计。

2. 知识目标

1）掌握数码管显示的原理。

2）用 Verilog 语言设计带有位选码的 LED 数码管显示。

3．素质目标

1）培养读者数码管显示器件的应用能力。

2）培养读者实验仿真及下载的技能。

 情境设计

本节主要通过静态和动态数码管显示的实例，介绍数码管显示的原理及用 Verilog 语言设计带有位选码的 LED 数码管显示的方法。具体教学情境设计如表 3-44 所示。

表 3-44　教学情境设计

序号	教学情境	技能训练	知识要点	学时数
情境 1	静态数码管显示设计	1．会用 Verilog 编写在数码管上静态显示数字的程序 2．理解有位选码的 LED 数码管显示的原理	1．了解位码线 SL1～SL4 和段码线 SLA～SLH 在实验板上与 EPM1270T144C5N 芯片的引脚连接关系 2．掌握数码管静态显示的方法	2
情境 2	动态数码管显示设计	1．会用 Verilog 编写在数码管上动态显示数字的程序 2．理解有位选码的 LED 数码管显示的原理	1．掌握动态数码管显示的原理和优点 2．掌握动态扫描的方法	2

3.9.1　任务 1　静态数码管的显示设计

1．任务

在 CCIT CPLD/FPGA 实验仪的数码管上依次显示 0～9、A～F 十六个数字。

2．要求

通过此案例的编程和下载运行，让读者掌握数码管静态显示设计的方法。

3．分析

在 3.2.2 节中介绍过 1 位数码管的结构及显示原理，按照 1 位数码管的显示原理类推，有几个 8 段数码管，就必须有几个字节的数据来控制各个数码管的亮灭。这样控制虽然简单，却不切实际，主控芯片也不可能提供这么多的端口用来控制数码管，为此，往往是将几个 8 段数码管合在一起使用，通过一个称为数据口的 8 位数据端口来控制段位。而一个 8 段数码管的公共端，原来接到固定的电平（对共阴极是 GND，对共阳极是 Vcc），现在接主控芯片的一个输出引脚，由主控芯片来控制，通常称为"位选信号"，而把这些由 n 个数码管合在一起的数码管组称为 n 位数码管。这样，主控芯片用 12 个端口（即 4 个位选口和 8 个段码口）就可以控制一个 4 位的数码管。若是要控制更多的数码管，则可以考虑再加位选口。例如：一个 4 位的共阴极数码管，将它们的段码信号端（称为数据端）接在一起，可以由主控芯片的一个 8 位端口控制，同时还有 4 个位选信号（称为控制端），用于分别选中要显示数据的数码管，可用主控芯片的另外 4 个引脚来控制，如图 2-21 所示。对于图 3-22 所示的 4 位共阴极 8 段数码管，利用 CS3、CS2、CS1、CS0 控制各个数码管的位选信号，每个时刻只能让一个数码管有效，即 CS3、CS2、CS1、CS0 只能有一个为 0，例如令 CS3=0，CS2、CS1、CS0=111，则数据线上的数据显示在第一个数码管上，其他则不受影响。要让各个数码管均显示需要的数字，则必须逐个使相应位选信号为 0，其他位选信号为 1，并将要显示的一位数字送到数据线上。这种方法称为"位选线扫描法"。虽然每个时刻只有一个数码管有效，但只要延时适当，由于人眼的"视觉暂留效应"（约 10ms 左右），看起来则是同时显示的。

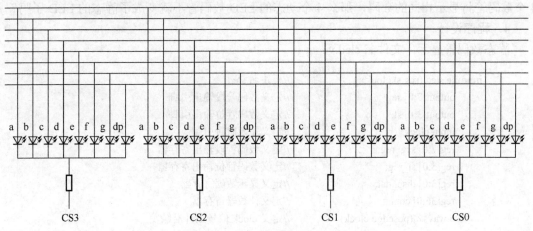

图 3-22　4 位共阴极 8 段数码管

在 CCIT CPLD/FPGA 实验仪上已经为读者准备了 4 位动态共阳 LED 数码管 W1～W4，4 位动态共阳 LED 数码管原理图如图 3-23 所示。该图给出了一个 4 位共阳极 8 段数码管的硬件连接方式，利用主控芯片 EPM1270T144C5N 芯片的 8 个口控制 8 个位段（数据），用 4 个口控制数码管的位选信号。图中，SLA～SLH 分别接 a～h 位段，SL1～SL4分别过 10kΩ电阻与晶体管 VT2～VT5 的基极相连，这样 SL1 就控制最左边一个数码管的显示，SL4 则控制最右边一个数码管的显示。接在位选线上的 9012 晶体管是信号驱动电路，470Ω电阻是限流电阻，避免电流过大烧坏数码管。

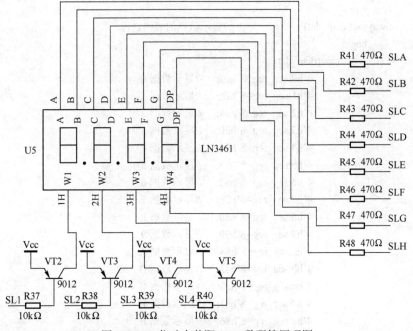

图 3-23　4 位动态共阳 LED 数码管原理图

其中段码线 SLA～SLH 分别与芯片的 118、117、114～109 引脚相连，位码线 SL1～SL4 分别与芯片 108～105 引脚相连。只要在位码线 SL1～SL4 上一直输出低电平"0"，这时 4 个数码管将显示相同的数码，那么 4 个动态的 LED 数码管不就变成了静态的 LED 了吗？

4．程序设计

静态数码管显示，文件名 sled.v。

```
module sled (seg,sl,clock);          //模块名 sled
    output[7:0] seg;                 //定义数码管段输出引脚
    output[3:0] sl;                  //定义数码管位输出引脚
    input clock;                     //定义输入时钟引脚
    reg[7:0] seg_reg;                //定义数码管段输出寄存器
    reg[3:0] sl_reg;                 //定义数码管位输出寄存器
    reg[3:0] disp_dat;               //定义显示数据寄存器
    reg[36:0] count;                 //定义计数器寄存器
    always@(posedge clock)           //定义 clock 信号上升沿触发
        begin
            count=count+1;           //计数器值加 1
        end
    always
        begin
            sl_reg=4'b0000;          //选中 4 个 LED 数码管
        end
    always@(count[16])               //定义显示数据触发事件
        begin
            //取要显示的数据，数据每（24'hffffff /（24×1000×1000）s 发生变化
            disp_dat=count[27:24];
        end
    always@( disp_dat)               //显示数据的解码过程
        begin
            case(disp_dat)
                4'h0:seg_reg=8'hc0;    //显示数据 0
                4'h1:seg_reg=8'hf9;    //显示数据 1
                4'h2:seg_reg=8'ha4;    //显示数据 2
                4'h3:seg_reg=8'hb0;    //显示数据 3
                4'h4:seg_reg=8'h99;    //显示数据 4
                4'h5:seg_reg=8'h92;    //显示数据 5
                4'h6:seg_reg=8'h82;    //显示数据 6
                4'h7:seg_reg=8'hf8;    //显示数据 7
                4'h8:seg_reg=8'h80;    //显示数据 8
                4'h9:seg_reg=8'h90;    //显示数据 9
                4'ha:seg_reg=8'h88;    //显示数据 A
                4'hb:seg_reg=8'h83;    //显示数据 B
                4'hc:seg_reg=8'hc6;    //显示数据 C
                4'hd:seg_reg=8'ha1;    //显示数据 D
                4'he:seg_reg=8'h86;    //显示数据 E
                4'hf:seg_reg=8'h8e;    //显示数据 F
```

```
                    endcase
                end
        assign seg=seg_reg;                          //输出数码管解码结果
        assign sl=sl_reg;                            //输出数码管选择
    endmodule
```

5．下载运行

1）用鼠标双击 Quartus II 软件快捷图标进入 Quartus II 集成开发环境，新建工程项目文件 sled.qpf，并在该项目下新建 Verilog 源程序文件 sled.v，输入上面的程序代码并保存。

2）为该工程项目选择一个目标器件，并对相应的引脚进行锁定，所选择的器件应该是 Altera 公司的 EPM1270T144C5N 芯片，引脚锁定表如表 3-45 所示。

表 3-45　引脚锁定表

引　脚　号	引　脚　名	引　脚　号	引　脚　名
118	seg0	109	seg7
117	seg1	108	sl0
114	seg2	107	sl1
113	seg3	106	sl2
112	seg4	105	sl3
111	seg5	18	clock
110	seg6		

3）该工程文件进行编译处理，若在编译过程中发现错误，找出并更正错误，直至成功为止。

4）读者若需要对所建的工程项目进行验证，则需输入必要的波形仿真文件，然后进行波形仿真模拟。观察模拟仿真结果并与预期的目标相比较，看是否符合设计要求，若不满足用户要求，则更正程序相关部分。

5）使用 USB-Blaster 下载电缆，将开发板 JTAG 口与 USB-Blaster 下载口相连，再打开工作电源，执行下载命令把程序下载到 CCIT CPLD/FPGA 实验仪的 EPM1270T144C5N 器件中。此时，看到数码管上的数字了吗？

3.9.2　任务 2　动态数码管的显示设计

1．任务

在 CCIT CPLD/FPGA 实验仪上完成 LED 数码管的动态显示，并演示显示过程。

2．要求

通过此案例的编程和下载运行，让读者了解并掌握数码管动态显示设计的方法。

3．分析

在静态数码管显示的例子的学习中可以看出，LED 数码管静态显示的编程方法较简单，但是由于 LED 静态显示需要占用较多的 I/O 口，且功耗大，因此在大多数场合均采用动态扫描的方法来控制 LED 数码管的显示。动态扫描的方法如下：

首先，段码控制口输出若显示数据段码，则同时向位码控制寄存器送数据 4'b1110，这样由于 SL4 为低电平而其他口都为高电平，因此只有晶体管 VT5 导通，数码管 W4 显示送来的数据。延时一段时间后，接着发送第 2 个要显示的数据段码，同样我们应使其对应的位码为低电平，且保证其他位为高电平。依次类推，对各显示器进行扫描，显示器分时轮流工作，虽然每次只有一个 LED 数码管显示，但由于人的视觉差现象会使读者仍会感觉所有的 LED 数码管都在同时显示。

4．程序设计

动态数码管显示，文件名 dled.v。

```verilog
module dled (seg,sl,clock);              //模块名 dled
    output[7:0] seg;                     //定义数码管段输出引脚
    output[3:0] sl;                      //定义数码管位输出引脚
    input clock;                         //定义输入时钟引脚
    reg[7:0] seg_reg;                    //定义数码管段输出寄存器
    reg[3:0] sl_reg;                     //定义数码管位输出寄存器
    reg[3:0] disp_dat;                   //定义显示数据寄存器
    reg[36:0] count;                     //定义计数器寄存器
    always@(posedgc clock)               //定义 clock 信号上升沿触发
        begin
            count=count+1;               //计数器值加 1
        end
    //定义显示数据触发事件，每（13'h1fff / (24×1000×1000)）s 触发一次
    always@(count[14:13])

        begin
            case(count[14:13])           //选择扫描显示数据
                2'h0:disp_dat=4'b0001;   //显示个位数值
                2'h1:disp_dat=4'b0010;   //显示十位数值
                2'h2:disp_dat=4'b0011;   //显示百位数值
                2'h3:disp_dat=4'b0100;   //显示千位数值
            endcase
            case(count[14:13])           //选择数码管显示位
                2'h0:sl_reg=4'b1110;     //选择个位数码管
                2'h1:sl_reg=4'b1101;     //选择十位数码管
                2'h2:sl_reg=4'b1011;     //选择百位数码管
                2'h3:sl_reg=4'b0111;     //选择千位数码管
            endcase
        end
    always@( disp_dat)                   //显示数据的解码过程
        begin
            case(disp_dat)
                4'h0:seg_reg=8'hc0;      //显示数据 0
                4'h1:seg_reg=8'hf9;      //显示数据 1
                4'h2:seg_reg=8'ha4;      //显示数据 2
                4'h3:seg_reg=8'hb0;      //显示数据 3
                4'h4:seg_reg=8'h99;      //显示数据 4
```

```
              4'h5:seg_reg=8'h92;                    //显示数据 5
              4'h6:seg_reg=8'h82;                    //显示数据 6
              4'h7:seg_reg=8'hf8;                    //显示数据 7
              4'h8:seg_reg=8'h80;                    //显示数据 8
              4'h9:seg_reg=8'h90;                    //显示数据 9
              4'ha:seg_reg=8'h88;                    //显示数据 A
              4'hb:seg_reg=8'h83;                    //显示数据 B
              4'hc:seg_reg=8'hc6;                    //显示数据 C
              4'hd:seg_reg=8'ha1;                    //显示数据 D
              4'he:seg_reg=8'h86;                    //显示数据 E
              4'hf:seg_reg=8'h8e;                    //显示数据 F
           endcase
        end
     assign seg=seg_reg;                             //输出数码管解码结果
     assign sl=sl_reg;                               //输出数码管选择
  endmodule
```

5．下载运行

1）用鼠标双击 Quartus II 软件快捷图标进入 Quartus II 集成开发环境，新建工程项目文件 dled.qpf，并在该项目下新建 Verilog 源程序文件 dled.v，输入上面的程序代码并保存。

2）为该工程项目选择一个目标器件，并对相应的引脚进行锁定，所选择的器件应该是 Altera 公司的 EPM1270T144C5N 芯片，引脚锁定表如表 3-46 所示。

表 3-46　引脚锁定表

引　脚　号	引　脚　名	引　脚　号	引　脚　名
118	seg0	109	seg7
117	seg1	108	sl0
114	seg2	107	sl1
113	seg3	106	sl2
112	seg4	105	sl3
111	seg5	18	clock
110	seg6		

3）对该工程文件进行编译处理，若在编译过程中发现错误，则找出并更正错误，直至成功为止。

4）用户若需要对所建的工程项目进行验证，输入必要的波形仿真文件，然后进行波形仿真模拟。观察模拟仿真结果并与预期的目标相比较，看是否符合设计要求，若不满足读者要求，则更正程序相关部分。

5）使用 USB-Blaster 下载电缆，将开发板 JTAG 口与 USB-Blaster 下载口相连，再打开工作电源，执行下载命令把程序下载到 CCIT CPLD/FPGA 实验仪的 EPM1270T144C5N 器件中。此时，看到数码管上的数字 1、2、3、4 动起来了吗？这正是动态扫描的方法和过程。然后把程序中的 always@(count[14:13])事件做如下修改后，重新观察实验现象，发生了什么样的变化？想想为什么。

```
......
always@(count[24:23])                        //定义显示数据触发事件
    begin
        case(count[24:23])                   //选择扫描显示数据
            2'h0:disp_dat=4'b0001;           //显示个位数值
            2'h1:disp_dat=4'b0010;           //显示十位数值
            2'h2:disp_dat=4'b0011;           //显示百位数值
            2'h3:disp_dat=4'b0100;           //显示千位数值
        endcase
        case(count[24:23])                   //选择数码管显示位
            2'h0:sl_reg=4'b1110;             //选择个位数码管
            2'h1:sl_reg=4'b1101;             //选择十位数码管
            2'h2:sl_reg=4'b1011;             //选择百位数码管
            2'h3:sl_reg=4'b0111;             //选择千位数码管
        endcase
    end
......
```

3.9.3 技能实训

在 CCIT CPLD/FPGA 实验仪上的 4 位数码管上，从左向右连续循环显示 0、1、2、3、4、5、6、7 这 8 个数字。

1. 实训目标

1）增强专业意识，培养良好的职业道德和职业习惯。

2）培养自主创新的学习能力和良好的实践操作能力。

3）理解有位选码的 LED 数码管显示的原理。

4）掌握动态数码管显示的原理和优点。

5）掌握动态扫描的方法。

2. 实训设备

1）实验仪 CCIT CPLD/FPGA。

2）QuartusII 13.1 软件开发环境安装。

3. 实训内容与步骤

1）根据题意分析可知，这必须采取动态扫描控制 LED 数码管显示。即分时显示每个数码管上的数字。

2）动态扫描的原理：首先，段码控制口输出若显示数据段码，则同时向位码控制寄存器送数据 4'b1110，这样由于 SL4 为低电平而其他口都为高电平，因此只有晶体管 VT5 导通，数码管 W4 显示送来的数据。延时一段时间后，接着发送第 2 个要显示的数据段码，同样读者应使其对应的位码为低电平，且保证其他位为高电平。依次类推，对各显示器进行扫描，显示器分时轮流工作，虽然每次只有一个 LED 数码管显示，但由于人的视觉差现象会使读者仍会感觉所有的 LED 数码管都在同时显示，人眼分辨事物的最高频率为 24Hz，也就是比如放电影的时候，每秒钟播放的图片数要超过 24 张，人眼看不出图片之间的切换，看到的才是动态的效果。

3）补全如下的程序。

```verilog
module dled2(seg,sl,clock);
    output[7:0] seg;                        //定义数码管段输出引脚
    output[3:0] sl;                         //定义数码管位输出引脚
    input clock;                            //定义输入时钟引脚
    reg[7:0] seg;                           //定义数码管段输出寄存器
    reg[3:0] sl;                            //定义数码管位输出寄存器
    reg[3:0] disp_dat;                      //定义显示数据寄存器
    reg[36:0] count;                        //定义计数器寄存器

    always@(posedge clock)
    begin
        count=count+1;
    end

always@(count[23])
begin
    case(count[25:23])                      //选择扫描显示数据
        3'h0:disp_dat=4'b0000;              //显示数据为 0
        _____
        _____
        _____
        _____
        _____
        _____
    endcase
    case(count[25:23])                      //选择数码管显示位
        3'h0:sl =4'b1110;                   //选择最左边数码管
        _____
        _____
        _____
        _____
        _____
        _____
    endcase
end

always@(disp_dat)
begin
    case(disp_dat)
        4'h0:seg =8'hc0;
        _____
        _____
```

151

```
                    endcase
                end
            endmodule
```

4）编译并改正语法错误。

5）指定芯片的引脚，并设置不用的引脚。

引脚锁定表如表 3-47 所示。

表 3-47　引脚锁定表

引　脚　名	引　脚　号	引　脚　名	引　脚　号
seg0		seg7	
seg1		sl0	
seg2		sl1	
seg3		sl2	
seg4		sl3	
seg5		clock	
seg6			

6）重新编译。

7）下载运行并调试

观察 4 位数码管上是否从左向右连续循环显示 0、1、2、3、4、5、6、7 这 8 个数字。

4. 实训注意事项

1）明确动态扫描的原理。

2）注意扫描的频率的书写。

5. 实训考核

请读者根据表 3-48 所示的实训考核要求，进行实训操作，保持良好的实训操作规划，熟悉整个工程的新建、程序代码编写、开发环境设置和编译下载调试的过程。

表 3-48　实训考核要求

项　目	内　容	配　分	考核要求	得　分
职业素养	1. 实训的积极性 2. 实训操作规范 3. 纪律遵守情况	10	积极参加实训，遵守安全操作规程，有良好的职业道德和敬业精神	
Quartus II 软件的使用及程序的编写	1. 新建工程的流程 2. 代码的编写 3. 芯片引脚的指定	40	能熟练新建工程、规范编写代码、改正语法错误，正确指定引脚	
调试过程	1. 程序下载 2. 实验仪的使用 3. 操作是否规范	30	能下载程序，实验仪的规范使用，现象是否合理	
项目完成度和准确度	1. 实现题意 2. 操作和现象合理	20	该项目的所有功能是否能实现	

6. 实训思考

在程序中，always@(count[23])、case(count[25:23])所表示的意思分别是什么？如果对[ ]里的数据进行修改，现象会怎么样？

3.10 项目10 点阵LED显示屏及其汉字显示

 学习目标

1. 能力目标

1）使用CPLD来控制点阵LED显示屏的显示。

2）在点阵LED显示屏上实现汉字显示。

2. 知识目标

1）掌握点阵LED显示屏的工作原理。

2）掌握用Verilog语言设计点阵LED显示屏并显示汉字的方法。

3. 素质目标

1）培养读者点阵显示器件的应用能力。

2）培养读者实验仿真及下载的技能。

情境设计

本节主要通过点亮8×8点阵LED显示屏及在其上显示汉字的实例，介绍点阵LED显示屏的工作原理及用Verilog语言进行汉字显示的编程方法。具体教学情境设计如表3-49所示。

表3-49 教学情境设计

序号	教 学 情 境	技 能 训 练	知 识 要 点	学时数
情境1	点亮点阵LED显示屏设计	1. 会用Verilog编写点亮点阵LED显示屏的方法 2. 理解点阵LED显示屏工作过程	1. 了解8×8点阵LED显示屏内部结构及其引脚与EPM1270T144C5N芯片的引脚连接关系 2. 掌握8×8点阵LED显示屏工作原理	2
情境2	点阵LED显示屏显示汉字设计	1. 会用Verilog编写在点阵LED显示屏显示汉字的程序 2. 理解汉字取模的方法和过程	1. 掌握扫描整个点阵显示汉字的方法 2. 掌握在8×8点阵LED显示屏上显示简单汉字的编程方法	4

3.10.1 任务1 点阵LED显示屏测试

1. 任务

测试CCIT CPLD/FPGA实验仪上的点阵LED显示屏的好坏。

2. 要求

通过此案例的编程和下载运行，让读者了解并掌握点阵LED显示屏的工作原理及点阵扫描的方法。

3. 分析

在CCIT CPLD/FPGA实验仪上有一个单色的8×8点阵LED显示屏，常用的点阵LED显示屏同样有共阴和共阳之分，8×8点阵引脚图如图3-24所示。

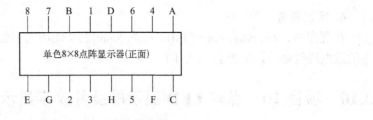

图 3-24　8×8 点阵引脚图

在 CCIT CPLD/FPGA 实验仪上选用 8×8 共阳 LED 点阵，8×8 LED 点阵显示内部结构
图如图 3-25 所示。

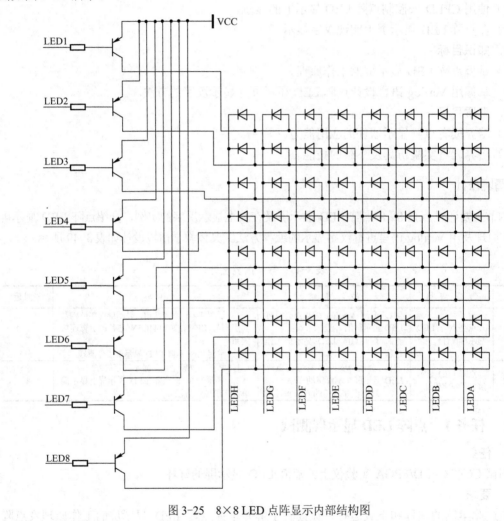

图 3-25　8×8 LED 点阵显示内部结构图

由图 3-25 可以看出，点阵显示屏同样由数据段码线和位码线组成，在不同时刻通过改
变输出到数据段码线和位码线的数据从而达到点亮不同位置发光二极管，最终达到显示不同
字符的目的。图中一个点代表一个发光二极管。若要点亮左上角的 LED 发光管，则需要
LED1 为低电平，且 LEDH 为低电平并保证其他引脚为高电平。

在 CCIT CPLD/FPGA 实验仪上采用的点阵是 8×8 共阳 LED 点阵的原理图如图 3-26 所示。

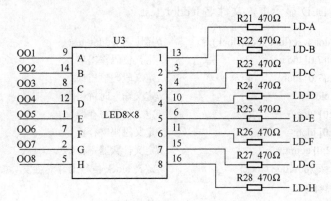

图 3-26　8×8 共阳 LED 点阵的原理图

但由于一般 I/O 口的驱动能力是有限的，因此在 CCIT CPLD/FPGA 实验仪中采用图 3-27 所示的方法来增强点阵 LED 驱动能力。

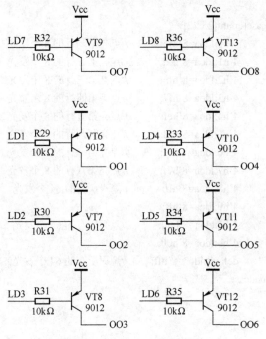

图 3-27　点阵 LED 驱动电路

检测 LED 显示屏的方法如下：

首先，给位码线 LD8~LD1 送数据 0xfe；这样保证了 LD1 位低电平而其他位为高电平，晶体管 VT6 导通其他晶体管截止，第一行的共阳 LED 得电；同时给 LED 显示屏的数据段 LDA~LDH 送 0x00；这样，第一行的 8 个发光二极管导通而被点亮，而其他发光二极管熄灭；延时 0.5s 后给 LD8~LD1 送数据 0xfd，这样，第一行 LED 熄灭，第二行 LED 被点亮；……8 行 LED 轮流被点亮，不断循环。

4．程序设计

逐行点亮点阵 LED 显示屏，文件名 leddot_test.v。

```verilog
module leddot_test (ldoa,ldob,clock);          //模块名 leddot_test
        output[7:0] ldoa;                      //定义位码输出口
        output[7:0] ldob;                      //定义段码输出口
        input clock;                           //定义输入时钟引脚
        reg[7:0] ldoa;                         //定义位码寄存器
        reg[7:0] ldob;                         //定义段码寄存器
        reg[32:0] count;                       //定义计数器寄存器
        always@(posedge clock)                 //定义 clock 信号上升沿触发
            begin
                count=count+1;                 //计数器值加 1
                ldob=8'h00;                    //给数据输出口赋值
            end
        //位扫描信号，每（22'h3fffff / (24*1024*1024)）s 扫描一次
        always@(count[25:22])
            begin
                case(count[25:22])
                        4'h0:ldoa=8'hfe;       //点亮第一行的 8 个发光二极管
                        4'h1:ldoa=8'hfd;       //点亮第二行的 8 个发光二极管
                        4'h2:ldoa=8'hfb;       //点亮第三行的 8 个发光二极管
                        4'h3:ldoa=8'hf7;       //点亮第四行的 8 个发光二极管
                        4'h4:ldoa=8'hef;       //点亮第五行的 8 个发光二极管
                        4'h5:ldoa=8'hdf;       //点亮第六行的 8 个发光二极管
                        4'h6:ldoa=8'hbf;       //点亮第七行的 8 个发光二极管
                        4'h7:ldoa=8'h7f;       //点亮第八行的 8 个发光二极管
                        4'h8:ldoa=8'hff;       //熄灭所有的 64 个发光二极管
                        4'h9:ldoa=8'hff;
                        4'ha:ldoa=8'h00;       //点亮所有的 64 个发光二极管
                        4'hb:ldoa=8'h00;
                        default:ldoa=8'hff;    //熄灭所有的 64 个发光二极管
                endcase
            end
endmodule
```

5．下载运行

1）用鼠标双击 Quartus II 软件快捷图标进入 Quartus II 集成开发环境，新建工程项目文件 leddot_test.qpf，并在该项目下新建 Verilog 源程序文件 leddot_test.v，输入上面的程序代码并保存。

2）为该工程项目选择一个目标器件并对相应的引脚进行锁定，所选择的器件应该是 Altera 公司的 EPM1270T144C5N 芯片，引脚锁定表如表 3-50 所示。

表 3-50   引脚锁定表

引 脚 号	引 脚 名	引 脚 号	引 脚 名
5	ldoa0	16	ldob1
6	ldoa1	21	ldob2
7	ldoa2	22	ldob3
8	ldoa3	23	ldob4
11	ldoa4	24	ldob5
12	ldoa5	27	ldob6
13	ldoa6	28	ldob7
14	ldoa7	18	clock
15	ldob0		

3）对该工程文件进行编译处理，若在编译过程中发现错误，则找出并更正错误，直至成功为止。

4）用户若需要对所建的工程项目进行验证，则需输入必要的波形仿真文件，然后进行波形仿真模拟。观察模拟仿真结果并与预期的目标相比较，看是否符合设计要求，若不满足用户要求，则更正程序相关部分。

5）使用 USB-Blaster 下载电缆，将开发板 JTAG 口与 USB-Blaster 下载口相连，再打开工作电源，执行下载命令把程序下载到 CCIT CPLD/FPGA 实验仪的 EPM1270T144C5N 器件中，这样就可以看到点阵 LED 显示屏上的 LED 正在一行一行的移动。若把锁定的引脚 ldoa0～ldoa7 分别和 ldob0～ldob7 对调，重新编译下载后，就可以观察到实验现象发生了变化。有哪些变化？请读者细心体会一下其中的原因。

3.10.2   任务 2   汉字显示

1. 任务

在 CCIT CPLD/FPGA 实验仪的 LED 点阵显示屏上轮流显示"上""中""下""大"四个汉字。

2. 要求

通过此案例的编程和下载运行，让读者了解并掌握 LED 点阵显示汉字的方法。

3. 分析

通过点亮显示屏的例子，读者对 LED 点阵显示屏的内部结构、工作原理、驱动和编程方法有了一定的了解。同样，LED 点阵显示屏可以显示汉字或字符，只是此时的汉字或字符应以点阵来表示，取点越多，汉字或字符也将越逼真，通常 8×8 的点阵显示屏可以用来显示一些简单的汉字。首先把要显示的（8×8）汉字用 8B 的二进制代码来表示，这一过程称之为取字模。如"上"的字模为：0xf7、0xf7、0xc7、0xf7、0xf7、0xf7、0x80、0xff，其中"1"表示该点无效，而若该点为"0"表示该点有效。这样，在程序中采用逐行扫描的方法扫描整个点阵，当然在扫描对应行的同时在段码线输出对应的字模数据，于是该行的相应点被点亮。虽然汉字是被逐行显示的，但由于人眼的视觉差，且只要扫描速度足够快，此处看到的将还是一个完整的汉字。

4．程序设计

显示汉字，文件名 leddot.v。

```verilog
module leddot(clock,ldoa,ldob);        //定义模块
input clock;                           //定义时钟输入
output[7:0] ldoa,ldob;                 //定义位码输出口、数据输出口
reg[7:0] ldoa,ldob;                    //定义位码、段码寄存器
reg[32:0] count;
always@(posedge clock)
    begin
        count=count+1;                 //计数器计数
    end
/* 行扫描，每（10'h3ff /（24×1000×1000））秒扫描一次*/
always@(count[12:10])
    begin
        case(count[12:10])
            3'h0:ldoa=8'hfe;           //扫描第一行
            3'h1:ldoa=8'hfd;           //扫描第二行
            3'h2:ldoa=8'hfb;           //扫描第三行
            3'h3:ldoa=8'hf7;           //扫描第四行
            3'h4:ldoa=8'hef;           //扫描第五行
            3'h5:ldoa=8'hdf;           //扫描第六行
            3'h6:ldoa=8'hbf;           //扫描第七行
            3'h7:ldoa=8'h7f;           //扫描第八行
        endcase
    end
/* 汉字输出 */
always@(count[12:10])
    begin
        case(count[25:24])             //每（24'hffffff /（24×1000×1000）)s 输出一个汉字
        2'b00:                         //输出汉字"上"
            begin
                case(count[12:10])
                    3'h0:ldob=8'hf7;   //汉字"上"的字模数据 1
                    3'h1:ldob=8'hf7;   //汉字"上"的字模数据 2
                    3'h2:ldob=8'hc7;   //汉字"上"的字模数据 3
                    3'h3:ldob=8'hf7;   //汉字"上"的字模数据 4
                    3'h4:ldob=8'hf7;   //汉字"上"的字模数据 5
                    3'h5:ldob=8'hf7;   //汉字"上"的字模数据 6
                    3'h6:ldob=8'h80;   //汉字"上"的字模数据 7
                    3'h7:ldob=8'hff;   //汉字"上"的字模数据 8
                endcase
            end
        2'b01:                         //输出汉字"中"
```

```
                begin
                        case(count[12:10])
                                3'h0:ldob=8'hf7;  //汉字"中"的字模数据 1
                                3'h1:ldob=8'hf7;  //汉字"中"的字模数据 2
                                3'h2:ldob=8'h80;  //汉字"中"的字模数据 3
                                3'h3:ldob=8'hb6;  //汉字"中"的字模数据 4
                                3'h4:ldob=8'h80;  //汉字"中"的字模数据 5
                                3'h5:ldob=8'hf7;  //汉字"中"的字模数据 6
                                3'h6:ldob=8'hf7;  //汉字"中"的字模数据 7
                                3'h7:ldob=8'hf7;  //汉字"中"的字模数据 8
                        endcase
                end
        2'b10:                          //输出汉字"下"
                begin
                        case(count[12:10])
                                3'h0:ldob=8'hff;  //汉字"下"的字模数据 1
                                3'h1:ldob=8'h80;  //汉字"下"的字模数据 2
                                3'h2:ldob=8'hf7;  //汉字"下"的字模数据 3
                                3'h3:ldob=8'he7;  //汉字"下"的字模数据 4
                                3'h4:ldob=8'hd7;  //汉字"下"的字模数据 5
                                3'h5:ldob=8'hf7;  //汉字"下"的字模数据 6
                                3'h6:ldob=8'hf7;  //汉字"下"的字模数据 7
                                3'h7:ldob=8'hf7;  //汉字"下"的字模数据 8
                        endcase
                end
        2'b11:                          //输出汉字"大"
                begin
                        case(count[12:10])
                                3'h0:ldob=8'hf7;  //汉字"大"的字模数据 1
                                3'h1:ldob=8'hf7;  //汉字"大"的字模数据 2
                                3'h2:ldob=8'h80;  //汉字"大"的字模数据 3
                                3'h3:ldob=8'hf7;  //汉字"大"的字模数据 4
                                3'h4:ldob=8'hf7;  //汉字"大"的字模数据 5
                                3'h5:ldob=8'heb;  //汉字"大"的字模数据 6
                                3'h6:ldob=8'hdd;  //汉字"大"的字模数据 7
                                3'h7:ldob=8'hbe;  //汉字"大"的字模数据 8
                        endcase
                end
        endcase
    end
endmodule
```

5. 下载运行

1）用鼠标双击 Quartus II 软件快捷图标进入 Quartus II 集成开发环境，新建工程项目文件 leddot.qpf，并在该项目下新建 Verilog 源程序文件 leddot.v，输入上面的程序代码并保存。

2）为该工程项目选择一个目标器件，并对相应的引脚进行锁定，所选择的器件应该是 Altera 公司的 EPM1270T144C5N 芯片，引脚锁定表如表 3-51 所示。

表 3-51 引脚锁定表

引 脚 号	引 脚 名	引 脚 号	引 脚 名
5	ldoa0	16	ldob1
6	ldoa1	21	ldob2
7	ldoa2	22	ldob3
8	ldoa3	23	ldob4
11	ldoa4	24	ldob5
12	ldoa5	27	ldob6
13	ldoa6	28	ldob7
14	ldoa7	18	clock
15	ldob0		

3）对该工程文件进行编译处理，若在编译过程中发现错误，则需找出并更正错误，直至成功为止。

4）读者若需要对所建的工程项目进行验证，输入必要的波形仿真文件，然后进行波形仿真模拟。观察模拟仿真结果并与预期的目标相比较，看是否符合设计要求，若不满足读者要求，则更正程序相关部分。

5）使用 USB-Blaster 下载电缆，将开发板 JTAG 口与 USB-Blaster 下载口相连，再打开工作电源，执行下载命令把程序下载到 CCIT CPLD/FPGA 实验仪的 EPM1270T144C5N 器件中。此时，可以看到点阵 LED 显示屏上显示"上""中""下""大"四个汉字。

3.10.3 技能实训

在 CCIT CPLD/FPGA 实验仪上的 8×8 点阵屏上循环显示"王""守""于""小"四个汉字。

1. 实训目标

1）增强专业意识，培养良好的职业道德和职业习惯。

2）培养自主创新的学习能力和良好的实践操作能力。

3）掌握使用 CPLD 来控制点阵 LED 显示屏的显示。

4）在点阵 LED 显示屏上实现简单汉字显示。

2. 实训设备

1）实验仪 CCIT CPLD/FPGA。

2）QuartusII 13.1 软件开发环境安装。

3. 实训内容与步骤

1）取模，把显示的汉字用 8B 的二进制代码来表示。

"王"的字模为：＿＿＿＿、＿＿＿＿、＿＿＿＿、＿＿＿＿、＿＿＿＿、＿＿＿＿、＿＿＿＿、＿＿＿＿。

"守"的字模为：_____、_____、_____、_____、_____、_____、_____、_____。

"于"的字模为：_____、_____、_____、_____、_____、_____、_____、_____。

"小"的字模为：_____、_____、_____、_____、_____、_____、_____、_____。

2）采用逐行扫描的方法扫描整个点阵，确保扫描速度足够快，才能看到一个完整的汉字。

3）补全如下的行扫描程序。

```
module leddot2(clock,ldoa,ldob);          //定义模块
    input clock;                          //定义时钟输入
    output[7:0] ldoa,ldob;                //定义位码输出口、数据输出口
    reg[7:0] ldoa,ldob;                   //定义位码、段码寄存器
    reg[32:0] count;

    always@(posedge clock)
    begin
        count=count+1;
    end

    always@(_____)                   //控制每行扫描的速度
    begin
        case(_____)                  //控制扫描8行的顺序
            3'h0:ldoa=8'hfe;              //扫描第一行
            _____
            _____
            _____
            _____
            _____
            _____
        endcase
    end
    always@(count[14:12])
    begin
        case(count[27:26])                //控制每个汉字显示的时间
        2'b00:                            //输出汉字"王"
        begin
            case(count[14:12])
            _____
            _____
            _____
            _____
            _____
            _____
            _____
            endcase
```

```
            end
        2'b01:                        //输出汉字"守"
            begin
                case(count[14:12])
                    _____
                    _____
                    _____
                    _____
                    _____
                    _____
                    _____
                    _____
                endcase
            end
        2'b10:                        //输出汉字"于"
            begin
                case(count[14:12])
                    _____
                    _____
                    _____
                    _____
                    _____
                    _____
                    _____
                    _____
                endcase
            end
        2'b11:                        //输出汉字"小"
            begin
                case(count[14:12])
                    _____
                    _____
                    _____
                    _____
                    _____
                    _____
                    _____
                    _____
                endcase
            end
        endcase
    end
endmodule
```

4）编译并改正语法错误。

5）指定芯片的引脚，并设置不用的引脚。

引脚锁定表如表 3-52 所示。

表 3-52　引脚锁定表

引　脚　名	引　脚　号	引　脚　名	引　脚　号
ldoa0		ldob1	
ldoa1		ldob2	
ldoa2		ldob3	
ldoa3		ldob4	
ldoa4		ldob5	
ldoa5		ldob6	
ldoa6		ldob7	
ldoa7		clock	
ldob0			

6）重新编译。

7）下载运行并调试。

观察点阵 LED 显示屏上是否循环显示"王""守""于""小"四个汉字。

4. 实训注意事项

点阵显示屏有共阳、共阴之分，确定实验仪上选用的是共阳的。

5. 实训考核

请读者根据表 3-53 所示的实训考核要求，进行实训操作，保持良好的实训操作规划，熟悉整个工程的新建、程序代码编写、开发环境设置和编译下载调试的过程。

表 3-53　实训考核要求

项　目	内　容	配　分	考核要求	得　分
实训态度	1. 实训的积极性 2. 实训操作规范 3. 纪律遵守情况	10	积极参加实训，遵守安全操作规程，有良好的职业道德和敬业精神	
Quartus II 软件的使用及程序的编写	1. 能熟练 Quartus II 软件 2. 程序的熟练编写 3. 芯片引脚的指定	40	能熟练使用 Quartus II 软件、掌握 case 语句、多个汉字分时显示实例的编写，正确指定引脚	
调试过程	1. 程序下载 2. 实验仪的使用 3. 操作是否规范	30	能下载程序，实验仪的规范使用，现象是否合理	
项目完成度和准确度	1. 实现题意 2. 操作和现象合理	20	该项目的所有功能是否能实现	

6. 实训思考

在点阵 LED 显示屏上从左向右滚动显示"王""守""于""小"四个汉字如何实现？

3.11　项目 11　蜂鸣器应用设计

📇 学习目标

1. 能力目标

1）应用蜂鸣器发出声音并提示信息。

2）综合使用蜂鸣器和键盘制作简易电子琴。

2. 知识目标

1）掌握蜂鸣器的发声原理及驱动方法。

2）掌握使交流蜂鸣器发出不同音频及音长的 Verilog 编程方法。

3. 素质目标

1）培养用户发声元件的应用能力。

2）培养用户实验仿真及下载的技能。

 情境设计

本节主要通过讲解蜂鸣器发出报警声、制作简易电子琴和音乐播放的实例，介绍蜂鸣器发声的工作原理及用 Verilog 语言编程来实现交流蜂鸣器发出不同音频及音长的方法。具体教学情境设计如表 3-54 所示。

表 3-54　教学情境设计

序号	教学情境	技能训练	知识要点	学时数
情境1	输出报警声	会用 Verilog 编写使交流蜂鸣器发出报警声音	1. 了解交流蜂鸣器引脚与 EPM1270T144C5N 芯片的引脚连接关系 2. 理解交流蜂鸣器的工作原理及外围驱动电路	1
情境2	数字电子琴设计	会用 Verilog 编写使交流蜂鸣器发出不同音频及音长的程序	1. 掌握时钟分频的方法 2. 掌握键盘与不同音频的对应关系	1
情境3	"梁祝"音乐播放设计	会用 Verilog 编写连续演奏一段或一首音乐的程序	掌握交流蜂鸣器的综合应用	2

3.11.1　任务 1　发出报警声

1. 任务

利用 CCIT CPLD/FPGA 实验仪上的蜂鸣器发出报警声。

2. 要求

通过此案例的编程和下载运行，让读者了解并掌握交流蜂鸣器的外围驱动电路、工作原理和报警的编程方法。

3. 分析

在 CCIT CPLD/FPGA 实验仪上已经为读者准备了一个交流蜂鸣器 BUZZ，交流蜂鸣器外围接口电路原理图如图 3-28 所示。

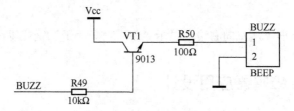

图 3-28　交流蜂鸣器外围接口电路原理图

从图中可以看出，为了增加 I/O 口的驱动能力在此采用了 NPN 型晶体管（BUZZ 打高电平导通），这样只要在基极 BUZZ 上输入一定频率的脉冲，蜂鸣器 BUZZ 就会发出悦耳的音乐。乐曲演奏的原理是这样的：组成乐曲的每个音符的频率值（音调）及其持续时间（音长）是乐曲演奏的两个基本数据，因此，只要控制输出到扬声器信号的频率高低和该频率信号持续的时间就可出演奏出不同音乐。

频率的高低决定了音调的高低，而乐曲的简谱与各个音名的频率对应关系如表 3-55 所示。所有不同频率的信号都是从同一个基准频率分频而得到的，由于音阶频率多为非整数，而分频系数又不能为小数，故必须将计算得到的分频数进行四舍五入取整。基准频率和分频系数应综合考虑加以选择从而保证音乐不会走调。

表 3-55　乐曲简谱与各个音名的频率对应关系

音　　名	频率/Hz	音　　名	频率/Hz	音　　名	频率/Hz
低音 1	261.6	中音 1	523.3	高音 1	1046.5
低音 2	293.7	中音 2	587.3	高音 2	1174.7
低音 3	329.6	中音 3	659.3	高音 3	1318.5
低音 4	349.2	中音 4	698.5	高音 4	1396.9
低音 5	392	中音 5	784	高音 5	1568
低音 6	440	中音 6	880	高音 6	1760
低音 7	493.9	中音 7	987.8	高音 7	1975.5

4．程序设计

报警，文件名 buzz.v。

```verilog
module buzz(clock,buzzout);
input clock;                      //定义时钟输入
output buzzout;                   //定义声响输出口
reg buzzout_reg;                  //定义寄存器
reg[30:0] count;
always@(posedge clock)            //计数器计数
    begin
        count=count+1;
    end
always@(count[7])
    begin
        buzzout_reg=!(count[11]&count[22]&count[27]); //输出一定频率的声响信号
    end
assign buzzout=buzzout_reg;
endmodule
```

> 由 count[11]控制声音的音调（即声音信号的频率），而音长（该音调持续的时间）由 count[22]控制，每个语音系列发生的间隔时间则由 count[27]来控制，动手改改这条语句，试试看有什么不同的效果。

蜂鸣器基础知识

由于蜂鸣器具有控制简单及声响悦耳的特点，在工程项目中常用作人机接口的重要输出设备，用以发出语音提示信息，使系统更加完善和适用。蜂鸣器有交流和直流两种，直流蜂鸣器驱动简单，只要在 2 引脚上加直流电源它就会发出一定频率的声音，此时声音的音调和音量是固定的；而交流蜂鸣器在这方面则显得较灵活，输入的声音信号的频率和音长可以由用户控制，因此输出的声响可以是多样的。

5．下载运行

1）用鼠标双击 Quartus II 软件快捷图标进入 Quartus II 集成开发环境，新建工程项目文件 buzz.qpf，并在该项目下新建 Verilog 源程序文件 buzz.v，输入上面的程序代码并保存。

2）为该工程项目选择一个目标器件，并对相应的引脚进行锁定，所选择的器件应该是 Altera 公司的 EPM1270T144C5N 芯片，引脚锁定表如表 3-56 所示。

表 3-56 引脚锁定表

引 脚 号	引 脚 名	引 脚 号	引 脚 名
18	clock	41	buzzout

3）对该工程文件进行编译处理，若在编译过程中发现错误，则需找出并更正错误，直至成功为止。

4）读者若需要对所建的工程项目进行验证，输入必要的波形仿真文件，然后进行波形仿真模拟。观察模拟仿真结果并与预期的目标相比较，看是否符合设计要求，若不满足读者要求，则更正程序相关部分。

5）使用 USB-Blaster 下载电缆，将开发板 JTAG 口与 USB-Blaster 下载口相连，再打开工作电源，执行下载命令把程序下载到 CCIT CPLD/FPGA 实验仪的 EPM1270T144C5N 器件中。此时，能听到蜂鸣器的"滴、滴"声吗？

3.11.2 任务 2 设计简易数字电子琴

1．任务

在 CCIT CPLD/FPGA 实验仪上实现一个简易的电子琴。

2．要求

通过此案例的编程和下载运行，让读者了解并掌握键盘与不同音频的对应关系及时钟分频的编程方法。

3．分析

通过前面报警声的例子分析可知，简谱中的音名与频率是一一对应的，因此要发出某一声乐，只需输出该声乐所对应的频率信号即可。在 CCIT CPLD/FPGA 实验仪上已经为读者准备了键盘 K1～K8 和一个交流蜂鸣器 BUZZ，因此完全可以利用它们来实现一个简单的电子琴。为了产生一定的频率信号，在此还必须用到有源时钟 clock 且把它作为乐曲的基频，而所有不同的频率信号都从这一基频分频而取得，如在 24MHz 时钟下，中音 1（对应的频率值为 523.3Hz）的分频系数应该为：$24 \times 10^6/(523.3 \times 2) = 0x5993$。

4．程序设计

数字电子琴，文件名 music.v。

```
module music(keyin,clock,buzzout,ledout);          //模块名 music
    input clock;                                    //定义时钟输入
    input[7:0] keyin;                               //定义键盘输入口
    output buzzout;                                 //定义声响输出口
```

```verilog
output[7:0] ledout;                          //定义 VL 指示灯输出口
reg buzzout_reg;                             //定义寄存器
reg[15:0]   count;                           //定义基准时钟分频计数器
reg[15:0]   counter_end;                     //定义简谱的分频计数器
reg[7:0] keyin_reg;
always@(posedge clock)
begin
        count=count+1;                       //计数器加 1
        if((count==count_end)&(count_end!=16'hffff)) //当分频到相应简谱的频率时
                begin
                        count=16'h0;         //清零计数器
                        buzzout_reg=~buzzout_reg;  //取反交流蜂鸣器输出信号
                end
end
/*  分频得到相应简谱的频率  */
always@(keyin)
begin
        keyin_reg=keyin;
        case(keyin_reg)
                        8'b11111110:count_end=16'h5993;    //中音 1 的分频系数值; k1 键
                        8'b11111101:count_end=16'h4fd0;    //中音 2 的分频系数值; k2 键
                        8'b11111011:count_end=16'h4719;    //中音 3 的分频系数值; k3 键
                        8'b11110111:count_end=16'h431b;    //中音 4 的分频系数值; k4 键
                        8'b11101111:count_end=16'h3bca;    //中音 5 的分频系数值; k5 键
                        8'b11011111:count_end=16'h3544;    //中音 6 的分频系数值; k6 键
                        8'b10111111:count_end=16'h2f74;    //中音 7 的分频系数值; k7 键
                        8'b01111111:count_end=16'h2cca;    //高音 1 的分频系数值; k8 键
                        8'b11111100:count_end=16'h27e7;    //高音 2 的分频系数值; k1, k2 键
                        8'b11111010:count_end=16'h238d;    //高音 3 的分频系数值; k1, k3 键
                        8'b11110110:count_end=16'h218e;    //高音 4 的分频系数值; k1, k4 键
                        8'b11101110:count_end=16'h1de5;    //高音 5 的分频系数值; k1, k5 键
                        8'b11011110:count_end=16'h1aa2;    //高音 6 的分频系数值; k1, k6 键
                        8'b10111110:count_end=16'h17ba;    //高音 7 的分频系数值; k1, k7 键
                default:count_end=16'hffff;
        endcase
end
assign buzzout=buzzout_reg;
assign ledout=keyin_reg;
endmodule
```

5．下载运行

1）用鼠标双击 Quartus Ⅱ 软件快捷图标进入 Quartus Ⅱ 集成开发环境，新建工程项目文件 music.qpf，并在该项目下新建 Verilog 源程序文件 music.v，输入上面的程序代码并保存。

2）为该工程项目选择一个目标器件并对相应的引脚进行锁定，所选择的器件应该是 Altera 公司的 EPM1270T144C5N 芯片，引脚锁定表如表 3-57 所示。

表 3-57　引脚锁定表

引　脚　号	引　脚　名	引　脚　号	引　脚　名
61	keyin0	29	ledout0
62	keyin 1	30	ledout 1
63	keyin 2	31	ledout 2
66	keyin 3	32	ledout 3
67	keyin 4	37	ledout4
68	keyin 5	38	ledout5
69	keyin 6	39	ledout6
70	keyin 7	40	ledout7
41	buzzout	18	clock

3）对该工程文件进行编译处理，若在编译过程中发现错误，则需找出并更正错误，直至成功为止。

4）读者若需要对所建的工程项目进行验证，输入必要的波形仿真文件，然后进行波形仿真模拟。观察模拟仿真结果并与预期的目标相比较，看是否符合设计要求，若不满足读者要求，则更正程序相关部分。

5）使用 USB-Blaster 下载电缆，将开发板 JTAG 口与 USB-Blaster 下载口相连，再打开工作电源，执行下载命令把程序下载到 CCIT CPLD/FPGA 实验仪的 EPM1270T144C5N 器件中。分别按下键 K1～K8，能听到音乐吗？

3.11.3　任务 3　设计"梁祝"音乐片段

1．任务

在 CCIT CPLD/FPGA 实验仪上实现"梁祝"音乐片段的循环播放。

2．要求

通过此案例的编程和下载运行，让读者了解并掌握运用 Verilog HDL 通过交流蜂鸣器设计音乐程序的方法。

3．分析

通过前面两个有关交流蜂鸣器的设计案例学习，基本上对分频和控制交流蜂鸣器发声有了一定的了解，在此基础上，本案例是对以上知识点的综合应用（需要处理好各种简谱的播放顺序和音长）。程序代码如下。

4．程序设计

"梁祝"音乐片段，文件名 music.v

```
module music(clk_24MHz,buzzout);
    input clk_24MHz;                    //定义基准时钟输入
    output buzzout;                     //定义声响输出口
    reg[2:0] high,med,low;              //定义高、中、低音标志
    reg buzzout_reg;
    reg[24:0] count1,count2;            //定义基准时钟分频寄存器
    reg[15:0] count_end;                //定义音谱分频寄存器
```

```verilog
reg[7:0] counter;                       //控制音谱播放顺序
reg clk_4Hz;                            //4Hz 信号
/* 由基准时钟分频获得 4Hz 信号 */
always@(posedge clk_24MHz)
begin
   if(count1<25'd3000000)               //小于 0.125s 吗?
    begin
      count1=count1+1;                  //是,则计数
    end
   else
    begin
      count1=0;
      clk_4Hz=~clk_4Hz;
     end
end
/* 控制交流蜂鸣器发各种音谱声 */
always@(posedge clk_24MHz)
begin
     count2=count2+1;
     if(count2==count_end)
         begin
             count2=25'h0;
             buzzout_reg=!buzzout_reg;
         end
end
/* 分频得到相应简谱的频率 */
always@(posedge clk_4Hz)
begin
     case({high,med,low})
         9'b000000001:count_end=16'hb32f;    //低音 1 的分频系数值
         9'b000000010:count_end=16'h9f9a;    //低音 2 的分频系数值
         9'b000000011:count_end=16'h8e37;    //低音 3 的分频系数值
         9'b000000100:count_end=16'h863c;    //低音 4 的分频系数值
         9'b000000101:count_end=16'h7794;    //低音 5 的分频系数值
         9'b000000110:count_end=16'h6a88;    //低音 6 的分频系数值
         9'b000000111:count_end=16'h5ee8;    //低音 7 的分频系数值
         9'b000001000:count_end=16'h5993;    //中音 1 的分频系数值
         9'b000010000:count_end=16'h4fd0;    //中音 2 的分频系数值
         9'b000011000:count_end=16'h4719;    //中音 3 的分频系数值
         9'b000100000:count_end=16'h431b;    //中音 4 的分频系数值
         9'b000101000:count_end=16'h3bca;    //中音 5 的分频系数值
         9'b000110000:count_end=16'h3544;    //中音 6 的分频系数值
         9'b000111000:count_end=16'h2f74;    //中音 7 的分频系数值
         9'b001000000:count_end=16'h2cca;    //高音 1 的分频系数值
         9'b010000000:count_end=16'h27e7;    //高音 2 的分频系数值
         9'b011000000:count_end=16'h238d;    //高音 3 的分频系数值
```

```
                9'b100000000:count_end=16'h218e;          //高音 4 的分频系数值
                9'b101000000:count_end=16'h1de5;          //高音 5 的分频系数值
                9'b110000000:count_end=16'h1aa2;          //高音 6 的分频系数值
                9'b111000000:count_end=16'h17ba;          //高音 7 的分频系数值
                default:count_end=16'hffff;
        endcase
end
/* "梁祝" 乐曲演奏控制 */
always@(posedge clk_4Hz)
begin
        if(counter==47) counter=0;                        //只演奏 47 个音谱片段
        else counter=counter+1;                           //控制演奏顺序
        case(counter)
                0:{high,med,low}=9'b000000011;            //低音 3
                1:{high,med,low}=9'b000000011;
                2:{high,med,low}=9'b000000011;
                3:{high,med,low}=9'b000000011;
                4:{high,med,low}=9'b000000101;            //低音 5
                5:{high,med,low}=9'b000000101;
                6:{high,med,low}=9'b000000101;
                7:{high,med,low}=9'b000000110;            //低音 6
                8:{high,med,low}=9'b000001000;            //中音 1
                9:{high,med,low}=9'b000001000;
                10:{high,med,low}=9'b000001000;
                11:{high,med,low}=9'b000010000;           //中音 2
                12:{high,med,low}=9'b000000110;           //低音 6
                13:{high,med,low}=9'b000001000;           //中音 1
                14:{high,med,low}=9'b000000101;           //低音 5
                15:{high,med,low}=9'b000000101;           //低音 5
                16:{high,med,low}=9'b000101000;           //中音 5
                17:{high,med,low}=9'b000101000;
                18:{high,med,low}=9'b000101000;
                19:{high,med,low}=9'b001000000;           //高音 1
                20:{high,med,low}=9'b000110000;           //中音 6
                21:{high,med,low}=9'b000101000;           //中音 5
                22:{high,med,low}=9'b000011000;           //中音 3
                23:{high,med,low}=9'b000101000;           //中音 5
                24:{high,med,low}=9'b000010000;           //中音 2
                25:{high,med,low}=9'b000010000;
                26:{high,med,low}=9'b000010000;
                27:{high,med,low}=9'b000010000;
                28:{high,med,low}=9'b000010000;
                29:{high,med,low}=9'b000010000;
                30:{high,med,low}=9'b000010000;
                31:{high,med,low}=9'b000010000;
                32:{high,med,low}=9'b000010000;
```

```
33:{high,med,low}=9'b000010000;
34:{high,med,low}=9'b000010000;
35:{high,med,low}=9'b000011000;          //中音 3
36:{high,med,low}=9'b000000111;          //低音 7
37:{high,med,low}=9'b000000111;
38:{high,med,low}=9'b000000110;          //低音 6
39:{high,med,low}=9'b000000110;
40:{high,med,low}=9'b000000101;          //低音 5
41:{high,med,low}=9'b000000101;
42:{high,med,low}=9'b000000101;
43:{high,med,low}=9'b000000110;          //低音 6
44:{high,med,low}=9'b000001000;          //中音 1
45:{high,med,low}=9'b000001000;
46:{high,med,low}=9'b000010000;          //中音 2
47:{high,med,low}=9'b000010000;
            endcase
        end
        assign buzzout=buzzout_reg;
    endmodule
```

5. 下载运行

1）用鼠标双击 Quartus Ⅱ 软件快捷图标进入 Quartus Ⅱ 集成开发环境，新建工程项目文件 music.qpf，并在该项目下新建 Verilog 源程序文件 music.v，输入上面的程序代码并保存。

2）为该工程项目选择一个目标器件并对相应的引脚进行锁定，所选择的器件应该是 Altera 公司的 EPM1270T144C5N 芯片，引脚锁定表如表 3-58 所示。

表 3-58　引脚锁定表

引　脚　号	引　脚　名	引　脚　号	引　脚　名
18	clk_24MHz	41	buzzout

3）对该工程文件进行编译处理，若在编译过程中发现错误，则需找出并更正错误，直至成功为止。

4）使用 USB-Blaster 下载电缆，将开发板 JTAG 口与 USB-Blaster 下载口相连，再打开工作电源，执行下载命令把程序下载到 CCIT CPLD/FPGA 实验仪的 EPM1270T144C5N 器件中，即可听到"梁祝"音乐片段！

3.11.4　技能实训

查找自己喜欢的音乐乐谱，编写一段或一首该音乐的播放代码，下载到实验板上运行（要求：有开始和暂停播放控制键，播放的同时点阵上循环显示音乐名称）。

1. 实训目标

1）增强专业意识，培养良好的职业道德和职业习惯。

2）培养自主创新的学习能力和良好的实践操作能力。

3）掌握交流蜂鸣器的综合应用。

2. 实训设备

1）实验仪 CCIT CPLD/FPGA。

2）QuartusII 13.1 软件开发环境安装。

3. 实训内容与步骤

1）题意分析。

假定选择"梁祝"音乐片段，按 K1 键开始播放，按 K2 键暂停播放，同时在点阵上显示音乐名。模块关系图如图 3-29 所示，分为四个模块：顶层模块、按键开关模块、音乐播放模块和音乐名称显示模块，根据题目要求填写完整以下各模块的程序代码。

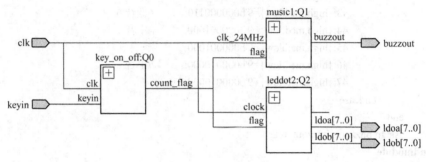

图 3-29　模块关系图

2）分模块设计。

① 顶层模块设计。

```
module music(clk, keyin,buzzout,ldoa,ldob);
    input clk;
    input keyin;
    output buzzout;
    output[7:0] ldoa,ldob;
    wire key_flag;
    key_on_off   Q0(clk,keyin,key_flag);
    music1   Q1(clk,key_flag,buzzout);
    leddot2   Q2(clk,key_flag,ldoa,ldob);
endmodule
```

② 开始和暂停按键开关模块设计。

```
/* 按键去抖动*/
module    f_1M(clkin,clkout);
    input clkin;
    output   clkout;
    reg    clkout;
    reg[18:0]    count;

    always@(negedge    clkin)
    begin
```

```
                _____
                _____
                _____
                _____
                _____
        end
    endmodule
    /*  按键控制开始和暂停*/
    module key_on_off(clk,keyin,count_flag);
        input clk,keyin;
        output   count_flag;
        reg    count_flag;
        wire  clk0;
        reg    keyout;
        f_1M f_1Ma(clk,clk0);

        always@(negedge   clk0)
            keyout=_____;

        always@(negedge   keyout)
            count_flag=_____;
    endmodule
```

③ 音乐播放模块设计。

```
    module music1(clk_24MHz,flag,buzzout);
    input clk_24MHz;
    input flag;
    output buzzout;
    reg[3:0] high,med,low;
    reg buzzout_reg;
    reg[24:0] count1,count2;
    reg[20:0] count_end;
    reg[7:0] counter;
    reg clk_4Hz;

    always@(posedge clk_24MHz)    //生成 4Hz 信号
        begin
            if(count1<25'd3000000)
              begin
                count1=count1+1;
              end
            else
              begin
                count1=0;
                clk_4Hz=_____;
              end
```

```
            end

    always@(posedge clk_24MHz)                        //结合 K1 键控制音乐播放与暂停
        begin
                count2=count2+1;
                if((count2==count_end)&&(_____))
                        begin
                                count2=25'h0;
                                buzzout_reg=!buzzout_reg;
                        end
        end
    always@(posedge clk_4Hz)                           //确定每个音乐中每个音符分频系数
        begin
                case({high,med,low})
                        9'b000000001:count_end=16'hb32f;      //低音 1 的分频系数

        _____

        _____
        _____
        _____

        _____
        _____

        _____

        _____
        _____

        _____
        _____

        _____
        _____

        _____
        _____

        _____
        _____

                        9'b111000000:count_end=16'h17ba;      //高音 7 的分频系数
                        default:count_end=20'h0ffff;
                endcase
        end

    always@(posedge clk_4Hz)                           //前 47 个乐普各个音符顺序的控制
        begin
                if(counter==47) counter=0;
                else counter=counter+1;
                case(counter)
                        0:{high,med,low}=9'b000000011;         //低音 3
                        1:{high,med,low}=9'b000000011;
```

```
                2:{high,med,low}=9'b000000011;
                _____
                _____
                _____
                _____
                _____
                _____
                _____
                ……
                46:{high,med,low}=9'b000010000; //中音2
                47:{high,med,low}=9'b000010000;
            endcase
        end
```

④ 音乐名称显示模块设计。

```
    module leddot2(clock,flag,ldoa,ldobt);
        input clock,flag;
        output[7:0] ldoa,ldob;
        reg[7:0] ldoa,ldob;
        reg[32:0] count;

        always@(posedge clock)                //计数器计数
        begin
            count=count+1;
        end
        always@(count[14:12])                 //扫描8行
        begin
            case(count[14:12])
                3'h0:ldoa=8'hfe;
                _____
                _____
                _____
                _____
                _____
                _____
            endcase
        end
        always@(count[14:12])                 // 音乐名循环显示
        begin
            if(_____)                    //按键控制播放与暂停
                case(count[26])
                    1'b0:                     //显示汉字"梁"
                    begin
                        case(count[14:12])
```

175

```
                _____
                _____
                _____
                _____
                _____
                _____
                _____
                _____
            endcase
        end
    1'b1:                                    //显示汉字"祝"
        begin
            case(count[14:12])
                _____
                _____
                _____
                _____
                _____
                _____
                _____
                _____
            endcase
        end
    endcase
    else
        case(count[14:12])                   //点阵灭
        3'h0:ldob=8'hff;
        3'h1:ldob=8'hff;
        3'h2:ldob=8'hff;
        3'h3:ldob=8'hff;
        3'h4:ldob=8'hff;
        3'h5:ldob=8'hff;
        3'h6:ldob=8'hff;
        3'h7:ldob=8'hff;
        endcase
    end
endmodule
```

3）编译并改正语法错误。

4）指定芯片的引脚，并设置不用的引脚。

引脚锁定表如表 3-59 所示。

表 3-59 引脚锁定表

引　脚　名	引　脚　号	引　脚　名	引　脚　号
clk_24MHz		Key_start	
buzzout		Key_stop	

5）重新编译。

6）下载运行并调试。

按下 K1 键，观察有何现象，再按下 K1 键，观察有何变化？如此循环。

4. 实训注意事项

1）注意按键去抖动计数。

2）注意分模块去设计每个模块，注意模块之间的关系。

5. 实训考核

请读者根据表 3-60 所示的实训考核要求，进行实训操作，保持良好的实训操作规划，熟悉整个工程的新建、程序代码编写、开发环境设置和编译下载调试的过程。

表 3-60　实训考核要求

项　目	内　容	配　分	考核要求	得　分
职业素养	1. 实训的积极性 2. 实训操作规范 3. 纪律遵守情况	10	积极参加实训，遵守安全操作规程，有良好的职业道德和敬业精神	
Quartus II 软件的使用及程序的编写	1. 能熟练 Quartus II 软件 2. 程序的熟练编写 3. 芯片引脚的指定	40	能熟练使用 Quartus II 软件、掌握模块化编程方法、正确指定引脚	
调试过程	1. 程序下载 2. 实验仪的使用 3. 操作是否规范	30	能下载程序，实验仪的规范使用，现象是否合理	
项目完成度和准确度	1. 实现题意 2. 操作和现象合理	20	该项目的所有功能是否能实现	

3.12　项目 12　LCD 液晶显示系统设计

学习目标

1. 能力目标

1）查阅 LCD 液晶屏使用手册的方法。

2）驱动 LCD 液晶显示字符。

2. 知识目标

1）掌握 LCD 液晶的基础知识。

2）掌握驱动 LCD 液晶显示字符的 Verilog 编程方法。

3. 素质目标

1）培养读者 LCD 液晶屏的应用能力。

2）培养读者实验仿真及下载的技能。

情境设计

本节主要通过驱动 LCD 液晶屏显示字符的实例，介绍 LCD 液晶的工作原理及用 Verilog 语言编程实现字符显示的方法。具体教学情境设计如表 3-61 所示。

表 3-61　教学情境设计

表 3-61　教学情境设计

序号	教 学 情 境	技 能 训 练	知 识 要 点	学时数
情境 1	LCD 液晶基础	会查阅 LCD 液晶屏的使用手册，并理解其工作原理	1．了解 LCD 液晶屏的基础知识及接口特性 2．理解 LCD 液晶屏的功能及实现方式	2
情境 2	LCD 液晶滚动显示 "www.ccit.js.cn"	会用 Verilog 编写驱动 LCD 液晶屏显示字符的程序	1．掌握时钟分频的方法 2．掌握 LCD 驱动的编程方法	3

3.12.1　任务 1　了解液晶显示的基础知识

本节简要概述液晶显示器（Liquid Crystal Display，LCD）的基本特点及分类方法。

1．LCD 的特点

LCD 作为电子信息产品的主要显示器件，相对于其他类型的显示部件来说，有其自身的特点，概要如下。

（1）低电压微功耗

LCD 的工作电压一般为 3～5V，每平方厘米的液晶显示屏的工作电流为 μA 级，所以液晶显示器件为电池供电的电子设备的首选显示器件。

（2）平板型结构

LCD 的基本结构是由两片玻璃组成的很薄的盒子。这种结构具有使用方便、生产工艺简单等优点。特别是在生产上，适宜采用集成化生产工艺，通过自动生产流水线可以实现快速、大批量生产。

（3）使用寿命长

LCD 器件本身几乎没有劣化问题。若能注意器件防潮、防压、防止划伤、防止紫外线照射以及防静电等，同时注意使用温度，LCD 就可以使用很长时间。

（4）被动显示

对 LCD 来说，环境光线越强显示内容越清晰。人眼所感受的外部信息，90%以上是外部物体对光的反射，而不是物体本身发光，所以被动显示更适合人的视觉习惯，更不容易引起疲劳。这在信息量大、显示密度高、观看时间长的场合显得更重要。

（5）显示信息量大且易于彩色化

LCD 与 CRT 相比，由于 LCD 没有荫罩限制，像素可以做得很小，这对于高清晰电视是一种理想的选择方案。同时，液晶易于彩色化，方法也很多。特别是液晶的彩色可以做得更逼真。

（6）无电磁辐射

CRT 工作时，不仅会产生 X 射线，还会产生其他电磁辐射，影响环境。LCD 则不会有这类问题。

2．LCD 的分类

液晶显示器件分类方法有多种，这里简要介绍给出几种分类方法。

（1）按电光效应分类

所谓电光效应是指在电的作用下，液晶分子的初始排列改变为其他排列形式，从而使液晶盒的光学性质发生变化，也就是说，以电通过液晶分子对光进行了调制。不同的电光效应可以制成不同类型的显示器件。

按电光效应分类，LCD 可分为电场效应类、电流效应类、电热写入效应类和热效应类。其中电场效应类又可分为扭曲向列效应（TN）类、宾主效应（GH）类和超扭曲效应（STN）类等。MCU 系统中应用较广泛的是 TN 型和 STN 型液晶器件，由于 STN 型液晶器件具有视角宽、对比度好等优点，几乎所有 32 路以上的点阵 LCD 都采用了 STN 效应结构，STN 型正逐步代替 TN 型而成为主流。

（2）按显示内容分类

按显示内容分类，LCD 可分为字段型（或称为笔划型）、点阵字符型及点阵图形型 3 种。

字段型 LCD 是指以长条笔划状显示像素组成的液晶显示器件。字段型 LCD 以七段显示最常用，也包括为专用液晶显示器设计的固定图形及少量汉字。字段型 LCD 主要应用于数字仪表、计算器、计数器中。

点阵字符型 LCD 是指显示的基本单元由一定数量点阵组成，专门用于显示数字、字母、常用图形符号及少量自定义符号或汉字。这类显示器把 LCD 控制器、点阵驱动器以及字符存储器等全做在一块印制电路板上，构成便于应用的液晶显示模块。点阵字符型液晶显示模块在国际上已经规范化，有统一的引脚与编程结构。点阵字符型液晶显示模块有内置 192 个字符，另外用户可自定义 5×7 点阵字符或 5×11 点阵字符若干个。显示行数一般为 1 行、2 行、4 行三种。每行可显示 8 个、16 个、20 个、24 个、32 个及 40 个字符不等。

点阵图形型除了可显示字符外，还可以显示各种图形信息、汉字等，显示自由度大。常见的模块点阵从 80×32 到 640×480 不等。

（3）按 LCD 的采光方式分类

LCD 器件按其采光方式分类，分为带背光源与不带背光源两大类。不带背光的 LCD 显示是靠背面的反射膜将射入的自然光从下面反射出来完成的。大部分计数、计时、仪表、计算器等计量显示部件都是用自然光源，可以选择使用不带背光的 LCD 器件。如果产品需要在弱光或黑暗条件下使用，则可以选择带背光型 LCD，但背光源增加了功耗。

3．点阵字符型 LCD 的接口特性

点阵字符型 LCD 是专门用于显示数字、字母、图形符号及少量自定义符号的液晶显示器。这类显示器把 LCD 控制器、点阵驱动器、字符存储器、显示体及少量的阻容元件等集成为一个液晶显示模块。鉴于字符型液晶显示模块目前在国际上已经规范化，其电特性及接口特性是统一的，因此，只要设计出一种型号的接口电路，在指令上稍加修改即可使用各种规格的字符型液晶显示模块。

字符型液晶显示模块的控制器大多数为日立公司生产的 HD44780 及其兼容的控制电路，如 SED1278(SEIKO EPSON)、KS0066(SAMSUNG)、NJU6408(NER JAPAN RADIO)等。本节介绍 HD44780 的接口知识。

（1）点阵字符型液晶显示模块的主要基本特点

1）液晶显示屏是以若干 5×8 或 5×11 点阵块组成的显示字符群。每个点阵块为一个字符位，字符间距和行距都为一个点的宽度。

2）主控制电路为 HD44780（HITACHI）及其他公司的兼容电路。从程序员角度来说，LCD 的显示接口与编程是面向 HD44780 的，只要了解 HD44780 的编程结构即可进行 LCD 的显示编程。

3）内部具有字符发生器 ROM（CG ROM—Character-Generator ROM），可显示 192 种

字符（160个5×7点阵字符和32个5×10点阵字符）。

4）具有64B的自定义字符RAM（CG RAM—Character-Generator RAM），可以定义8个5×8点阵字符或4个5×11点阵字符。

5）具有64B的数据显示RAM（DD RAM—Data-Display RAM），供显示编程时使用。

6）模块结构紧凑、轻巧、装配容易。

7）单+5V电源供电（宽温型需要加-7V驱动电源）。

8）低功耗、高可靠性。

（2）HD44780的引脚与时序

1）HD44780的引脚信号。HD44780的外部接口信号一般有14条，有的型号显示器使用16条，其中与MCU的接口有8条数据线和3条控制线。HD44780引脚信号如表3-62所示。

表3-62　HD44780引脚信号

引　脚　号	符　　号	电　平	方　　向	引脚含义说明
1	Vss			电源地
2	Vdd			电源(+5V)
3	V0			液晶驱动电源（0～5V）
4	RS	H/L	输入	寄存器选择：1-数据寄存器 0-指令寄存器
5	R/$\overline{W}$	H/L	输入	读写操作选择：1-读操作 0-写操作
6	E	H/L H→L	输入	使能信号：R/$\overline{W}$ =0，E下降沿有效 R/$\overline{W}$ =1，E=1 有效
7～10	DB0～DB3		三态	8位数据总线的低4位，若与MCU进行4位传送时，此4位不用
11～14	DB4～DB7		三态	8位数据总线的高4位，若与MCU进行4位传送时，只用此4位
15～16	E1～E2		输入	上下两行使能信号，只用于一些特殊型号

2）HD44780的时序信号。图3-30所示给出了HD44780的写操作时序，图3-31所示给出了HD44780的读操作时序。

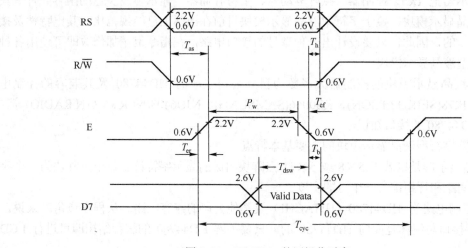

图3-30　HD44780的写操作时序

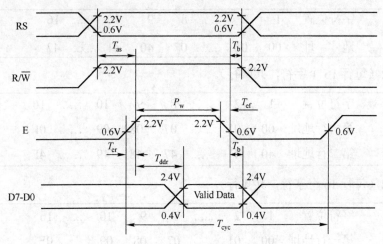

图 3-31 HD44780 的读操作时序

（3）HD44780 的编程结构

从编程角度看，HD44780 内部主要由指令寄存器（IR）、数据寄存器（DR）、忙标志（BF）、地址计数器（AC）、显示数据寄存器（DD RAM）、字符发生器 ROM（CG ROM）、字符发生器 RAM（CG RAM）及时序发生电路构成。

1）指令寄存器（IR）。IR 用于 MCU 向 HD44780 写入指令码。IR 只能写入，不能读出。当 RS=0、R/$\overline{W}$=0 时，数据线 DB7～DB0 上的数据写入指令寄存器 IR。

2）数据寄存器（DR）。DR 用于寄存数据。当 RS=1、R/$\overline{W}$=0 时，数据线 DB7～DB0 上的数据写入数据寄存器 DR，同时 DR 的数据由内部操作自动写入 DD RAM 或 CG RAM。当 RS=1、R/$\overline{W}$=1 时，内部操作将 DD RAM 或 CG RAM 送到 DR 中，通过 DR 送到数据总线 DB7～DB0 上。

3）忙标志（BF）。令 RS=0、R/$\overline{W}$=1，在 E 信号高电平的作用下，BF 输出到总线的 DB7 上，MCU 可以读出判别。BF=1，表示组件正在进行内部操作，不能接受外部指令或数据。

4）地址计数器（AC）。AC 作为 DD RAM 或 CG RAM 的地址指针。如果地址码随指令写入 IR，则 IR 的地址码部分自动装入地址计数器 AC 之中，同时选择了相应的 DD RAM 或 CG RAM 单元。

AC 具有自动加 1 或自动减 1 功能。当数据从 DR 送到 DD RAM（或 CG RAM），AC 自动加 1。当数据从 DD RAM（或 CG RAM）送到 DR，AC 自动减 1。当 RS=0、R/$\overline{W}$=1 时，在 E 信号高电平的作用下，AC 的内容送到 DB7～DB0。

5）显示数据寄存器（DD RAM）。DD RAM 用于存储显示数据，共有 80 个字符码。对于不同的显示行数及每行字符个数，所使用的地址不同，例如：

① 8×1（8 个字符，1 行）。

字符位置	1	2	3	4	5	6	7	8
地　址	00	01	02	03	04	05	06	07

② 16×1（16 个字符，1 行）。

字符位置	1	2	......	8	9	10	......	16
地 址	00	01	......	07	40	41	......	47

③ 16×2（每行 16 个字符，共两行）。

字符位置	1	2	......	8	9	10	......	16
第一行地址	00	01	......	07	08	09	......	0F
第二行地址	40	41	......	47	48	49	......	4F

④ 16×4（每行 16 个字符，共 4 行）。

字符位置	1	2	......	8	9	10	......	16
第一行地址	00	01	......	07	08	09	......	0F
第二行地址	40	41	......	47	48	49	......	4F
第三行地址	10	11	......	17	18	19	......	1F
第四行地址	50	51	......	57	58	59	......	5F

具体的对应关系，可参阅使用说明书。

6）字符发生器 ROM(CG ROM)。CG ROM 由 8 位字符码生成 5×7 点阵字符 160 种和 5×10 点阵字符 32 种，HD44780 内藏字符集如图 3-32 所示。图中给出了 8 位字符编码与字符的对应关系，可以直接使用。其中大部分与 ASCII 码兼容。

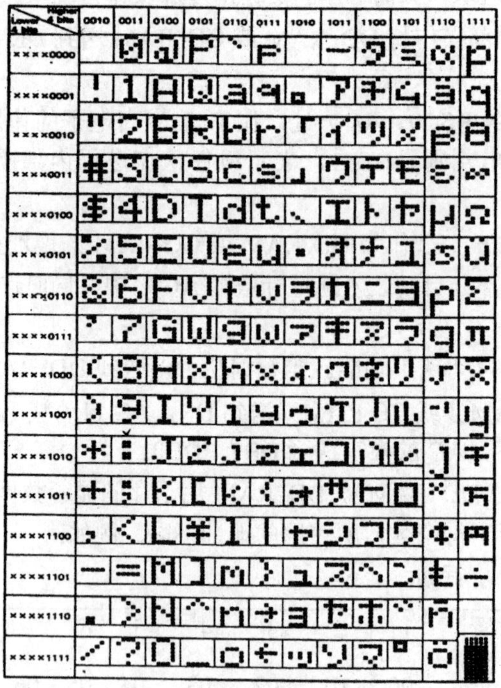

图 3-32　HD44780 内藏字符集

7）字符发生器 RAM(CG RAM)。CG RAM 是提供给读者自定义特殊字符用的，它的容量仅为 64B，编址为 00~3FH。作为字符字模使用的仅是一个字节中的低 5 位，每个字节的高 3 位留给读者作为数据存储器使用。如果读者自定义字符由 5×7 点阵构成，则可定义 8 个字符。

4. HD44780 的指令集

（1）清屏（Clear Display）

RS、R/$\overline{W}$=00，DATA=0000 0001。清屏指令使 DD RAM 的内容全部被清除，屏幕光标回原位，地址计数器 AC=0。运行时间（250kHz）为 1.64ms。

（2）归位（Return Home）

RS、R/$\overline{W}$=00，DATA=0000 001*，"*" 表示任意，下同。归位指令使光标和光标所在位的字符回原点（屏幕的左上角）。但 DD RAM 单元内容不变。地址计数器 AC=0。运行时间（250kHz）为 1.64ms。

（3）输入方式设置（Entry Mode Set）

RS、R/$\overline{W}$=00，DATA=0000 00AS。该指令设置光标、画面的移动方式。下面解释 A、S 位的含义。A=1：数据读写操作后，AC 自动增 1；A=0：数据读写操作后，AC 自动减 1。S=1：当数据写入 DD RAM 时，显示将全部左移（A=1）或全部右移（A=0），此时光标看上去未动，仅仅是显示内容移动，但从 DD RAM 中读取数据时，显示不移动；S=0：显示不移动，光标左移（A=1）或右移（A=0）。

（4）显示开关控制（Display ON/OFF Control）

RS、R/$\overline{W}$=00，DATA=0000 1DCB。该指令设置显示、光标及闪烁开、关。D 为显示控制，D=1，开显示（Display ON）；D=0，关显示（Display OFF）。C 为光标控制，C=1，开光标显示；C=0，关光标显示。B 为闪烁控制，B=1，光标所指的字符同光标一起以 0.4s 交变闪烁；B=0，不闪烁。运行时间（250kHz）为 40μs。

（5）光标或画面移位（Cursor or Display Shift）

RS、R/$\overline{W}$=00，DATA=0001 S/C R/L * *。该指令使光标或画面在没有对 DD RAM 进行读写操作时被左移或右移，不影响 DD RAM。S/C=0、R/L=0，光标左移一个字符位，AC 自动减 1；S/C=0、R/L=1，光标右移一个字符位，AC 自动加 1；S/C=1、R/L=0，光标和画面一起左移一个字符位；S/C=1、R/L=1，光标和画面一起右移一个字符位。运行时间（250kHz）为 40μs。

（6）功能设置（Function Set）

RS、R/$\overline{W}$=00，DATA=001 DL N F * *。该指令为工作方式设置命令（初始化命令）。对 HD44780 初始化时，需要设置数据接口位数（4 位或 8 位）、显示行数、点阵模式（5×7 或 5×10）。DL 为设置数据接口位数，DL=1，8 位数据总线 DB7~DB0；DL=0，4 位数据总线 DB7~DB4，而 DB3~DB0 不用，在此方式下数据操作需两次完成。N 为设置显示行数，N=1，2 行显示；N=0，1 行显示。F 为设置点阵模式，F=0，5×7 点阵；F=1，5×10 点阵。运行时间（250kHz）为 40μs。

（7）CG RAM 地址设置（CG RAM Address Set）

RS、R/$\overline{W}$=00，DATA=01 A5 A4 A3 A2 A1 A0。该指令设置 CG RAM 地址指针。A5~A0=00 0000~11 1111。地址码 A5~A0 被送入 AC 中，此后，就可以将用户自定义的显示字

符数据写入 CG RAM 或从 CG RAM 中读出。运行时间（250kHz）为 40μs。

（8）DD RAM 地址设置（DD RAM Address Set）

RS、R/$\overline{W}$=00，DATA=1 A6 A5 A4 A3 A2 A1 A0。该指令设置 DD RAM 地址指针。若是一行显示，地址码 A6～A0＝00～4FH 有效；若是二行显示，首行址码 A6～A0＝00～27H 有效，次行址码 A6～A0＝40～67H 有效。此后，就可以将显示字符码写入 DD RAM 或从 DD RAM 中读出。运行时间（250kHz）为 40μs。

（9）读忙标志 BF 和 AC 值（Read Busy Flag and Address Count）

RS、R/$\overline{W}$=01，DATA=BF AC6 AC5 AC4 AC3 AC3 AC1 AC0。该指令读取 BF 及 AC。BF 为内部操作忙标志，BF=1，忙；BF=0，不忙。AC6～AC0 为地址计数器 AC 的值。当 BF=0 时，送到 DB6～DB0 的数据（AC6～AC0）有效。

（10）写数据到 DDRAM 或 CGRAM(Write Data to DDRAM or CG RAM)

RS、R/$\overline{W}$=10，DATA=实际数据。该指令根据最近设置的地址，将数据写入 DD RAM 或 CG RAM 中。实际上，数据被直接写入 DR，再由内部操作写入地址指针所指的 DD RAM 或 CG RAM。运行时间（250kHz）为 40μs。

（11）读 DDRAM 或 CGRAM 数据（Read Data from DDRAM or CGRAM）

RS、R/$\overline{W}$=11，DATA=实际数据。该指令根据最近设置的地址，从 DD RAM 或 CG RAM 读数据到总线 DB7～DB0 上。运行时间（250kHz）为 40μs。

3.12.2 任务 2 液晶屏滚动显示 "www.ccit.js.cn" 字符

1. 任务

在 CCIT CPLD/FPGA 实验仪上的 LCD 液晶屏上滚动显示 "www.ccit.js.cn"。

2. 要求

通过此案例的编程和下载运行，让读者了解并掌握运用 Verilog HDL 驱动 LCD 液晶屏的方法。

3. 分析

本节给出点阵字符型 LCD 的编程实例，在 CPLD/FPGA 实验板上，LCD 的数据线 7～14 脚（DB0～DB7）分别与 EPM1270T144 的 49～58 连接，LCD 的控制线 RS、R/$\overline{W}$、E（4、5、6 脚）分别与 EPM1270T144 的 44、45、48 连接，图 3-33 所示给出 MCU 与 LCD 的连接方式。LCD 的 1、2、3 脚为供电电源与亮度调节引脚。实验板上留有一排插孔，当 LCD 接上时，LCD 控制线与数据线与 EPM1270T144 的连接成功，具体的程序代码如下。

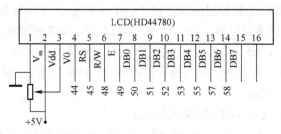

图 3-33 MCU 与 LCD 的连接方式

4. 程序设计

LCD 液晶屏显示，文件名 LCD.v

```
/*****************************************************************
LCD 液晶显示模块信号定义：
clk：基准时钟信号输入；
rst：复位信号输入；
lcd_e：LCD 允许信号输出；
lcd_rw：LCD 读写信号输出；
lcd_rs：LCD 复位信号输出；
data：LCD 数据信号输出；
*****************************************************************/
module LCD (clk,rst,lcd_e,lcd_rw,lcd_rs,data);
input clk,rst;                          //时钟输入、复位输入
output lcd_e,lcd_rw,lcd_rs;             //LCD 控制输出
output [7:0] data;                      //LCD 数据输出
reg lcd_e,lcd_rw,lcd_rs;                //LCD 控制输出寄存器
reg [7:0] data;                         //LCD 数据输出寄存器
reg [10:0] state;
reg flag;
reg [5:0] address;
parameter IDLE=11'b00000000000;
parameter CLEAR=11'b00000000001;                    //清屏
parameter RETURNCURSOR=11'b00000000010;         //归 home 位
//输入方式设置，读写数据后 ram 地址增/减 1；画面动/不动
parameter SETMODE =11'b00000000100;
//显示状态设置，显示开/关；光标开/关；闪烁开/关
parameter SWITCHMODE =11'b00000001000;
//光标画面滚动 画面/光标平移一位；左/右平移一位
parameter SHIFT=11'b00000010000;
//工作方式设置 1:8/1:4 位数据接口；两行/一行显示；5×10/5×7 点阵
parameter SETFUNCTION =11'b00000100000;
parameter SETCGRAM =11'b00001000000;                //设置 CGRAM
parameter SETDDRAM =11'b00010000000;                //设置 DDRAM
parameter READFLAG =11'b00100000000;                //读标志
parameter WRITERAM =11'b01000000000;                //写 RAM
parameter READRAM =11'b10000000000;                 //读 RAM
//以下为操作变量的宏定义
parameter cur_inc=1;
parameter cur_dec=0;
parameter cur_shift=1;
parameter cur_noshift =0;
parameter open_display=1;
parameter open_cur=0;
parameter blank_cur=0;
parameter shift_display =1;
```

```verilog
parameter shift_cur=0;
parameter right_shift =1;
parameter left_shift =0;
parameter datawidth8 =1;
parameter datawidth4 =0;
parameter twoline=1;
parameter oneline=0;
parameter font5x10=1;
parameter font5x7=0;
//向 ddram 中存储要显示字符的 ASCII 码
function [7:0] ddram;
    input [5:0] n;
    begin
        case(n)
            6'b000000:ddram=8'h77;          //w
            6'b000001:ddram=8'h77;          //w
            6'b000010:ddram=8'h77;          //w
            6'b000011:ddram=8'h2e;          //.
            6'b000100:ddram=8'h63;          //c
            6'b000101:ddram=8'h63;          //c
            6'b000110:ddram=8'h69;          //i
            6'b000111:ddram=8'h74;          //t
            6'b001000:ddram=8'h2e;          //.
            6'b001001:ddram=8'h6a;          //j
            6'b001010:ddram=8'h73;          //s
            6'b001011:ddram=8'h2e;          //.
            6'b001100:ddram=8'h63;          //c
            6'b001101:ddram=8'h6e;          //n
        endcase
    end
endfunction
//分频模块
reg [22:0] clkcnt; //分频计数器
always @ (posedge clk)
if(!rst)
    clkcnt<=23'd0;
else
    begin
        if(clkcnt==23'd6250000)
            clkcnt<=23'd0;
        else
            clkcnt<=clkcnt+1;
    end

wire tc_clkcnt;
assign tc_clkcnt=(clkcnt==23'd6250000)?1:0;
```

```verilog
reg clkdiv;
always @ (posedge tc_clkcnt)
    if(!rst)
        clkdiv<=0;
    else
        clkdiv<=~clkdiv;

reg clk_int;
always @ (posedge clkdiv)
if(rst==0)
    clk_int<=0;
else
    clk_int<=~clk_int;

always @ (negedge clkdiv)
if(rst==0)
    lcd_e<=0;
else
    lcd_e<=~lcd_e;
//LCD 液晶显示控制处理
always @ (posedge clk_int or negedge rst)
    if(!rst)
    begin
            state<=IDLE;
            address<=6'b000000;
            flag<=0;
    end
    else
    begin
            case(state)
            IDLE:
                    begin
                        data<=8'bzzzzzzzz;
                        if(flag==0)
                        begin
                            state<=SETFUNCTION;
                            flag<=1;
                        end
                        else
                            state<=SHIFT;
                    end
            CLEAR:
                    begin
                        lcd_rs<=0;lcd_rw<=0;
                        data<=8'b00000001;
```

```
                state<=SETMODE;
        end
SETMODE:
        begin
                lcd_rs<=0;lcd_rw<=0;
                data[7:2]<=6'b000001;
                data[1]<=cur_inc;data[0]<=cur_noshift;
                state<=WRITERAM;
        end
RETURNCURSOR:
        begin
                lcd_rs<=0;lcd_rw<=0;
                data<=8'b00000010;
                state<=WRITERAM;
        end
SWITCHMODE:
        begin
                lcd_rs<=0;lcd_rw<=0;
                data[7:3]<=5'b00001;
                data[2]<=open_display;data[1]<=open_cur;data[0]<=blank_cur;
                state<=CLEAR;
        end
SHIFT:
        begin
                lcd_rs<=0;lcd_rw<=0;
                data[7:4]<=4'b0001;
                data[3]<=cur_shift;data[2]<=right_shift;data[1:0]<=2'b00;
                state<=IDLE;
        end
SETFUNCTION:
        begin
                lcd_rs<=0;lcd_rw<=0;
                data[7:5]<=3'b001;data[4]<=datawidth8;
                data[3]<=twoline;data[2]<=font5x10;data[1:0]<=2'b00;
                state<=SWITCHMODE;
        end
SETCGRAM:
        begin
                lcd_rs<=0;lcd_rw<=0;
                data<=8'b01000000;
                state<=IDLE;
        end
SETDDRAM:
        begin
                lcd_rs<=0;lcd_rw<=0;
                data<=8'b10000000;
```

```
                    state<=WRITERAM;
            end
WRITERAM:
        begin
                if(address<=6'b001101)
                begin
                    lcd_rs<=1;
                    lcd_rw<=0;
                    data<=ddram(address);
                    address<=address+1;
                    state<=WRITERAM;
                end
                else
                begin
                    lcd_rs<=0;
                    lcd_rw<=0;
                    state<=SHIFT;
                    address<=6'b000000;
                end
            end
        endcase
    end
endmodule
```

5．下载运行

1）用鼠标双击 Quartus II 软件快捷图标进入 Quartus II 集成开发环境，新建工程项目文件 LCD.qpf，并在该项目下新建 Verilog 源程序文件 LCD.v，输入上面的程序代码并保存。

2）为该工程项目选择一个目标器件，并对相应的引脚进行锁定，所选择的器件应该是 Altera 公司的 EPM1270T144C5N 芯片，引脚锁定表如表 3-63 所示。

表 3-63　引脚锁定表

引　脚　号	引　脚　名	引　脚　号	引　脚　名
18	clk	52	data3
44	lcd_rs	53	data4
45	lcd_rw	55	data5
48	lcd_e	57	data6
49	data0	58	data7
50	data1	61	rst
51	data2		

3）对该工程文件进行编译处理，若在编译过程中发现错误，则需找出并更正错误，直至成功为止。

4）使用 USB-Blaster 下载电缆，将开发板 JTAG 口与 USB-Blaster 下载口相连，再打开工作电源，执行下载命令把程序下载到 CCIT CPLD/FPGA 实验仪的 EPM1270T144C5N 器件

中，即可看到"www.ccit.js.cn"字符在 LCD 液晶屏上从左向右移动。

结构说明语句解析 2

在 Verilog HDL 中利用任务和函数可以把一个大的程序模块分解成许多小的任务和函数，以方便调试，并且能使写出的程序清晰易懂。

（1）task 任务

任务定义与调用的格式分别如下。

定义：**task**<任务名>;

  端口及数据类型声明语句；
  其他语句；
  endtask

任务调用的格式如下。

  <任务名>（端口 1，端口 2，……）;

下面是一个定义任务的例子。

  task test;
    input in1,in2;
    output out1,out2;
    #1 out1=in1&in2;
    #2 out2=in1|in2;
  endtask

当调用该任务时，使用如下语句如下。

  test(data1,data2,code1,code2);

任务调用变量和定义时说明的 I/O 变量是一一对应的。调用任务 test 时，变量 data1 和 data2 的值分别赋给 in1 和 in2，而任务完成后输出通过 out1 和 out2 赋给了 code1 和 code2。

使用任务时要注意以下几点：

① 任务的定义与调用须在一个 module 模块内。

② 定义任务时，没有端口名列表，但需要在后面进行端口和数据类型说明。

③ 当任务被调用时，任务被激活。任务的调用是通过任务名调用实现，调用时需要列出端口名列表，端口名的排序和类型必须与任务定义中的排序和类型一致。

④ 一个任务可以调用别的任务和函数，可以调用的任务和函数个数不限。

（2）function 函数

函数的目的是返回一个用于表达式的值。函数的定义格式如下。

  function<返回值位宽或类型说明> 函数名；
    端口声明；
    局部变量定义；
    其他语句；

endfunction

下面对函数的使用方法举例进行说明。

```
function [7:0] gefun;
    input[7:0] x;
    reg[7:0] count;
    integer i;
        begin
            count=0;
            for(i=0;i<=7;i=i+1)
                    if(x[i]==1'b0) count=count+1;
            gefun=count;
        end
endfunction
```

上面的 gefun 函数循环核对输入的每一位，计算出 0 的个数，并返回一个适当的值。

<返回值位宽或类型说明>是一个可选项，如果默认，则返回值为一位寄存器类型的数据。

函数的调用是通过将函数作为表达式中的操作数来实现的。调用格式如下。

<函数名>（<表达式><表达式>）；

比如当使用连续赋值语句调用函数 gefun 时，可以采用如下语句。

assign out=is_legal?gefun(in):1'b0;

注意：任务与函数的区别如表 3-64 所示。

表 3-64　任务与函数的区别

	任务（task）	函数（function）
输入与输出	可以有任意个各种类型的参数	至少一个输入，不能将 inout 类型作为输出
调用	任务只可在过程语句中调用，不能在连续赋值语句 assign 中调用	函数可作为表达式中的一个操作数来调用，在过程赋值和连续赋值语句中均可以调用
调用其他任务和函数	任务可以调用其他任务和函数	函数可调用其他函数，但不可调用其他任务
返回值	任务不向表达式返回值	函数向调用它的表达式返回一个值

3.12.3　技能实训

编写程序实现：使"CCIT CPLD/FPGA"这一段字符，在液晶屏上从右向左循环滚动显示。

1. 实训目标

1）培养识读 LCD 液晶屏的数据手册的基本能力。

2）掌握驱动 LCD 液晶显示字符的基本驱动编程方法。

2. 实训设备

1）实验仪 CCIT CPLD/FPGA。

2）QuartusII 13.1 软件开发环境安装。

3）LCD1602 液晶屏一块。

3. 实训内容与步骤

1）题意分析。

根据题目要实现的功能与本节实验例程不同之处在于两处：首先，显示的内容不同，本实训要显示的字符为："CCIT CPLD/FPGA"，所以驱动码不同；其次，显示的方式不同，本实训要从右向左循环滚动，与本节实例刚好相反。

2）分模块设计。

```
/***************************************************************
LCD 液晶显示模块信号定义：
clk：基准时钟信号输入；
rst：复位信号输入；
lcd_e：LCD 允许信号输出；
lcd_rw：LCD 读写信号输出；
lcd_rs：LCD 复位信号输出；
data ：LCD 数据信号输出；
***************************************************************/
module LCD (clk,rst,lcd_e,lcd_rw,lcd_rs,data);
        input clk,rst;                          //时钟输入、复位输入
        output lcd_e,lcd_rw,lcd_rs;             //LCD 控制输出
        output [7:0] data;                      //LCD 数据输出
        reg lcd_e,lcd_rw,lcd_rs;                //LCD 控制输出寄存器
        reg [7:0] data;                         //LCD 数据输出寄存器
        reg [10:0] state;
        reg flag;
        reg [5:0] address;
        parameter IDLE=11'b00000000000;
        parameter CLEAR=11'b00000000001;                //清屏
        parameter RETURNCURSOR=11'b00000000010;         //归 home 位
        //输入方式设置，读写数据后 ram 地址增/减 1；画面动/不动
        parameter SETMODE =11'b_____;
        //显示状态设置，显示开/关；光标开/关；闪烁开/关
        parameter SWITCHMODE =11'b00000001000;
        //光标画面滚动 画面/光标平移一位；左/右平移一位
        parameter SHIFT=11'b_____;
        //工作方式设置 1:8/1:4 位数据接口；两行/一行显示；5×10/5×7 点阵
        parameter SETFUNCTION =11'b00000100000;
        parameter SETCGRAM =11'b00001000000;            //设置 CGRAM
        parameter SETDDRAM =11'b00010000000;            //设置 DDRAM
        parameter READFLAG =11'b00100000000;            //读标志
        parameter WRITERAM =11'b01000000000;            //写 RAM
        parameter READRAM =11'b10000000000;             //读 RAM
        //以下为操作变量的宏定义
        parameter cur_inc=1;
        parameter cur_dec=0;
```

```verilog
        parameter cur_shift=1;
        parameter cur_noshift =0;
        parameter open_display=1;
        parameter open_cur=0;
        parameter blank_cur=0;
        parameter shift_display =1;
        parameter shift_cur=0;
        parameter right_shift =1;
        parameter left_shift =0;
        parameter datawidth8 =1;
        parameter datawidth4 =0;
        parameter twoline=1;
        parameter oneline=0;
        parameter font5x10=1;
        parameter font5x7=0;
```
//向 ddram 中存储要显示字符的 ASCII 码
```verilog
        function [7:0] ddram;
            input [5:0] n;
        begin
            case(n)
                    6'b000000:ddram=8'h43;        //C
                    6'b000001:ddram=____;         //C
                    6'b000010:ddram=____;         //I
                    6'b000011:ddram=____;         //T
                    6'b000100:ddram=____;         //空格
                    6'b000101:ddram=____;         //C
                    6'b000110:ddram=____;         //P
                    6'b000111:ddram=____;         //L
                    6'b001000:ddram=____;         //D
                    6'b001001:ddram=____;         //'/'
                    6'b001010:ddram=____;         //F
                    6'b001011:ddram=____;         //P
                    6'b001100:ddram=____;         //G
                    6'b001101:ddram=____;         //A
            endcase
        end
    endfunction
```
//分频模块
```verilog
    reg [22:0] clkcnt; //分频计数器
    always @ (posedge clk)
    if(!rst)
        clkcnt<=23'd0;
    else
        begin
            if(clkcnt==23'd6250000)
                clkcnt<=23'd0;
```

```
                else
                        clkcnt<=clkcnt+1;
        end

wire tc_clkcnt;
assign tc_clkcnt=(clkcnt==23'd6250000)?1:0;

reg clkdiv;
always @ (posedge tc_clkcnt)
    if(!rst)
        clkdiv<=0;
    else
        clkdiv<=~clkdiv;

reg clk_int;
always @ (posedge clkdiv)
if(rst==0)
    clk_int<=0;
else
    clk_int<=~clk_int;

always @ (negedge clkdiv)
if(rst==0)
    lcd_e<=0;
else
    lcd_e<=~lcd_e;
//LCD 液晶显示控制处理
always @ (posedge clk_int or negedge rst)
    if(!rst)
    begin
            state<=IDLE;
            address<=6'b000000;
            flag<=0;
    end
    else
    begin
            case(state)
            IDLE:
                begin
                        data<=8'bzzzzzzzz;
                        if(flag==0)
                        begin
                            state<=SETFUNCTION;
                            flag<=1;
                        end
                        else
```

```verilog
                    state<=SHIFT;
        end
CLEAR:
    begin
            lcd_rs<=0;lcd_rw<=0;
            data<=8'b00000001;
            state<=SETMODE;
    end
SETMODE:
    begin
            lcd_rs<=0;lcd_rw<=0;
            data[7:2]<=6'b000001;
            data[1]<=_____;data[0]<=_____;
            state<=WRITERAM;
    end
RETURNCURSOR:
    begin
            lcd_rs<=0;lcd_rw<=0;
            data<=8'b00000010;
            state<=WRITERAM;
    end
SWITCHMODE:
    begin
            lcd_rs<=0;lcd_rw<=0;
            data[7:3]<=5'b00001;
            data[2]<=open_display;data[1]<=open_cur;data[0]<=blank_cur;
            state<=CLEAR;
    end
SHIFT:
    begin
            lcd_rs<=0;lcd_rw<=0;
            data[7:4]<=4'b0001;
            data[3]<= _____;data[2]<=_____;data[1:0]<=2'b00;
            state<=IDLE;
    end
SETFUNCTION:
    begin
            lcd_rs<=0;lcd_rw<=0;
            data[7:5]<=3'b001;data[4]<=datawidth8;
            data[3]<=twoline;data[2]<=font5x10;data[1:0]<=2'b00;
            state<=SWITCHMODE;
    end
SETCGRAM:
    begin
            lcd_rs<=0;lcd_rw<=0;
            data<=8'b01000000;
```

```
                        state<=IDLE;
            end
    SETDDRAM:
        begin
            lcd_rs<=0;lcd_rw<=0;
            data<=8'b10000000;
            state<=WRITERAM;
        end
    WRITERAM:
        begin
            if(address<=6'b001101)
            begin
                lcd_rs<=1;
                lcd_rw<=0;
                data<=ddram(address);
                address<=address+1;
                state<=WRITERAM;
            end
            else
            begin
                lcd_rs<=0;
                lcd_rw<=0;
                state<=SHIFT;
                address<=6'b000000;
            end
        end
    endcase
end
endmodule
```

3）编译并改正语法错误。

4）指定芯片的引脚，并设置不用的引脚。

引脚锁定表如表 3-65 所示。

表 3-65　引脚锁定表

引　脚　号	引　脚　名	引　脚　号	引　脚　名
18	clk	52	data3
44	lcd_rs	53	data4
45	lcd_rw	55	data5
48	lcd_e	57	data6
49	data0	58	data7
50	data1	61	rst
51	data2		

5）重新编译。

6）下载运行并调试。

程序下载运行后，观察运行现象，是否与实训要求相符合？

4. 实训注意事项

1）注意字模码的选取。

2）注意各个命令的功能，通过设置不同值，进行验证。

5. 实训考核

请读者根据表 3-66 所示的实训考核要求，进行实训操作，保持良好的实训操作规划，熟悉整个工程的新建、程序代码编写、开发环境设置和编译下载调试的过程。

表 3-66　实训考核要求

项　目	内　容	配　分	考核要求	得　分
职业素养	1. 实训的积极性 2. 实训操作规范 3. 纪律遵守情况	10	积极参加实训，遵守安全操作规程，有良好的职业道德和敬业精神	
LCD1602 屏的指令及 程序的编写	1. 能熟练掌握各指令功能 2. 程序的熟练编写 3. 芯片引脚的指定	40	能熟练使用各个指令、掌握各种指令执行流程及读写时序要求，程序流程合理	
调试过程	1. 程序下载 2. 实验仪的使用 3. 操作是否规范	30	能下载程序，实验仪的规范使用，现象是否合理	
项目完成度 和准确度	1. 实现题意 2. 操作和现象合理	20	该项目的所有功能是否能实现	

3.13　项目 13　UART 异步串行通信设计

学习目标

1. 能力目标

1）进行串行接收数据设计。

2）进行串行发送数据设计。

2. 知识目标

1）掌握基于 CPLD/FPGA 串行通信的基础知识。

2）掌握串行接收和发送的模块设计。

3. 素质目标

1）培养用户对上位机与下位机通过串行口进行通信的设计能力。

2）培养用户实验仿真及下载的技能。

 情境设计

本节主要通过设计串行通信的综合实例，进一步介绍 CPLD 项目开发的一般方法和编程技巧。具体教学安排如表 3-67 所示。

表 3-67　教学安排

教 学 情 境	技 能 训 练	知 识 要 点	学 时 数
串行通信设计 3.13.1: 串行通信基础知识 3.13.2: 串行发送模块设计 3.13.3: 串行接收模块设计	① 进行下位机的串行发送电路设计 ② 进行下位机的串行接收电路设计 ③ 进行上位机和下位机的交互通信	① 掌握串行通信的基础知识 ② 掌握串行收发模块的综合编程	6

3.13.1　任务 1　串行通信基础知识

本节简要介绍了串行通信中的相关概念，为学习 CPLD/FPGA 的 UART 串行通信编程做准备。对于已经了解这方面知识的读者，可以略读。

1. 基本概念

"位"（bit）是可以拥有两种状态的最小二进制值，分别用 "0" 和 "1" 表示。在计算机中，通常一个信息单位用 8 位二进制表示，称为一个 "字节"（byte）。串行通信的特点是：数据以字节为单位，按位的顺序从一条传输线上发送出去。这里至少涉及以下几个问题：第一，每个字节之间是如何区分的？第二，发送一位的持续时间是多少？第三，怎样知道传输是正确的？第四，可以传输多远？等。这些问题属于串行通信的基本概念。串行通信分为异步通信与同步通信两种方式，本节主要讲解异步串行通信的一些常用概念。正确理解这些概念，对串行通信编程是有益的。

（1）异步串行通信的格式

在 MCU 的英文芯片手册上，通常说 SCI 采用的是 NRZ 数据格式，英文全称是："standard non_return_zero mark/space data format"，可以译为："标准不归零传号/空号数据格式"。这是一个通信术语，"不归零" 的最初含义是：用负电平表示一种二进制值，正电平表示另一种二进制值，不使用零电平。"mark/space" 即 "传号/空号" 分别是表示两种状态的物理名称，逻辑名称记为 "1/0"。对学习嵌入式应用的读者而言，只要理解这种格式只有 "1"、"0" 两种逻辑值就可以了。图 3-34 所示给出了 8 位数据、无校验情况的传送格式。（SCI 数据格式）

图 3-34　SCI 数据格式

这种格式的空闲状态为 "1"，发送器通过发送一个 "0" 表示一个字节传输的开始，随后是数据位（在 MCU 中一般是 8 位或 9 位，可以包含校验位）。最后，发送器发送 1~2 位的停止位，表示一个字节传送结束。若继续发送下一字节，则重新发送开始位，开始一个新的字节传送。若不发送新的字节，则维持 "1" 的状态，使发送数据线处于空闲。从开始位到停止位结束的时间间隔称为一帧（frame）。所以，也称这种格式为帧格式。

由上可知，在异步串行通信中，通过 "开始位" 与 "停止位" 来区分每个传送的字节。所以，每发送一个字节，都要发送 "开始位" 与 "停止位"，这是影响异步串行通信传送速度的因素之一。因为每发送一个字节，必须先发送 "开始位"，所以称之为 "异步"（asynchronous）通信。

（2）串行通信的波特率

位长（bit length）也称为位的持续时间（bit duration），其倒数就是单位时间内传送的位数，人们把每秒内传送的位数叫作波特率（baud rate），波特率的单位为位/秒。

通常使用的波特率有 300、600、900、1 200、1 800、2 400、4 800、9 600、19 200 及38 400bit/s。在包含开始位与停止位的情况下，发送一个字节是 10 位，很容易计算出，在各种波特率下，发送 1K 字节所需的时间。显然，这个速度相对于目前的许多通信方式是慢的，那么，能否提高异步串行通信的速度呢？答案是否定的。因为随着波特率的提高，位长变小，以致很容易受到电磁源的干扰，通信就不可靠了。当然，还有通信距离问题，距离小，可以适当提高波特率。

（3）奇偶校验

在异步串行通信中，如何知道传输是正确的？最常见的方法是增加一个位（奇偶校验位），供错误检测使用。字符奇偶校验检查（character parity checking）称为垂直冗余检查（Vertical Redundancy Checking，VRC），它是每个字符增加一个额外位使字符中"1"的个数为奇数或偶数。奇数或偶数依据使用的是"奇校验检查"还是"偶校验检查"而定。当使用"奇校验检查"时，如果字符数据位中"1"的数目是偶数，校验位应为"1"，如果"1"的数目是奇数，校验位应为"0"。当使用"偶校验检查"时，如果字符数据位中"1"的数目是偶数，则校验位应为"0"；如果是奇数，则为"1"。

这里列举奇偶校验检查的一个实例，看看 ASCII 字符"R"，其位构成是 1010010。由于字符"R"中有三个 1 位，若使用奇校验检查，则校验位为 0；如果使用偶校验检查，则校验位为 1。因而，ASCII 字符"R"如下所示：

数据位	校验位		
1 0 1 0 0 1 0	0	奇校验检查	（要求：1 的个数为奇数）
1 0 1 0 0 1 0	1	偶校验检查	（要求：1 的个数为偶数）

在传输过程中，若有 1 位（或奇数个数据位）发生错误，使用奇偶校验检查，可以知道发生传输错误。若有 2 位（或偶数个数据位）发生错误，使用奇偶校验检查，就不能知道发生传输错误。但是奇偶校验检查方法简单，使用方便，发生 1 位错误的概率远大于发生两位错误的概率，所以"奇偶校验"这种方法是最为常用的一种校验方法。几乎所有 MCU 的串行异步通信接口中，都提供这种功能。

（4）串行通信的传输方式

在串行通信中，经常用到"单工""双工""半双工"等术语。它们是串行通信的不同传输方式。下面简要介绍这些术语的基本含义。

单工（Simplex）：数据传送是单向的，一端为发送端，另一端为接收端。在这种传输方式中，除了地线之外，只要一根数据线就可以了。有线广播就是单工的。

全双工（Full_duplex）：数据传送是双向的，且可以同时接收与发送数据。这种传输方式中，除了地线之外，需要两根数据线，一般情况下，MCU 的异步串行通信接口均是全双工的。

半双工（Half_duplex）：数据传送也是双向的，但是在这种传输方式中，除了地线之外，一般只有一根数据线。任何一个时刻，只能由一方发送数据，另一方接收数据，不能同时收发。

2．RS232C 总线标准

现在来回答"可以传输多远"这个问题。MCU 引脚一般输入/输出使用 TTL 电平，而 TTL 电平的"1"和"0"的特征电压分别为 2.4V 和 0.4V（在目前一些使用 3V 供电的 MCU 中，该特征值有所变动），它适用于板内数据传输。若要用 TTL 电平将数据传输到 5m 之外，其可靠性就较差。为了使信号传输得更远，美国电子工业协会 EIA（Electronic Industry Association）制订了串行物理接口标准 RS232C。RS232C 采用负逻辑，−15～−3V 为逻辑"1"，+3～+15V 为逻辑"0"。RS232C 最大的传输距离是 30m，通信速率一般低于 20Kbit/s。当然，实际应用中，也有人用降低通信速率的方法，通过 RS232 电平，将数据传送到 300m 之外，这是很少见的，且稳定性很不好。

RS232C 总线标准最初是为远程数据通信制订的，但目前主要用于几米到几十米范围内的近距离通信。有专门的书籍介绍这个标准，但对于一般的用户，不需要掌握 RS232C 标准的全部内容，只要了解本节介绍的这些基本知识就可以使用 RS232。目前一般的 PC 均带有 1 至 2 个串行通信接口，人们也称之为 RS232 接口，简称为"串口"，它主要用于连接具有同样接口的室内设备。早期的标准串行通信接口是 25 芯插头，这是 RS232C 规定的标准连接器（其中：两条地线，4 条数据线，11 条控制线，3 条定时信号，其余 5 条线备用或未定义）。后来，人们发现在计算机的串行通信中，25 芯线中的大部分并不会被使用，就逐渐改为使用 9 芯串行接口。因此，目前几乎所有计算机上的串行口都是 9 芯接口。图 3-35 所示给出了 9 芯串行接口的排列位置，9 芯串行接口引脚含义如表 3-68 所示。其中已用黑体字标识的是 MCU 中用到的三根线：接收线、发送线、地线。其他为进行远程传输时接调制解调器之用，有的也可作为硬件握手信号，初学者可以忽略这些信号的含义。

图 3-35　9 芯串行接口的排列位置

表 3-68　9 芯串行接口引脚含义表

引　脚　号	功　　能	引　脚　号	功　　能
1	接收线信号检测（载波检测 DCD）	6	数据通信设备准备就绪（DSR）
2	接收数据线（RXD）	7	请求发送（RTS）
3	发送数据线（TXD）	8	清除发送
4	数据终端准备就绪（DTR）	9	振铃指示
5	信号地（SG）		

在 MCU 中，若用 RS232C 总线进行串行通信，则需外接电路实现电平转换。在发送端需要用驱动电路将 TTL 电平转换成 RS232C 电平，在接收端需要用接收电路将 RS232C 电平转换为 TTL 电平。电平转换器不仅可以由晶体管分立元件构成，也可以直接使用集成电路。目前使用 MAX232 芯片较多，该芯片使用单一+5V 电源供电实现电平转换。图 3-36 所示给出了 MAX232 的引脚。

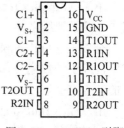

图 3-36　MAX232 引脚

引脚含义简要说明如下。

V_{CC}（16脚）：正电源端，一般接+5V。

GND（15脚）：地。

V_{S+}（2脚）：$V_{S+}=2Vcc-1.5V$。

V_{S-}（6脚）：$V_{S-}=-2Vcc-1.5V$。

C2+、C2-（4、5脚）：一般接1μF的电解电容。

C1+、C1-（1、3脚）：一般接1μF的电解电容。

输入、输出引脚分两组，MAX232芯片输入、输出引脚分类与基本接法如表3-69所示。在实际使用时，若只需要一路SCI，可以使用其中的任何一组。

表3-69　MAX232芯片输入、输出引脚分类与基本接法

组　别	TTL电平引脚	方　向	典型接口	232电平引脚	方　向	典型接口
1	11	输入		13	输入	
	12	输出	接MCU的TxD	14	输出	连接到接口与其他设
2	10	输入	接MCU的RxD	8	输入	备通过RS232相接
	9	输出		7	输出	

SCI的外围硬件电路，主要目的是将MCU的发送引脚TxD与接收引脚RxD，通过RS232电平转换芯片转换为RS232电平。这里以EPM1270T144C5N芯片为例，给出一个可以实际工作的电路，读者在此基础上，可以设计其他型号系列MCU的工作电路。在可编程逻辑器件开发应用的实际电路设计中，首先需要考虑MCU的工作支撑电路，然后是各种接口电路。图3-37所示给出了具有串行通信功能的SCI的外围硬件电路原理图。

MCU的串行通信引脚3（TxD）、4（RxD）分别接MAX232的11（T1IN）、12（R1OUT），MAX232的13（R1IN）、14（T1OUT）分别为RS232电平的接收与发送引脚。基本过程如下。

发送过程：MCU的3（TxD）（TTL电平）经过MAX232的11（T1IN）送到MAX232内部，在内部TTL电平被"提升"为RS232电平，通过14（T1OUT）发送出去。

接收过程：外部RS232电平经过MAX232的13（R1IN）进入到MAX232的内部，在内部232电平被"降低"为TTL电平，经过12（R1OUT）送到MCU的4（RxD），进入MCU内部。

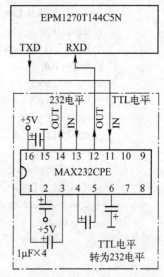

图3-37　具有串行通信功能的
SCI的外围硬件电路原理图

3.13.2　任务2　串行发送模块设计

1. 任务

在实验仪上完成一个RS232发送控制模块（通信协议：波特率为9 600bit/s，8位数据，1位停止位），且每次按下按钮开关K1～K8后分别把对应的字符A～H发送到串行总线上。

2．分析

由于波特率为 9 600bit/s 的一个信息位所需的时间为 1/9 600=104μs，也就是说，至少要每隔 104μs 发送一位数据，要求发送的数据符合串行数据的格式。串行数据的格式：首先发送开始位低电平，接着发送 8 位数据，最后停止位高电平。当要发送数据时，串行数据发送器会把数据总线上的内容加上开始位和结束位，再进行移位发送。

当使用 24MHz 振荡频率时，要求 9 600bit/s 的计数周期为：

（1/9 600）/（1/24 000 000）=2 500

MCU 方将数据发送到数据总路线上以后，还要在 PC 方设计接收的程序，PC 方的接收程序和 MCU 方的发送程序设计过程如下所示。

3．程序设计

串行发送，文件名 send.v

```
/********************************************************************
串行发送模块信号定义：
clk：基准时钟输入口
key-send：按键输入口；
txd：串行发送数据输出口；
********************************************************************/
module send(clk,txd,key_send);
    input clk;
    input[7:0] key_send;
    output txd;
    reg key_start;                              //数据发送开始标志
    reg txd_reg;
    reg[11:0] count;                            //波特率分频计数器
    reg[3:0] bitcnt_reg;                        //发送数据的位数计数器
    reg bit_start;                              //开始位标志
    reg[7:0] uart_buf;                          //发送数据缓冲区
    /* 获取一个周期为 104us 的信号 bit_start */
    always@(posedge clk)
        begin
            if(count<12'd2500)                  //分频到 9 600Hz
                begin
                    count=count+1;
                    bit_start=0;                //开始位标志置 0，不能发送
                end
            else
                begin
                    count=0;
                    bit_start=1;                //开始位标志置 1，可以发送
                end
        end
    /* 根据键值，将要发送的数据放到 uart_buf 缓冲区 */
    always@(key_send)
    begin
```

```
            if(key_send==8'hff)                      //没有键按下，则置数据开始发送标志为 1
                key_start=1;
            else
                key_start=0;
            case(key_send)
                8'b11111110:uart_buf=8'd65;           //发送 A
                8'b11111101:uart_buf=8'd66;           //发送 B
                8'b11111011:uart_buf=8'd67;           //发送 C
                8'b11110111:uart_buf=8'd68;           //发送 D
                8'b11101111:uart_buf=8'd69;           //发送 E
                8'b11011111:uart_buf=8'd70;           //发送 F
                8'b10111111:uart_buf=8'd71;           //发送 G
                8'b01111111:uart_buf=8'd72;           //发送 H
            endcase
        end
/*  按逐位发送 1B 数据  */
always@(posedge bit_start)
    begin
        if(key_start==0||bitcnt_reg<4'd10)           //当有键按下或已发送的位小于 10 时
        begin
            if(bitcnt_reg<4'd10)                     //位计数器加 1
                bitcnt_reg=bitcnt_reg+1;
            else
                bitcnt_reg=0;                        //归零
    end
    else
            bitcnt_reg=4'h9;                         //当发送位数超过 10 时，结束发送， TXD 为高
        case(bitcnt_reg)
            4'h0:txd_reg=0;
            4'h1:txd_reg=uart_buf[0];
            4'h2:txd_reg=uart_buf[1];
            4'h3:txd_reg=uart_buf[2];
            4'h4:txd_reg=uart_buf[3];
            4'h5:txd_reg=uart_buf[4];
            4'h6:txd_reg=uart_buf[5];
            4'h7:txd_reg=uart_buf[6];
            4'h8:txd_reg=uart_buf[7];
            default:txd_reg=1;
        endcase
    end
    assign txd=txd_reg;
endmodule
```

4. 程序运行及测试

按照上述步骤完成工程设计后，用一根交叉的串行线将 PC 和 CPLD/FPGA 的 MCU 通过串口连接起来，在 PC 端运行串口调试助手，图 3-38 所示是串口调试助手界面图，可以实

现数据传输。具体下载运行方法如下。

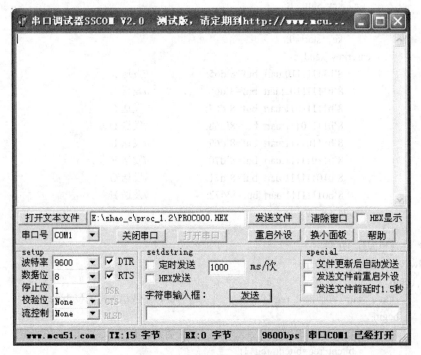

图 3-38　串口调试助手界面图

5．下载运行

1）用鼠标双击 Quartus II 软件快捷图标进入 Quartus II 集成开发环境，新建工程项目文件 send.qpf，并在该项目下新建 Verilog 源程序文件 send.v，输入上面的程序代码并保存。

2）为该工程项目选择一个目标器件，并对相应的引脚进行锁定，所选择的器件应该是 Altera 公司的 EPM1270T144C5N 芯片，引脚锁定表如表 3-70 所示。

表 3-70　引脚锁定表

引　脚　号	引　脚　名	引　脚　号	引　脚　名
61	key_send0	68	key_send5
62	key_send1	69	key_send6
63	key_send2	70	key_send7
66	key_send3	18	clk
67	key_send4	3	txd

3）对该工程文件进行编译处理，若在编译过程中发现错误，则需找出并更正错误，直至成功为止。

4）使用 USB-Blaster 下载电缆，将开发板 JTAG 口与 USB-Blaster 下载口相连，再打开工作电源，执行下载命令把程序下载到 CCIT CPLD/FPGA 实验仪的 EPM1270T144C5N 器件中，先运行 PC 方的串口调试助手软件，再分别按下 K1～K8 键后，在图 3-38 串口调试助手软件中上端空白的接收区中可以看到 A～H 的字符。

3.13.3 任务 3 串行接收模块设计

1．任务

在实验仪上完成一个 RS232 接收控制模块（通信协议：波特率为 9 600bit/s，8 位数据，1 位停止位），根据接收到的数据点亮 LED 发光管（如：接收字符"1"，点亮第 1 个小灯，接收字符"2"，点亮第 2 个小灯，……）。

2．分析。

串行口数据接收的过程：波特率发生基准时钟产生→检测开始位下降沿→串行数据接收控制→数据采样→数据输出。该例由基准时钟产生一个 16 倍于波特率的频率，这样就把一位的数据分成 16 份了，当检测到开始位的下降沿时，就开始进行数据采样，采样的数据为一位的第 6、7、8 三个状态，然后三个里面有两个以上相同的值作为采样结果，这样可以避免干扰。当开始位的采样结果不是 0 时，就判定为接收出错，把串行数据接收控制器的位计数器复位。在接收完 10 位的数据后，就进行数据的输出，并把串行数据接收控制器的位计数器复位，等待下一数据的到来。

3．程序设计

串行接收，文件名 receive.v

```
/*************************************************************
串行接收模块信号定义：
clock：基准时钟输入口
sbuf：接收数据输出；
rxd：串行接收数据输入口；
*************************************************************/

module receive(rxd,clock,sbuf);      //9600bit/s，8 位数据，1 位停止位
      input rxd;
      input clock;
      output[7:0] sbuf;

      reg[3:0] count_reg;            //RXD 数据状态计数器
      reg[9:0] uart_buf;            //串行数据接收缓冲区
      reg[3:0] bit_cnt;            //串行数据当前位计数
      reg[2:0] bot_collect;            //采集数据缓冲区
      reg[7:0] clock_div;            //波特率时钟分频：9 600×16=24MB/156
      reg clock_pulse;            //状态计数器开始标志
      reg rxd_start_reg;            //串行接收开始标志
      reg rxd_end;            //串行接收结束标志
      reg[3:0] led;
      reg[7:0] sbuf;

      /* 获取一个频率为 9 600×16Hz 的信号 clock_pluse */
      always@(negedge clock)
      begin
            if(clock_div<8'd156)
            begin
```

```
                    clock_div=clock_div+1;
                    clock_pluse=0;
            end
            else
            begin
                    clock_div=0;
                    clock_pluse=1;
            end
    /* 接收解码 */
    always@(posedge clock_pluse)
    begin
            if(rxd_start_reg==1'b0)                  //比较是否正在接收
            begin                                    //未开始接收
                    if(rxd==1'b0)                    //检测是否开始位下降沿
                    begin
                            rxd_start_reg=1'b1;     //置开始接收标志
                            count_reg=4'b0;          //复位接收状态计数器
                            bit_cnt=4'b0;            //复位接收计数器
                    end
            end
            else
            begin
                    if(count_reg<4'hf)              //接收状态频率微调
                            count_reg=count_reg+1;  //位接收状态+1
                    else
                            count_reg=0;             //未接收，状态复位
                    if(count_reg==4'h6)
                            bit_collect[0]=rxd;      //数据采集 1
                    if(count_reg==4'h7)
                            bit_collect[1]=rxd;      //数据采集 2
                    if(count_reg==4'h8)
                    begin
                            bit_collect[2]=rxd;      //数据采集 3
                            uart_buf[bit_cnt]=(bit_collect[0]&bit_collect[1]) |
                                        (bit_collect[1]&bit_collect[2])|
                                        (bit_collect[0]&bit_collect[2]);      //数据判断
                            bit_cnt=bit_cnt+1;        //位计数器+1
                            if(bit_cnt==4'h1&&uart_buf[0] ==1'b1)//判断开始位是否为 0
                            begin
                                    rxd_start_reg=0;  //开始位不是 0，接收状态复位
                            end
                    end
                    if(bit_cnt>4'h9)                  //检查接收是否结束
                    begin
                            rxd_end=1;                //置接收 1B 完成标志
                            rxd_start_reg=0;
```

```
                end
            end
        end
    /* 小灯显示 */
    always@(posedge clock)
        begin
            led=uart_buf[8:1]-48;              //将接收到的数字字符转换为数字
            case(led)
                4'd1:sbuf=8'b11111110;
                4'd2:sbuf=8'b11111101;
                4'd3:sbuf=8'b11111011;
                4'd4:sbuf=8'b11110111;
                4'd5:sbuf=8'b11101111;
                4'd6:sbuf=8'b11011111;
                4'd7:sbuf=8'b10111111;
                4'd8:sbuf=8'b01111111;
                default:sbuf=8'b11111111;
            endcase
        end
endmodule
```

4. 程序运行及测试

按照上述步骤完成工程设计后，用一根交叉的串行线将 PC 和 CPLD/FPGA 的 MCU 通过串口连接起来，在 PC 端运行串口调试助手，实现数据接收显示。具体下载运行方法如下。

5. 下载运行

1）用鼠标双击 Quartus II 软件快捷图标进入 Quartus II 集成开发环境，新建工程项目文件 receive.qpf，并在该项目下新建 Verilog 源程序文件 receive.v，输入上面的程序代码并保存。

2）然后为该工程项目选择一个目标器件，并对相应的引脚进行锁定，所选择的器件应该是 Altera 公司的 EPM1270T144C5N 芯片，引脚锁定表如表 3-71 所示。

表 3-71　引脚锁定表

引　脚　号	引　脚　名	引　脚　号	引　脚　名
29	sbuf0	38	sbuf5
30	sbuf1	39	sbuf6
31	sbuf2	40	sbuf7
32	sbuf3	18	clock
37	sbuf4	4	rxd

3）对该工程文件进行编译处理，若在编译过程中发现错误，则需找出并更正错误，直至成功为止。

4）使用 USB-Blaster 下载电缆，将开发板 JTAG 口与 USB-Blaster 下载口相连，再打开工作电源，执行下载命令把程序下载到 CCIT CPLD/FPGA 实验仪的 EPM1270T144C5N 器件

中。再运行 PC 方的串口调试助手软件，在图 3-38 串口调试助手软件中的字符串输入框中发送十六进制"01"，单击"发送"按钮后，观察 L1 是否点亮。

3.13.4　课后思考

利用串行通信接收和发送模块进行综合编程，实现如下功能：将 PC 方发送过来的数据接收后，再发送回去，接一个字节则发送一个字节。如：在串口调试助手的字符串输入框中输入字符"1"，单击"发送"，则在串口调试助手软件中上端空白的接收区中会收到字符"1"。

第4章　基于 CPLD/FPGA 的综合项目开发

4.1　项目 1　基于 Verilog HDL 的数字时钟设计与实现

 学习目标

1. 能力目标

1）综合应用 CPLD 的输入、输出模块设计简单的数字时钟。

2）进行 CPLD/FPGA 的 Verilog HDL 的顶层和底层设计，从而实现模块化编程。

2. 知识目标

1）掌握键盘、LED 数码管及时钟模块的综合应用。

2）掌握秒脉冲发生电路、计数显示及时钟校时模块的 Verilog 语言编程方法。

3. 素质目标

1）培养用户 CPLD 的综合开发能力。

2）培养用户团结协作精神。

情境设计

本节主要通过设计数字时钟的综合实例，介绍 CPLD 项目开发的一般方法和编程技巧。具体教学情境设计如表 4-1 所示。

表 4-1　教学情境设计

教 学 情 境	技 能 训 练	知 识 要 点	学 时 数
数字时钟设计 4.1.1 任务提出及设计分析 4.1.2 分频模块设计 4.1.3 校时模块设计 4.1.4 计时处理模块设计 4.1.5 报时模块设计 4.1.6 显示模块设计 4.1.7 顶层模块设计	1. 会进行计时模块的编程 2. 会将当前时间在 LED 数码管上显示 3. 会对当前的时间进行校时和报时设计 4. 会进行整机调试	1. 计时处理的编程方法 2. LED 数码管及键盘的综合应用	8

4.1.1　任务 1　任务提出及设计分析

1. 任务

利用 CCIT CPLD/FPGA 实验仪设计并完成一个可以计时的数字时钟，其显示时间范围是：00 时 00 分 00 秒～23 时 59 分 59 秒，且具有暂停计时、清零、定时、闹钟和校时等功能。

2．要求

通过此案例的编程和下载运行，让读者了解并掌握键盘、数码管及时钟模块的综合设计。数字时钟的系统功能框图如图4-1所示。

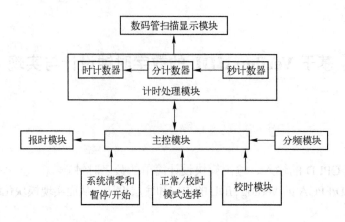

图 4-1　数字时钟的系统功能框图

3．分析

一个完整的时钟应由五部分组成：秒脉冲发生电路、计数处理模块、显示模块、校时模块和报时模块。一个时钟的准确与否主要取决于秒脉冲的精确度，为了保证计时准确，此处对系统时钟 24MHz 进行 12 000 000 次计数分频，从而得到 1Hz 的秒脉冲。至于显示部分与前面讲过的 LED 数码管相同。而校时电路用户可以有两种设计方式选择：①分频获得正常计时（1Hz）信号 sec_normal、校秒信号 sec_s、校分信号 sec_m 和校时信号 sec_h；②设定 4 个键：正常/校时模式选择键〈keysel〉、校秒键〈key_s〉、校分键〈key_m〉、校时键〈key_h〉，通过这 4 个键可用于控制时钟的正常计时、校时。除了校时电路外，还要完成暂停和清零功能。从以上分析可知，若采用第①种校时方式，则电子钟要有以下几个模块构成：

1）分频模块。可得到正常的秒信号、校秒的信号（频率是秒信号的两倍）、校分的信号（频率是秒信号的 10 倍）和校时的信号（频率是秒信号的 2000 倍）。

2）校时模块。根据当前是否是校时状态，决定选校秒、校分、校时的信号。

3）计时模块。根据当前选定的频率，进行时、分、秒计数处理。

4）报时模块。当整点时响铃声，中午 12 点时播放一段音乐（11 时 59 分 45 秒~ 11 时 59 分 59 秒）。

5）显示模块。在 4 位数码管上显示分、秒；在一位数码管上显示时（小数点灭代表 AM，小数点亮代表 PM，显示 A 代表"10"，显示 b 代表"11"）。选频校时电子时钟的电路关系图如图 4-2 所示。

各个模块的程序代码编写见以下各个模块。

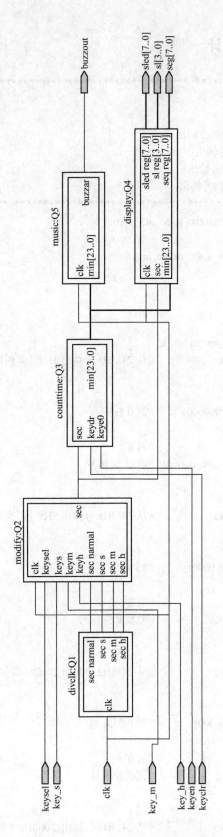

图4-2 选频校时电子时钟的电路关系图

4.1.2 任务2 分频模块设计

```
/*************************************************************
分频模块信号定义：
clk：基准时钟信号输入；
sec_normal：周期为 1s 的信号输出；
sec_s：周期为 0.5s 的信号输出；
sec_m: 周期为 0.01s 的信号输出；
sec_h: 周期为 0.0005s 的信号输出；
*************************************************************/
module divclk(clk,sec_normal,sec_s,sec_m,sec_h);
    input clk;
    output sec_normal,sec_s,sec_m,sec_h;
    reg[23:0] count1;
    reg[22:0] count2;
    reg[19:0] count3;
    reg[12:0] count4;
    reg sec_normal,sec_s,sec_m,sec_h;
    always@(negedge clk)          //从 24MHz 分频出 1Hz（即周期为 1s）信号
    begin
       count1=count1+1;
      if(count1==24'd12000000)    //到 0.5s 吗
        begin
          count1=25'h0;           //清零
            sec_narmal=~sec_normal; //取反 1s 信号
        end
    end
    always@(negedge clk)          //从 24MHz 分频出 2Hz（即周期为 0.5s）信号
    begin
      count2=count2+1;
      if(count2==23'd6000000)     //到 0.25s 吗
        begin
          count2=24'h0;           //清零
            sec_s=~sec_s;          //取反 0.5s 信号
        end
    end
    always@(negedge clk)          //从 24MHz 分频出 20Hz（即周期为 0.05s）信号
    begin
      count3=count3+1;
      if(count3==20'd600000)      //到 0.025s 吗
        begin
          count3=21'h0;           //清零
          sec_m=~sec_m;           //置校分信号
        end
    end
    always@(negedge clk)          //从 24MHz 分频出 2 000Hz（即周期为 0.0005s）信号
```

```
      begin
         count4=count4+1;
        if(count4==13'd6000)              //到 0.00025s 吗
          begin
            count4=16'h0;                 //清零
            sec_h=~sec_h;                 //置校时信号
          end
      end
  endmodule
```

4.1.3   任务 3   校时模块设计

```
/**************************************************************
校时模块信号定义:
clk: 基准时钟信号输入;
keysel: 校时状态/正常计时状态选择键输入
key_s: 校秒信号选择键输入
key_m: 校分信号选择键输入
key_h: 校时信号选择键输入
sec_normal: 周期为 1s 的信号输入;
sec_s: 周期为 0.5s 的信号输入;
sec_m: 周期为 0.05s 的信号输入;
sec_h: 周期为 0.0005s 的信号输入;
sec: 计时信号输出;
**************************************************************/
module modify(clk,keysel,key_s,key_m,key_h,sec,sec_normal,sec_s,sec_m,sec_h);
    input clk;
    input keysel;
    input key_s;
    input key_m;
    input key_h;
    input sec_normal,sec_s,sec_m,sec_h;
    output sec;
    reg sec;

    always@(negedge clk)                  //获得正常计时信号或校时信号
    begin
      if(!keysel)                         //keysel 键为低电平则进入校时状态
      begin
        if(!key_s)                        //当 key_s 为低电平,则选校秒信号
          sec=sec_s;
        if(!key_m)
         sec=sec_m;                       //当 key_m 为低电平,则选校分信号
        if(!key_h)
         sec=sec_h;                       //当 key_h 为低电平,则选校时信号
      end
```

```
        else
                sec=sec_normal;           //keysel 键为高电平则为正常计时状态
        end
    endmodule
```

4.1.4 任务 4 计时处理模块设计

```
/******************************************************************
计时处理模块信号定义：
sec: 计时信号输入；
keyclr: 计时清零键；
keyen: 计时开始键；
min: 计时结果输出；
******************************************************************/
module counttime(sec,keyclr,keyen,min);
    input sec;
    input keyclr,keyen;
    output[23:0] min;
    reg[23:0] min;
    always@(posedge sec)          //计时处理
    begin
    if(!keyclr)                   //是清零吗
    begin
        min=24'h0;
    end
    else
        if(!keyen)                            //计时开始吗
        begin
            min=min+1;                //秒加 1
            if(min[3:0] = =4'ha)
            begin
                min[3:0]=4'h0;
                min[7:4]=min[7:4]+1;         //秒的十位数据加 1
                if(min[7:4] = =4'h6)
                begin
                    min[7:4]=4'h0;
                    min[11:8]=min[11:8]+1;        //分的个位数据加 1
                    if(min[11:8] = =4'ha)
                    begin
                        min[11:8]=4'h0;
                        min[15:12]=min[15:12]+1;        //分的十位数据加 1
                        if(min[15:12] = =4'h6)
                        begin
                            min[15:12]=4'h0;
                            min[19:16]=min[19:16]+1;    //时的个位数据加 1
                            if(min[19:16] = =4'ha)
```

```verilog
                                    begin
                                            min[19:16]=4'h0;
                                            min[23:20]=min[23:20]+1;//时的十位数据加 1
                                    end
                                    if(min[23:16]==8'h24)          //24h 制
                                            min[23:16]=0;
                        end
                    end
                end
            end
        end
    end
endmodule
```

4.1.5 任务 5 报时模块设计

```verilog
/*****************************************************************
报时模块信号定义：
clk: 基准时钟信号输入；
min: 当前计时结果输入；
buzzout: 声响输出；
*****************************************************************/
module music(clk,min,buzzout);
input clk;
input[23:0] min;
output buzzout;
reg[3:0] high,med,low;              //音谱标志寄存器
reg buzzout_reg;
reg[24:0] count1,count2;            //定义时钟计数寄存器
reg[20:0] count_end;               //定义分频系数寄存器
reg[7:0] counter;                  //控制音乐播放的音谱个数
reg clk_4Hz;                       //0.5s 的时钟周期

always@(posedge clk)               //过程
    begin
        if(count1<22'd3000000)     //小于 0.125s 吗
        begin
            count1=count1+1;       //是，则加 1
        end
        else
        begin
            count1=0;
            clk_4Hz=~clk_4Hz;      //置反，获得 4Hz 信号
        end
    end
always@(posedge clk)               //根据音符对应的频率，并在指定的时间播放
```

```
        begin
            count2=count2+1;
            if ((min[15:0]>=16'h5945)&&(min[15:0]<=16'h5959))      //整点判断
            begin
                if((count2==count_end)&& (min[23:16]==8'h11))    //中午12点时间段判断
                begin
                    buzzout_reg=!buzzout_reg;          //输出音乐
                    count2=25'h0;
                end
                else if(min[23:16]!=8'h11)
                begin
                    buzzout_reg=!(count2[10]&count2[18]&count2[23]); //输出声响信号
                end
            end
        end
    always@(posedge clk_4Hz)                            //获得对应音符的频率系数
        begin
            case({high,med,low})
                9'b000000001:count_end=16'hb32f;      //低音1的分频系数值
                9'b000000010:count_end=16'h9f9a;      //低音2的分频系数值
                9'b000000011:count_end=16'h8e37;      //低音3的分频系数值
                9'b000000100:count_end=16'h863c;      //低音4的分频系数值
                9'b000000101:count_end=16'h7794;      //低音5的分频系数值
                9'b000000110:count_end=16'h6a88;      //低音6的分频系数值
                9'b000000111:count_end=16'h5ee8;      //低音7的分频系数值
                9'b000001000:count_end=16'h5993;      //中音1的分频系数值
                9'b000010000:count_end=16'h4fd0;      //中音2的分频系数值
                9'b000011000:count_end=16'h4719;      //中音3的分频系数值
                9'b000100000:count_end=16'h431b;      //中音4的分频系数值
                9'b000101000:count_end=16'h3bca;      //中音5的分频系数值
                9'b000110000:count_end=16'h3544;      //中音6的分频系数值
                9'b000111000:count_end=16'h2f74;      //中音7的分频系数值
                9'b001000000:count_end=16'h2cca;      //高音1的分频系数值
                9'b010000000:count_end=16'h27e7;      //高音2的分频系数值
                9'b011000000:count_end=16'h238d;      //高音3的分频系数值
                9'b100000000:count_end=16'h218e;      //高音4的分频系数值
                9'b101000000:count_end=16'h1de5;      //高音5的分频系数值
                9'b110000000:count_end=16'h1aa2;      //高音6的分频系数值
                9'b111000000:count_end=16'h17ba;      //高音7的分频系数值
                default:count_end=16'hffff;
            endcase
        end
    always@(posedge clk_4Hz)                            // "梁祝"乐曲演奏
        begin
            if(counter==47) counter=0;
            else counter=counter+1;
```

```
case(counter)
    0:{high,med,low}=9'b000000011;          //低音3
    1:{high,med,low}=9'b000000011;
    2:{high,med,low}=9'b000000011;
    3:{high,med,low}=9'b000000011;
    4:{high,med,low}=9'b000000101;          //低音5
    5:{high,med,low}=9'b000000101;
    6:{high,med,low}=9'b000000101;
    7:{high,med,low}=9'b000000110;          //低音6
    8:{high,med,low}=9'b000001000;          //中音1
    9:{high,med,low}=9'b000001000;
    10:{high,med,low}=9'b000001000;
    11:{high,med,low}=9'b000010000;         //中音2
    12:{high,med,low}=9'b000000110;         //低音6
    13:{high,med,low}=9'b000001000;         //中音1
    14:{high,med,low}=9'b000000101;         //低音5
    15:{high,med,low}=9'b000000101;         //低音5
    16:{high,med,low}=9'b000101000;         //中音5
    17:{high,med,low}=9'b000101000;
    18:{high,med,low}=9'b000101000;
    19:{high,med,low}=9'b001000000;         //高音1
    20:{high,med,low}=9'b000110000;         //中音6
    21:{high,med,low}=9'b000101000;         //中音5
    22:{high,med,low}=9'b000011000;         //中音3
    23:{high,med,low}=9'b000101000;         //中音5
    24:{high,med,low}=9'b000010000;         //中音2
    25:{high,med,low}=9'b000010000;
    26:{high,med,low}=9'b000010000;
    27:{high,med,low}=9'b000010000;
    28:{high,med,low}=9'b000010000;
    29:{high,med,low}=9'b000010000;
    30:{high,med,low}=9'b000010000;
    31:{high,med,low}=9'b000010000;
    32:{high,med,low}=9'b000010000;
    33:{high,med,low}=9'b000010000;
    34:{high,med,low}=9'b000010000;
    35:{high,med,low}=9'b000011000;         //中音3
    36:{high,med,low}=9'b000000111;         //低音7
    37:{high,med,low}=9'b000000111;
    38:{high,med,low}=9'b000000110;         //低音6
    39:{high,med,low}=9'b000000110;
    40:{high,med,low}=9'b000000101;         //低音5
    41:{high,med,low}=9'b000000101;
    42:{high,med,low}=9'b000000101;
    43:{high,med,low}=9'b000000110;         //低音6
    44:{high,med,low}=9'b000001000;         //中音1
```

```
                        45:{high,med,low}=9'b000001000;
                        46:{high,med,low}=9'b000010000;              //中音 2
                        47:{high,med,low}=9'b000010000;
                endcase
            end
    assign buzzout=buzzout_reg;
    endmodule
```

4.1.6 任务 6 显示模块设计

```
/*************************************************************
显示模块信号定义：
clk: 基准时钟信号输入；
min: 当前计时结果输入；
sec: 计时的秒信号输入；
sled_reg: 数码管段码输出；
sl_reg: 数码管位码输出；
seg_reg: 单个数码管输出；
*************************************************************/
module display(clk,sec,min,sled_reg,sl_reg,seg_reg);
    input clk;
    input sec;
    input[23:0] min;
    output[7:0] sled_reg;
    output[3:0] sl_reg;
    output[7:0] seg_reg;
    reg[7:0] sled_reg;
    reg[3:0] sl_reg;
    reg[7:0] seg_reg;

    reg[15:0] count;
    reg[3:0] ledbuf;

    always@(negedge clk)                //过程
    begin
    count=count+1;
    end
    always@(count[11:10])
    begin
    case(count[11:10])
            2'h0:ledbuf=min[3:0];       //取秒的个位数据
            2'h1:ledbuf=min[7:4];       //取秒的十位数据
            2'h2:ledbuf=min[11:8];      //取分的个位数据
```

218

```verilog
            2'h3:ledbuf=min[15:12];          //取分的十位数据
        endcase
        case(count[11:10])                   //送对应位的位码
            2'h0:sl_reg=4'b0111;             //扫描最高位
            2'h1:sl_reg=4'b1011;
            2'h2:sl_reg=4'b1101;
            2'h3:sl_reg=4'b1110;
        endcase
    end
always@(ledbuf)                              //时间显示
begin
        case(ledbuf)
            4'h0:sled_reg=8'hc0;
            4'h1:sled_reg=8'hf9;
            4'h2:sled_reg=8'ha4;
            4'h3:sled_reg=8'hb0;
            4'h4:sled_reg=8'h99;
            4'h5:sled_reg=8'h92;
            4'h6:sled_reg=8'h82;
            4'h7:sled_reg=8'hf8;
            4'h8:sled_reg=8'h80;
            4'h9:sled_reg=8'h90;
            4'ha:sled_reg=8'h88;
            4'hb:sled_reg=8'h83;
            4'hc:sled_reg=8'hc6;
            4'hd:sled_reg=8'ha1;
            4'he:sled_reg=8'h86;
            4'hf:sled_reg=8'h8e;
        endcase
        if((count[11:10]==2'b10)&sec) sled_reg=sled_reg&8'h7f;  //小数点闪烁
end
always@(min[23:16])
begin
case(min[23:16])                             //根据时的值，向1位数码管发送相应段码
        8'h0:seg_reg=8'h3f;     //显示数据 0
        8'h1:seg_reg=8'h06;     //显示数据 1
        8'h2:seg_reg=8'h5b;     //显示数据 2
        8'h3:seg_reg=8'h4f;     //显示数据 3
        8'h4:seg_reg=8'h66;     //显示数据 4
        8'h5:seg_reg=8'h6d;     //显示数据 5
        8'h6:seg_reg=8'h7d;     //显示数据 6
        8'h7:seg_reg=8'h07;     //显示数据 7
        8'h8:seg_reg=8'h7f;     //显示数据 8
```

```
                 8'h9:seg_reg=8'h6f;       //显示数据 9
                 8'h10:seg_reg=8'h77;      //显示数据 A
                 8'h11:seg_reg=8'h7c;      //显示数据 b
                 8'h12:seg_reg=8'hbf;      //显示数据 0.
                 8'h13:seg_reg=8'h86;      //显示数据 1.
                 8'h14:seg_reg=8'hdb;      //显示数据 2.
                 8'h15:seg_reg=8'hcf;      //显示数据 3.
                 8'h16:seg_reg=8'he6;      //显示数据 4.
                 8'h17:seg_reg=8'hed;      //显示数据 5.
                 8'h18:seg_reg=8'hfd;      //显示数据 6.
                 8'h19:seg_reg=8'h87;      //显示数据 7.
                 8'h20:seg_reg=8'hff;      //显示数据 8.
                 8'h21:seg_reg=8'hef;      //显示数据 9.
                 8'h22:seg_reg=8'hf7;      //显示数据 A.
                 8'h23:seg_reg=8'hfc;      //显示数据 b.
             endcase
          end
    endmodule
```

4.1.7　任务 7　顶层模块设计

```
/*****************************************************************
顶层模块信号定义：
clk: 基准时钟信号输入；
keysel: 校时状态/正常计时状态选择键输入
key_s: 校秒信号选择键输入
key_m: 校分信号选择键输入
key_h: 校时信号选择键输入
keyclr: 计时清零键；
keyen: 计时开始键；
buzzout: 声响输出；
sled: 4 位数码管段码输出；
sl: 4 位数码管位码输出；
seg:单个数码管输出；
*****************************************************************/

module clock(clk,keysel,key_s,key_m,key_h,keyen,keyclr,sled,sl,seg,buzzout);
    output[7:0] sled;
    output[3:0] sl;
    output[7:0] seg;
    output buzzout;
    input clk;
    input keysel,key_s,key_m,key_h,keyen,keyclr;
    wire[23:0] min;                              //定义现在时刻寄存器
```

```
wire sec;                                          //定义标志位
wire sec_s,sec_m,sec_h,sec_normal;                 //计时信号
/*  模块引用  */
divclk Q1(clk,sec_normal,sec_s,sec_m,sec_h);       //引用分频模块
modify Q2(clk,keysel,key_s,key_m,key_h,sec,sec_normal,sec_s,sec_m,sec_h);   //校时模块
counttime Q3(sec,keyclr,keyen,min);                //引用计时处理模块
display Q4(clk,sec,min,sled,sl,seg);               //引用显示模块
music Q5(clk,min,buzzout);                         //引用报时模块
endmodule
```

4.1.8 任务8 下载调试运行

1）用鼠标双击 Quartus II 软件快捷图标进入 Quartus II 集成开发环境，新建工程项目文件 clock.qpf，并在该项目下分别新建 Verilog 源程序文件 clock.v、divclk.v、modify.v、counttime.v、 music.v 和 display.v 这 6 个文件，输入上面的程序代码并保存。

2）为该工程项目选择一个目标器件，并对相应的引脚进行锁定，在些所选择的器件应该是 Altera 公司的 EPM1270T144C5N 芯片，引脚锁定表如表 4-2 所示。

表 4-2　引脚锁定表

引　脚　号	引　脚　名	引　脚　号	引　脚　名
118	seld0	124	seg0
117	seld1	123	seg1
114	seld2	121	seg2
113	seld3	120	seg3
112	seld4	119	seg4
111	seld5	125	seg5
110	seld6	127	seg6
109	seld7	122	seg7
108	sl0	61	keyclr
107	sl1	71	keyen
106	sl2	18	clk
105	sl3		

3）对该工程文件进行编译处理，若在编译过程中发现错误，则需找出并更正错误，直至成功为止。

使用 USB-Blaster 下载电缆，将开发板 JTAG 口与 USB-Blaster 下载口相连，再打开工作电源，执行下载命令把程序下载到 CCIT CPLD/FPGA 实验仪的 EPM1270T144C5N 器件中，即看到数码管上的数字变化，也可手动选择校时频率，以实现对时、分、秒的校时。在校时过程

中在整点时会响铃、在中午 12 时会演奏"梁祝"音乐片段。

4.1.9 技能实训

将本节中的数字时钟系统做如下更新和修改。

1）分频模块：得到正常的秒信号。

2）校时模块：根据当前是否是校时状态，通过按 3 个按键分别对时、分、秒进行校对（如，按校秒键一次，秒加 1；按 2 次，秒加 2，……）。

3）正常计时模块：进行时、分、秒计数处理。

4）状态选择模块：根据当前状态，输出相应的时、分、秒。

5）报时模块：当整点时响 10 声（59 分 50 秒~59 分 59 秒），中午 12 点时播放一段音乐（11 时 59 分 45 秒~11 时 59 分 59 秒）。

6）显示模块：在 4 位数码管上显示分、秒；在 1 位数码管上显示时（0~12h 显示对应的十六进制值；13~24h 时，显示减去 12 后的十六进制值，并点亮小数点）。

1. 实训目标

1）增强专业意识，培养良好的职业道德和职业习惯。

2）培养自主创新的学习能力和良好的实践操作能力。

3）掌握键盘、LED 数码管、时钟模块的综合运用。

4）掌握秒脉冲发生电路、计数显示、时钟校时模块的 Verilog 语言编程方法。

2. 实训设备

1）实验仪 CCIT CPLD/FPGA。

2）QuartusII 13.1 软件开发环境。

3. 实训内容与步骤

1）题意分析：参考本节项目电子钟项目实例，将选频校时改为按键校时，主要对校时模块进行修改，同时分频模块只要分频 1Hz 信号即可，另外增加了时钟状态（校时/正常计时）选择模块，其他的模块变化不大，6 个模块的功能关系图如图 4-3 所示。

2）分频模块：得到正常的 1s 信号。

```
module divclk(clk,sec);
    input clk;
    output sec;
    reg[24:0] count;
    reg sec;
    always@(negedge clk)           //分频得到 1s 信号
    begin
        count=count+1;
        if(count==_____)    //到 0.5s 吗
        begin
            count=25'h0;           //是，则输出取反
            sec=_____;          //置位秒标志
        end
    end
endmodule
```

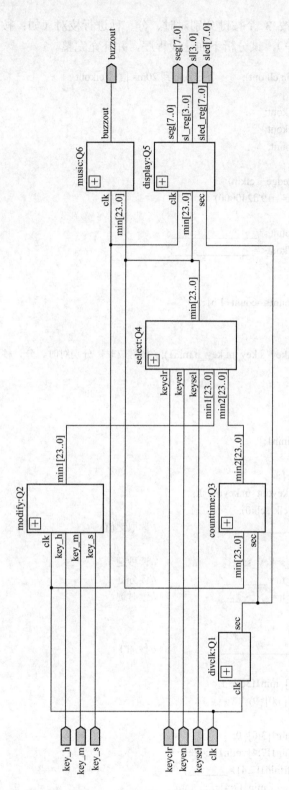

图4-3 6个模块的功能关系图

3）校时模块：通过按 3 个按键分别对时、分、秒进行校对（如：按校秒键一次，秒加 1；按 2 次，秒加 2，……），试分析下面这段程序，并补充完整。

```verilog
module   f_1M(clkin,clkout);          //分频得到 20ms 信号 clkout
    input clkin;
    output      clkout;
    reg         clkout;
    reg[18:0]   count;

    always@(negedge   clkin)
        if(count==19'd240000)
        begin
            count<=_____;
            clkout<=_____;
        end
        else
            count<=count+1'b1;
endmodule

module modify(clk,key_s,key_m,key_h,min1); //按键校时，分别对时、分、秒校对
    input clk;
    input key_s;
    input key_m;
    input key_h;
    output[23:0] min1;
    wire clk0;
    reg[23:0] min1;
    reg keyout_s,keyout_m,keyout_h;
    f_1M f_1Ma(clk , clk0);
    always@(_____)            //读取键值
    begin
        keyout_s=key_s;                //读秒键
        keyout_m=_____;             //读分键
        keyout_h=_____;             //读时键
    end

    always@(_____)            //秒加 1
    begin
        min1[3:0]=min1[3:0]+1;
        if(min1[3:0]>9)
        begin
            min1[3:0]=0;
            min1[7:4]=min1[7:4]+1;
            if(min1[7:4] >_____)
                min1[7:4]=0;
```

224

```
                end
            end

        always@(_____)                //分加 1
        begin
            min1[11:8]=min1[11:8]+1;
                if(min1[11:8] >_____)
                begin
                        min1[11:8]=0;
                        min1[15:12]=min1[15:12]+1;
                        if(min1[15:12]>5)
                            min1[15:12]=0;
                end
        end

        always@(negedge        keyout_h)        //时加 1
        begin
            _____
            _____
            _____
            _____
            _____
            _____
            _____
        end
    endmodule
```

4）正常计时模块：根据 1s 输入信号 sec 和前 1s 的计时值 min，从而得到此时正常计时的值。

```
    module counttime(sec,min,min2);
        input sec;
        input[23:0] min;
        output[23:0] min2;
        reg[23:0] min2;

        always@(posedge sec)                //min2 在前 1s min 的计时值基础上加 1
        begin
                min2=min;                   //前 1s min 的计时值赋给 min2
                min2=min2+1;
                if(min2[3:0] ==4'ha)
                    ……                      //后面的代码与书上例子类似
        end
    endmodule
```

5）状态选择模块：根据当前状态，输出相应的时、分、秒。分析下面这段程序，并补充完整。

```
module select (min1,min2,keysel,keyen,keyclr,min);
    input[23:0] min1,min2;              // min1 是校时值，min2 是正常计时值
    input keysel,keyen,keyclr;
    output[23:0] min;
    reg[23:0] min;

    always
    begin
        if(!keyclr)                     //计时清零键
        begin
            min=_____;               //清零
        end
        else
            if(!keyen)                  //计时使能键
            begin
                if(!keysel)             //状态选择键
                    min=_____;       //校时状态
                else
                    min=_____;       //正常计时状态
            end
    end
endmodule
```

6）报时模块和显示模块：程序请参考 4.1.5 节和 4.1.6 节，完成相应模块功能。

7）顶层模块设计。

```
module clock(clk,keysel,key_s,key_m,key_h,keyen,keyclr,sled,sl,seg,buzzout);
    output[7:0] sled;
    output[3:0] sl;
    output buzzout;
    output[7:0] seg;
    input clk;
    input keysel,key_s,key_m,key_h,keyen,keyclr;
    reg[24:0] count;
    wire[23:0] min;
    wire[23:0] min1;
    wire[23:0] min2;
    wire sec;

    divclk Q1(clk,sec);
    modify Q2(clk,key_s,key_m,key_h,min1);
    counttime Q3(_____,min,min2);
    select Q4(_____,_____,keysel,keyen,keyclr,min);
    display Q5(clk,sec,_____,sled,sl,seg);
    music Q6(clk,_____,buzzout);
endmodule
```

226

8）编译并改正语法错误。

9）指定芯片的引脚，并设置不用的引脚。

引脚锁定表如表4-3所示。

表4-3　引脚锁定表

引　脚　号	引　脚　名	引　脚　号	引　脚　名
118	seld0	121	seg2
117	seld1	120	seg3
114	seld2	119	seg4
113	seld3	125	seg5
112	seld4	127	seg6
111	seld5	122	seg7
110	seld6	41	buzzout
109	seld7	72	keysel
108	sl0	62	key_s
107	sl1	63	key_m
106	sl2	64	key_h
105	sl3	71	keyen
124	seg0	61	keyclr
123	seg1	18	clk

10）重新编译下载运行并调试。

观看数码管上的数字变化；动手按键对时、分、秒进行校对；如果时间到整点时，观察是否有响铃功能，在12点整点时，是否有音乐。

4．实训注意事项

1）单个模块的设计及顶层模块的设计。

2）模块的引用。

5．实训考核

请读者根据表4-4所示的实训考核要求，进行实训操作，保持良好的实训操作规划，熟悉整个工程的新建、程序代码编写、开发环境设置和编译下载调试的过程。

表4-4　实训考核要求

项　目	内　容	配　分	考核要求	得分
职业素养	1. 实训的积极性 2. 实训操作规范 3. 纪律遵守情况	10	积极参加实训，遵守安全操作规程，有良好的职业道德和敬业精神	
Quartus II 软件的使用及程序的编写	1. 能熟练使用 Quartus II 软件 2. 代码语法的规范、熟练掌握顶层模块的设计及模块的引用 3. 芯片引脚的指定	40	能熟练使用 Quartus II 软件、规范编写代码、改正语法错误、掌握顶层模块的设计、模块实例的编写及引用，正确指定引脚	
调试过程	1. 程序下载 2. 实验仪的使用 3. 操作是否规范	30	能下载程序，实验仪的规范使用，现象是否合理	
项目完成度和准确度	1. 实现题意 2. 操作和现象合理	20	该项目的所有功能是否能实现	

4.2 项目 2 基于 Verilog HDL 的交通信号灯模拟控制设计

学习目标

1．能力目标
1）进行计数器计数电路设计。
2）进行七段数码管显示电路设计。
3）根据目前时间状态，编程控制主干道和支干道信号灯的状态变化。

2．知识目标
1）掌握秒脉冲发生电路、计数显示、时钟校时模块的 Verilog 语言编程的方法。
2）掌握控制主干道和支干道灯状态变化的程序编写方法。

3．素质目标
1）培养读者 CPLD 的综合开发能力。
2）培养读者团队协作精神。

情境设计

本节主要通过设计交通信号灯控制的综合实例，介绍 CPLD 项目开发的一般方法和编程技巧。具体教学安排如表 4-5 所示。

表 4-5　教学安排

教　学　情　境	技　能　训　练	知　识　要　点	学　时　数
交通信号灯控制设计： 4.2.1　任务提出及设计分析 4.2.2　初始化模块设计 4.2.3　分频模块设计 4.2.4　控制 A 方向 4 盏灯亮灭模块设计 4.2.5　控制 B 方向 4 盏灯亮灭模块设计 4.2.6　A、B 方向各种灯剩余时间的显示模块设计	1．进行计时模块的编程 2．将主、支干道上的时间在LED 数码管上显示 3．对主、支干道上的时间进行控制 4．进行整机调试	1．计时处理的编程方法 2．根据键盘及时间状态的变化控制 LED 发光二极管	8

4.2.1　任务 1　任务提出及设计分析

1．任务
利用 CCIT CPLD/FPGA 实验仪模拟一个交通信号灯控制系统，并显示各种状态的剩余时间。

2．要求
通过此案例的编程和下载运行，了解并掌握分频、分时控制、显示的综合设计。

3．分析
（1）功能分析
利用 Verilog HDL，设计一个十字路口交通灯控制器，交通灯控制示意图如图 4-4 所示。

A 方向和 B 方向各设红（R）、黄（Y）、绿（G）、左拐（L）4 盏灯，4 种灯按合理的顺序亮灭，并能将灯亮的时间以倒计时的形式显示在数码管上。两个方向各种灯亮的时间应该能够非常方便地进行设置和修改，此外假设 A 方向是主干路，车流量大，因此 A 方向通行的时间应比 B 方向长一些。

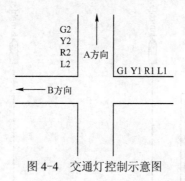

图 4-4　交通灯控制示意图

（2）状态表

交通灯控制器的状态转换如表 4-6 所示。表中"1"表示灯亮，"0"表示灯灭。A 方向和 B 方向的红、黄、绿和左拐灯分别用 R1、Y1、G1、L1 和 R2、Y2、G2、L2 来表示。

表 4-6　交通灯控制器的状态转换

A 方向				B 方向			
绿灯（G1）	黄灯（Y1）	左拐灯（L1）	红灯（R1）	绿灯（G2）	黄灯（Y2）	左拐灯（L2）	红灯（R2）
1	0	0	0	0	0	0	1
0	1	0	0	0	0	0	1
0	0	1	0	0	0	0	1
0	1	0	0	0	0	0	1
0	0	0	1	1	0	0	0
0	0	0	1	0	1	0	0
0	0	0	1	0	0	1	0
0	0	0	1	0	1	0	0

从状态转换表中可以看出，每个方向 4 盏灯依次按如下顺序点亮，并不断循环。

绿灯→黄灯→左拐灯→黄灯→红灯

每个方向红灯亮的时间应该与另一方向绿、黄、左拐、黄灯亮的时间相等。黄灯所起的作用是用来在绿灯和左拐灯后进行缓冲，以提醒行人此方向马上要禁行了。

（3）设计思路

根据交通灯控制器要实现的功能，考虑用两个并行执行的 always 模块来分别控制 A（前进）和 B（左转）两个方向的四盏灯，这两个模块用同一个时钟信号，以进行同步，也就是说，两个 always 模块敏感信号是同一个。每个 always 模块控制一个方向的 4 盏灯按如下顺序点亮，并往复循环。

绿灯→黄灯→左拐灯→黄灯→红灯

每盏灯亮的时间采用一个减法计数器进行计数，该计数器采用同步预置法设计，这样只要改变预置数据，就可以改变计数器的模，因此每个方向只需要 1 个计数器进行计时即可。为了便于显示灯亮的时间，计数器的输出均采用 BCD 码，显示由 4 个数码管来完成，A 方向和 B 方向各用两个数码管。要实现以上各个模块的功能，则交通信号灯控制器的电路原理图如图 4-5 所示。

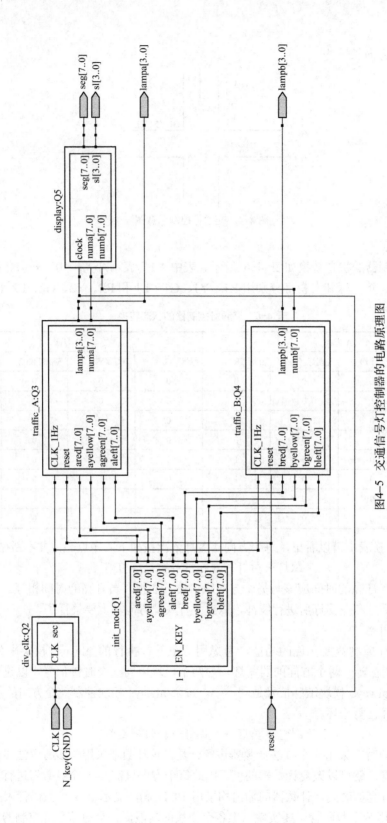

图4-5 交通信号灯控制器的电路原理图

以下是各个模块设计的过程。

4.2.2 任务 2 初始化模块设计

```
/******************************************************************
初始化模块信号定义：
EN_KEY：变量初始化按键输入口；
ared：A方向上红灯亮灯时长信号；
ayellow：A方向上黄灯亮灯时长信号；
agreen：A方向上绿灯亮灯时长信号；
aleft：A方向上左拐灯亮灯时长信号；
bred：B方向上红灯亮灯时长信号；
byellow：B方向上黄灯亮灯时长信号；
bgreen：B方向上绿灯亮灯时长信号；
bleft：B方向上左拐亮灯时长信号；
******************************************************************/
module init_mod(EN_KEY,ared,ayellow,agreen,aleft,bred,byellow,bgreen,bleft);
    input EN_KEY;
    output[7:0]    ared,ayellow,agreen,aleft,bred,byellow,bgreen,bleft;
    reg [7:0]    ared,ayellow,agreen,aleft,bred,byellow,bgreen,bleft;
    always@(!EN_KEY)    //变量初始化按键按下时
        if(!EN_KEY)
        begin
            ared<=8'b01010101;      //55s
            ayellow<=8'b00000101;   //5s
            agreen<=8'b01000000;    //40s
            aleft<=8'b00010101;     //15s
            bred<=8'b01100101;      //65s
            byellow<=8'b00000101;   //5s
            bgreen<=8'b00110000;    //30s
            bleft<=8'b00010101;     //15s
        end
    endmodule
```

4.2.3 任务 3 分频模块设计

```
/******************************************************************
分频模块信号定义：
CLK：基准时钟信号输入；
sec：1Hz计时信号输出；
******************************************************************/
module div_clk(CLK,sec);
    input   CLK;
    output  sec;
    reg   sec;
    reg[25:0] count;                        //定义分频计数器
```

```
        always@(posedge CLK)              //过程
        begin
            if(count<24'd12000000)        //小于 0.5s 吗?
            begin
                    count=count+1;        //是,则计数器加 1
            end
            else
            begin
                count=0;                  //计数器归零
                sec =~sec;                //秒信号取反输出,使其周期为 1s
            end
        end
    endmodule
```

4.2.4　任务 4　控制 A 方向 4 盏灯亮灭模块设计

```
/*****************************************************************
控制 A 方向 4 种灯亮灭模块信号定义:
CLK_1Hz:1Hz 时钟信号输入;
reset:复位键输入口;
ared:A 方向上红灯亮灯时长信号输入;
ayellow:A 方向上黄灯亮灯时长信号输入;
agreen:A 方向上绿灯亮灯时长信号输入;
aleft:A 方向上左拐灯亮灯时长信号输入;
lampa:A 方向上各种灯的亮灭输出;
numa:A 方向上当前亮灯状态的剩余时间输出;
*****************************************************************/
module traffic_A(CLK_1Hz,reset, ared,ayellow,agreen,aleft,lampa,numa);
    output[3:0]   lampa;
    output[7:0]   numa;
    input   CLK_1Hz;
    input   reset;
    input[7:0]  ared,ayellow,agreen,aleft;
    reg[7:0]   numa;                      //定义寄存器
    reg   tempa;                          //定义控制状态灯转换标志信号
    reg[2:0]   counta;                    //定义灯亮顺序控制信号
    reg[3:0] lampa;
    always@(posedge CLK_1Hz)              //该 always 模块控制 A 方向的 4 盏灯
    begin
        if(reset)                         //初始化按键没有被按下时
            if(!tempa)                    //条件成立,置可选状态灯信号,并赋时长
            begin
                tempa=1;                  //封锁可选状态灯信号
                case(counta)              //控制亮灯的顺序及时间
                    0:begin numa<=agreen;lampa<=4'b1110;counta<=1;end    //绿灯
                    1:begin numa<=ayellow;lampa<=4'b1011;counta<=2;end   //黄灯
```

```
                2:begin numa<=aleft;lampa<=4'b0111;counta<=3;end        //左拐灯
                3:begin numa<=ayellow;lampa<=4'b1011;counta<=4;end      //黄灯
                4:begin numa<=ared;lampa<=4'b1101;counta<=0;end         //红灯
                default:            lampa<=4'b1101;//红灯
            endcase
        end
        else            //倒计时
        begin
            if(numa>1)
                if(numa[3:0]==0)                        //低 4 位为 0 时
                begin
                    numa[3:0]<=4'b1001;         //低 4 位值为 9
                    numa[7:4]<=numa[7:4]-1;     //高 4 位值减 1
                end
                else
                    numa[3:0]<=numa[3:0]-1;     //低 4 位值减 1
            else
                tempa=0;                        //倒计时完时，开锁可选状态灯信号
        end
    else                                        //对 A 方向灯的状态进行初始化
    begin
        lampa<=4'b1101;
        counta<=0;
        tempa<=0;
    end
    end
end
endmodule
```

4.2.5　任务 5　控制 B 方向 4 盏灯亮灭模块设计

```
/****************************************************************
控制 B 方向 4 盏灯亮灭模块信号定义：
CLK_1Hz：1Hz 时钟信号输入；
reset：复位键输入口；
bred：B 方向上红灯亮灯时长信号输入；
byellow：B 方向上黄灯亮灯时长信号输入；
bgreen：B 方向上绿灯亮灯时长信号输入；
bleft：B 方向上左拐灯亮灯时长信号输入；
lampb：B 方向上各种灯的亮灭输出；
numb: B 方向上当前亮灯状态的剩余时间输出；
****************************************************************/
module traffic_B(CLK_1Hz,reset, bred,byellow,bgreen,bleft,lampb,numb);
    output[3:0]    lampb;
    output[7:0]    numb;
    input    CLK_1Hz;
    input    reset;
```

```verilog
input[7:0]    bred,byellow,bgreen,bleft;
reg[7:0]   numb;                          //定义寄存器
reg   tempb;                              //定义控制状态灯转换标志信号
reg[2:0]   countb;                        //定义灯亮顺序控制信号
reg[3:0] lampb;
always@(posedge CLK_1Hz)                  //该always模块控制B方向的4盏灯
begin
 if(reset)                                //初始化按键没有被按下时
     if(!tempb)                           //是，置可选状态灯信号，并赋时长
         begin
             tempb=1;                     //封锁可选状态灯信号
             case(countb)                 //控制亮灯的顺序及时间
                 0:begin numb<=bred;lampb<=4'b1101;countb<=1;end
                 1:begin numb<=bgreen;lampb<=4'b1110;countb<=2;end
                 2:begin numb<=byellow;lampb<=4'b1011;countb<=3;end
                 3:begin numb<=bleft;lampb<=4'b0111;countb<=4;end
                 4:begin numb<=byellow;lampb<=4'b1011;countb<=0;end
                 default: lampb<=4'b1101;
             endcase
         end
     else                                 //倒计时
         begin
             if(numb>1)
                 if(numb[3:0]==0)                //低4位为0时
                 begin
                     numb[3:0]<=4'b1001;         //低4位值为9
                     numb[7:4]<=numb[7:4]-1;     //高4位值减1
                 end
                 else
                     numb[3:0]<=numb[3:0]-1;     //低4位值减1
             else
                     tempb=0;                     //倒计时完时，开锁可选状态灯信号
         end
     else        //对B方向灯的状态进行初始化
         begin
             lampb<=4'b1101;
             countb<=0;
             tempb<=0;
         end
    end
endmodule
```

4.2.6   任务6   A、B方向各种灯剩余时间的显示模块设计

/**

A、B方向各种灯剩余时间的显示模块信号定义：

clock:基准时钟信号输入

numa：A 方向上当前亮灯状态的剩余时间输入；

numb：B 方向上当前亮灯状态的剩余时间输入；

seg：4 位数码管段码输出；

sl: 4 位数码管位选码输出；

**/

```verilog
module display(numa,numb,seg,sl,clock);
    output[7:0] seg;
    output[3:0] sl;
    input clock;
    input[7:0] numa,numb;
    reg[7:0] seg_reg;
    reg[3:0] sl_reg;
    rcg[3:0] disp_dat;                    //定义显示数据寄存器
    reg[25:0] count;                      //定义计数器
    always@(posedge clock)
    begin
        count=count+1;                    //计数器加 1
    end
    always@(count[12:11])                 //过（11'b11111111111 / 24M）s 执行一次
    begin
        case(count[12:11])
                2'b00:disp_dat=numa[3:0]; //A 方向状态灯剩余时间的个位送数码管显示
                2'b01:disp_dat=numa[7:4]; //A 方向状态灯剩余时间的十位送数码管显示
                2'b10:disp_dat=numb[3:0]; //B 方向状态灯剩余时间的个位送数码管显示
                2'b11:disp_dat=numb[7:4]; //B 方向状态灯剩余时间的十位送数码管显示
        endcase
        case(count[12:11])
                2'b00:sl_reg=4'b1101;     //从左向右选 4 位数码管的第 2 个
                2'b01:sl_reg=4'b1110;     //从左向右选 4 位数码管的第 1 个
                2'b10:sl_reg=4'b0111;     //从左向右选 4 位数码管的第 3 个
                2'b11:sl_reg=4'b1011;     //从左向右选 4 位数码管的第 4 个
        endcase
    end
    always@(disp_dat)
    begin
     case(disp_dat)                       //送段码值到段码线
        4'h0:seg_reg=8'hc0;
        4'h1:seg_reg=8'hf9;
        4'h2:seg_reg=8'ha4;
        4'h3:seg_reg=8'hb0;
        4'h4:seg_reg=8'h99;
        4'h5:seg_reg=8'h92;
        4'h6:seg_reg=8'h82;
        4'h7:seg_reg=8'hf8;
        4'h8:seg_reg=8'h80;
```

```
                    4'h9:seg_reg=8'h90;
                    4'ha:seg_reg=8'h88;
                    4'hb:seg_reg=8'h83;
                    4'hc:seg_reg=8'hc6;
                    4'hd:seg_reg=8'ha1;
                    4'he:seg_reg=8'h86;
                    4'hf:seg_reg=8'h8e;
                endcase
                end
                assign seg=seg_reg;
                assign sl=sl_reg;
        endmodule
```

4.2.7 任务 7 顶层文件设计

```
/***************************************************************
分频模块信号定义:
CLK:基准时钟输入口
EN_KEY:变量初始化按键输入口;
reset:复位键输入口;
lampa:A 方向上各种灯的亮灭输出;
lampb:B 方向上各种灯的亮灭输出;
seg:4 位数码管段码输出;
sl: 4 位数码管位选码输出;
***************************************************************/
module traffic(CLK,EN_key,reset,lampa,lampb,seg,sl);
    input CLK;
    input EN_key,reset;
    output[3:0] lampa,lampb;
    output[7:0] seg;
    output[3:0] sl;
    wire[7:0] ared,ayellow,agreen,aleft,bred,byellow,bgreen,bleft;
    wire[7:0] seg_reg;
    wire[3:0] sl_reg;
    wire sec;
    wire[7:0] numa,numb;
    /*  模块引用  */
    init_mod   Q1(EN_KEY,ared,ayellow,agreen,aleft,bred,byellow,bgreen,bleft);//初始化
    div_clk    Q2(CLK,sec); //分频得到 1Hz 信号
    traffic_A  Q3(sec,reset,ared,ayellow,agreen,aleft,lampa,numa);        //A 方向灯控制
    traffic_B  Q4(sec,reset,bred,byellow,bgreen,bleft,lampb,numb);        //B 方向灯控制
    display Q5(numa,numb,seg_reg,sl_reg,CLK);//4 位数码管上显示 A、B 方向剩余时间
    assign seg=seg_reg;
    assign sl=sl_reg;
endmodule
```

4.2.8 任务 8 下载调试运行

1）用鼠标双击 Quartus II 软件快捷图标进入 Quartus II 集成开发环境，新建工程项目文件 traffic.qpf，并在该项目下分别新建 Verilog 源程序文件 traffic.v、init_mod.v、div_clk.v、traffic_A.v、traffic_B.v、display.v 6 个文件，并分别输入上面的程序代码后保存。

2）为该工程项目选择一个目标器件，并对相应的引脚进行锁定，所选择的器件应该是 Altera 公司的 EPM1270T144C5N 芯片，引脚锁定表如表 4-7 所示。

表 4-7 引脚锁定表

引脚号	引脚名	引脚号	引脚名
29	lampa0	32	lampa3
30	lampa1	37	lampb0
31	lampa2	38	lampb1
39	lampb2	109	seg7
40	lampb3	108	sl0
118	seg0	107	sl1
117	seg1	106	sl2
114	seg2	105	sl3
113	seg3	61	EN_key
112	seg4	62	reset
111	seg5	18	CLK
110	seg6		

3）对该工程文件进行编译处理，若在编译过程中发现错误，则需找出并更正错误，直至成功为止。

4）使用 USB-Blaster 下载电缆，将开发板 JTAG 口与 USB-Blaster 下载口相连，再打开工作电源，执行下载命令把程序下载到 CCIT CPLD/FPGA 实验仪的 EPM1270T144C5N 器件中，看到数码管上的时间和 LED 8 盏小灯的变化了吗？

4.3 项目 3 基于 Verilog HDL 的四路数字式竞赛抢答器设计

学习目标

1. 能力目标

综合应用键盘、LED 发光二极管、蜂鸣器及 LED 数码管等外围接口进行产品设计。

2. 知识目标

1）掌握键盘、LED 小灯、蜂鸣器、LED 数码管等外围接口的 Verilog 语言编程。

2）掌握各种外围接口的灵活运用。

3. 素质目标

1）培养读者 CPLD 的综合开发能力。

2）培养读者实验的仿真及下载技能。

3）建立读者之间团结互助的关系。

 情境设计

本节主要通过设计数字式竞赛抢答器实例，介绍 CPLD 综合项目开发的一般方法和编程技巧。具体教学情境设计如表 4-8 所示。

表 4-8 教学情境设计

教 学 情 境	技 能 训 练	知 识 要 点	学 时 数
数字式竞赛抢答器设计 4.4.1：任务提出及设计分析 4.4.2：信号锁存电路设计 4.4.3：计分电路设计 4.4.4：数码管显示电路设计	1．进行键盘模块的编程 2．进行 LED 数码管模块的编程 3．进行蜂鸣器模块编程 4．进行各个模块的综合编程	1．掌握键盘、LED 发光二极管、蜂鸣器、LED 数码管等外围接口的编程方法 2．各个模块的综合编程	6

4.3.1 任务 1 任务提出及设计分析

1．任务

利用 CCIT CPLD/FPGA 实验仪设计一个可容纳 4 组参赛的数字式抢答器，每组设一个按钮供抢答使用。

2．要求

通过此案例的编程和下载运行，让读者了解并掌握键盘、指示灯、数码管及报警等处理模块的综合设计。

3．分析

（1）功能分析

抢答器具有第一信号鉴别和锁存功能，使除第一抢答者外的按钮无效；设置一个主持人"复位"按钮，主持人复位后，开始抢答，在第一信号鉴别锁存电路得到信号后，用指示灯显示抢答组别，蜂鸣器发出 2~3s 的音响。

设置犯规电路，对超时（例如 1min）答题的组别鸣笛示警，并由组别显示电路显示出犯规组别，该轮该选手退出，由裁判员重新发令，其他人再抢答。

设置一个计分电路，每组开始预置 5 分，由主持人记分，答对一次加 1 分，答错一次减 1 分。

（2）设计思路

此设计问题可分为第一信号鉴别、锁存模块、答题计时电路模块及计分电路模块和扫描显示模块四部分。

第一信号鉴别锁存模块的关键是准确判断出第一抢答者并将其锁存，在得到第一信号后，将输入端封锁，使其他组的抢答信号无效，可以用触发器或锁存器实现。设置抢答按钮 K1、K2、K3、K4，主持人复位信号 judge，蜂鸣器驱动信号 buzzout。当 judge=0 时，第一信号鉴别、锁存电路、答题计时电路复位，在此状态下，若有抢答按钮按下，鸣笛示警则显示犯规组别；当 judge=1 时，开始抢答，由第一信号鉴别锁存电路形成第一抢答信号，进行组别显示，控制蜂鸣器发出声响，并启动答题计时电路，若计时时间到，主持人复位信号还没有按下，则由蜂鸣器发出犯规示警声。

计分电路是一个相对独立的模块，采用十进制加/减计数器、数码管数码扫描显示，设置复位信号 Reset、加减分信号 add_min，加减分状态键 key_state。当 Reset=0 时，所有得分回到起始分（5 分），且加、减分信号无效；当 Reset=1 时，由第一信号鉴别、锁存电路的输出信号选择进行加减分的组别，当 key_state=1 时，按一次 add_min，第一抢答组加 1 分；当 key_state=0 时，每按一次 add_min，则减 1 分。以下为每个模块的设计过程。

4.3.2 任务 2 信号锁存电路设计

```
/**************************************************************
信号定义：
CLK：时钟信号；
K1、K2、K3、K4：抢答按钮信号；
out1、out2、out3、out4：抢答 LED 显示信号；
judge:裁判员抢答开始信号；
buzzout:示警输出信号；
flag：答题是否超时的标志；
**************************************************************/
module sel(clk,k1,k2,k3,k4,judge, out1,out2,out3,out4,out5,buzzout);
    input clk,k1,k2,k3,k4,judge;
    output out1,out2,out3,out4,out5,buzzout;
    reg out1,out2,out3,out4,out5,block,buzzout;
    reg[32:0] count;
    reg[27:0] counter;
    reg flag;

    always@(posedge clk)
    begin
        counter=counter+1;
        //裁判员发开始抢答信号,初始化指示灯为灭、抢答的互斥量为 0，蜂鸣器禁声
        if(!judge)
            begin
                {out1,out2,out3,out4,out5,block}<=6'b111110;
                count<=0;
                flag=0;
            end
        else
            case({k4,k3,k2,k1})
            4'b1110:
                    if(!block)
                        begin
                            out1=0;          //点亮第一组别指示灯
                            block=1;         //封锁别组抢答信号
                            count=1;         //第一组已按下按钮，可启动答题计时器
                        end
            4'b1101:
                    if(!block)
```

```
                                        begin
                                                out2=0;
                                                block=1;
                                                count=1;
                                        end
                        4'b1011:
                                        if(!block)
                                                begin
                                                out3=0;
                                                block=1;
                                                count=1;
                                                end
                        4'b0111:
                                        if(!block)
                                                begin
                                                out4=0;
                                                block=1;
                                                count=1;
                                                end
                        endcase
        /*答题计时开始，并判断是否答题超时*/
        if(count!=0)
                if(count==32'h5a000000)      //如果答题时间到了1min，则亮犯规灯
                begin
                        count=0;
                        out5=0;
                        flag=1'b1;                       //置蜂鸣器发声标志
                end
                else
                        count=count+1;
        end
end
//蜂鸣器发声
always@(counter[7])
        if(flag==1)
                buzzout=!(counter[11]&counter[22]&counter[27]);
        else
                buzzout=1'b0;
endmodule
```

4.3.3 任务3 计分电路设计

```
/************************************************************
子模块信号定义：去键盘抖动
clkin:基准时钟输入信号；
clkout:周期为20ms的信号输出；
************************************************************/
```

```
module    f_1M(clkin,clkout);
    input     clkin;
    output    clkout;
    reg       clkout;
    reg[16:0]  count;

    always @(negedge clkin)
        if(count==17'd240000)
        begin
                count<=17'd0;
                clkout<=~clkout;
        end
        else
                count<=count+1'b1;
endmodule
```

/***
主模块信号定义:
clk:时钟信号;
c1,c2,c3,c4:抢答组别输入信号;
add_min:加减分按钮;
key_state:加减分标志按钮;
reset:初始分（5 分）设置信号;
count1:第一组得分输出;
count2:第二组得分输出;
count3:第三组得分输出;
count4:第四组得分输出;
**/

```
module count(clk,c1,c2,c3,c4,add_min,key_state,reset,count1,count2,count3,count4);
    input    clk,c1,c2,c3,c4,add_min,key_state,reset;
    output[3:0]    count1,count2,count3,count4;
    reg[3:0]    count1,count2,count3,count4;
    wire    clk0;
    reg     keyout;
    f_1M  f_1Ma(clk,clk0);              //引用获得 20ms 的子模块
    always @(negedge clk0)
        keyout=add_min;
    always @(posedge keyout)            //根据相应组别加减分
    begin
        if(!reset)                      //初始化各组的起始分数
        {count1,count2,count3,count4}=16'h5555;
      if(!key_state)                    // key_state 为低电平，选组别减分模式
      begin
          if(!c1)                       //第一组别减 1 分，最高分为 10 分，最低分为 0 分
              begin
                  if(count1!=4'b0000)
                      count1=count1-1;
```

```
                  end
          if(!c2)                        //第二组别减1分，最高分为10分，最低分为0分
              begin
                  if(count2!=4'b0000)
                      count2=count2-1;
              end
          if(!c3)                        //第三组别减1分，最高分为10分，最低分为0分
              begin
                  if(count3!=4'b0000)
                      count3=count3-1;
              end
          if(!c4)                        //第四组别减1分，最高分为10分，最低分为0分
              begin
                  if(count4!=4'b0000)
                      count4=count4-1;
              end
    end
    else                          // key_state 为高电平，选组别加分模式
    begin
          if(!c1)                 //第一组别加分，最高分为10分，最低分为0分
          begin
              if(count1>10)
                  count1=0;
              else
                  count1=count1+1;
          end
          if(!c2)                 //第二组别加分，最高分为10分，最低分为0分
          begin
              if(count2>10)
                  count2=0;
              else
                  count2=count2+1;
          end
          if(!c3)                 //第三组别加分，最高分为10分，最低分为0分
          begin
              if(count3>10)
                  count3=0;
              else
                  count3=count3+1;
          end
          if(!c4)                 //第四组别加分，最高分为10分，最低分为0分
          begin
              if(count4>10)
                  count4=0;
              else
                  count4=count4+1;
```

```
                        end
                    end


                end
            endmodule
```

4.3.4 任务4 数码管显示电路设计

```
/**********************************************************************
信号定义：
clk:时钟信号；
seg:数码管段输出引脚；
sl:数码管位输出引脚；
score1:第一组得分输入；
score2:第二组得分输入；
score3:第三组得分输入；
score4:第四组得分输入；
**********************************************************************/
module dled (seg,sl,score1,score2,score3,score4,clk);
    output[7:0] seg;
    output[3:0] sl;
    input clk;
    input[3:0] score1,score2,score3,score4;
    reg[7:0] seg_reg;                    //定义数码管段输出寄存器
    reg[3:0] sl_reg;                     //定义数码管位输出寄存器
    reg[3:0] disp_dat;                   //定义显示数据寄存器
    reg[16:0] count;                     //定义计数器寄存器
    always@(posedge clk)                 //定义 clock 信号上升沿触发
        begin
            count=count+1;               //计数器值加 1
        end
    always@(count[14:13])                //定义显示数据触发事件
        begin
            case(count[14:13])           //选择扫描显示数据
                2'h0:disp_dat=score1;    //在个位数码管上显示第一组别的分数值
                2'h1:disp_dat=score2;    //在十位数码管上显示第二组别的分数值
                2'h2:disp_dat=score3;    //在百位数码管上显示第三组别的分数值
                2'h3:disp_dat=score4;    //在千位数码管上显示第四组别的分数值
            endcase
            case(count[14:13])           //选择数码管显示位
                2'h0:sl_reg=4'b1110;     //选择个位数码管
                2'h1:sl_reg =4'b1101;    //选择十位数码管
                2'h2:sl_reg =4'b1011;    //选择百位数码管
                2'h3:sl_reg =4'b0111;    //选择千位数码管
            endcase
        end
```

```
        always@(disp_dat)                    //显示数据的解码过程
        begin
            case(disp_dat)
                    4'h0:seg_reg=8'hc0;      //显示数据 0
                    4'h1:seg_reg=8'hf9;      //显示数据 1
                    4'h2:seg_reg=8'ha4;      //显示数据 2
                    4'h3:seg_reg=8'hb0;      //显示数据 3
                    4'h4:seg_reg=8'h99;      //显示数据 4
                    4'h5:seg_reg=8'h92;      //显示数据 5
                    4'h6:seg_reg=8'h82;      //显示数据 6
                    4'h7:seg_reg=8'hf8;      //显示数据 7
                    4'h8:seg_reg=8'h80;      //显示数据 8
                    4'h9:seg_reg=8'h90;      //显示数据 9
                    4'ha:seg_reg=8'h88;      //显示数据 A
                    4'hb:seg_reg=8'h83;      //显示数据 b
                    4'hc:seg_reg=8'hc6;      //显示数据 C
                    4'hd:seg_reg=8'ha1;      //显示数据 d
                    4'he:seg_rcg=8'h86;      //显示数据 E
                    4'hf:seg_reg=8'h8e;      //显示数据 F
            endcase
        end
        assign seg=seg_reg;                  //输出数码管解码结果
        assign sl=sl_reg;                    //输出数码管选择
endmodule
```

4.3.5　任务 5　顶层文件设计

```
/****************************************************************
信号定义：
clk:基准时钟输入信号；
k1,k2,k3,k4：抢答按钮输入信号
seg:数码管段输出引脚；
sl:数码管位输出引脚；
add_min:加减分按键；
key_state:加减分模式选择按键；
reset:初始分（5分）设置键信号；
judge:裁判员抢答开始键信号；
o1、o2、o3、o4：抢答组别 LED 显示输出信号；
buzzout:示警输出信号；
****************************************************************/
module qiangdaqi(clk,k1,k2,k3,k4,seg,sl,add_min,key_state,reset,judge,o1,o2,o3,o4,o5,buzz);
    input clk,k1,k2,k3,k4,add_min,key_state,reset,judge;
    output[7:0] seg;
    output[3:0] sl;
    output o1,o2,o3,o4,o5;
    output buzz;
```

```
        wire o1,o2,o3,o4;
        wire[3:0] s1,s2,s3,s4;
        /* 模块引用 */
        sel Q1(clk,k1,k2,k3,k4,judge,o1,o2,o3,o4,o5,buzz);          //调用抢答信号锁存显示电路
        count Q2(clk,o1,o2,o3,o4,add_min,key_state,reset,s1,s2,s3,s4);   //调用计分电路
        dled Q3(seg,sl,s1,s2,s3,s4,clk);                            //调用数码管显示电路
    endmodule
```

4.3.6 任务 6 下载调试运行

1）用鼠标双击 Quartus II 软件快捷图标进入 Quartus II 集成开发环境，新建工程项目文件 qiangdaqi.qpf，并在该项目下逐一新建 Verilog 源程序文件 qiangdaqi.v、sel.v、count.v 和 dled.v，输入上面的程序代码并保存。

2）为该工程项目选择一个目标器件，并对相应的引脚进行锁定，所选择的器件应该是 Altera 公司的 EPM1270T144C5N 芯片，引脚锁定表如表 4-9 所示。

表 4-9   引脚锁定表

Pin	Node Name	Pin	Node Name
61	k1	110	seg6
62	k2	109	seg7
63	k3	108	sl0
66	k4	107	sl1
67	add_min	106	sl2
71	key_state	105	sl3
69	reset	29	o1
70	judeg	30	o2
118	seg0	31	o3
117	seg1	32	o4
114	seg2	37	o5
113	seg3	41	buzz
112	seg4	18	clk
111	seg5		

3）对该工程文件进行编译处理，若在编译过程中发现错误，则需找出并更正错误，直至成功为止。

4）使用 USB-Blaster 下载电缆，将开发板 JTAG 口与 USB-Blaster 下载口相连，再打开工作电源，执行下载命令把程序下载到 CCIT CPLD/FPGA 实验仪的 EPM1270T144C5N 器件中，通过 K1~K4 抢答按键按下后，由裁判员根据答题情况，通过控制 add_min 和 key_state 这两个键实现加减分操作，这样大家就可以看到数码管上的分数和 LED 4 盏小灯的变化。

4.3.7 课后思考

将本节中的数字式智能竞赛抢答器的功能做如下更新和修改。

1）计时及犯规处理模块：对抢答进行计时，超时则蜂鸣器发出 2~3s 的音响，并亮犯规灯，该组不能再参加下一轮的抢答。

2）计分模块：加减分分别用两个不带锁的按键实现，例如，K1 键每按一次表示加 1 分，K2 键每按一次表示减 1 分。

3）显示模块：在 4 位数码管上从左向右分别显示组别 1、2、3、4 的当前得分。

为了实现以上更新和修改要求，请参考给出的数字式智能竞赛抢答器项目代码，思考如何进行修改和完善？

附　录

附录 A　Verilog HDL 关键字

Verilog HDL 中关键字如下，用户在编写程序时，所用的变量、符号等不可与其同名。关键字全部用小写字母构成。

and	endmodule	medium	realtime	tranif0
always	endspecify	module	reg	tranif1
assign	endtable	nand	release	time
begin	endtask	negedge	repeat	tri
buf	event	nor	rnmos	triand
bufif0	for	not	rpmos	trior
bufif1	force	notif0	rtran	trireg
case	forever	notif1	rtranif0	tri0
casex	fork	nmos	rtranif1	tri1
casez	Function	or	scalared	vectored
cmos	highz0	output	small	wait
deassign	highz1	parameter	specify	wand
default	if	pmos	specparam	weak0
defparam	ifnone	posedge	strength	weak1
disable	initial	primitive	strong0	while
edge	inout	pulldown	strong1	wire
else	input	pullup	supply0	wor
end	integer	pull0	supply1	xnor
endcase	join	pull1	table	xor
endfunction	large	rcmos	task	
endprimitive	macromodule	real	tran	

附录 B　Quartus II 支持的 Verilog HDL 数据类型和语句

为了方便用户使用，现将 Quartus II 支持的 Verilog HDL 数据类型、运算符和语句用表格的形式列出来，数据类型和语句如表 B-1 所示，以供查阅。凡是支持的语句和数据类型都是可综合的，能将文本描述转化为具体的电路网表，不支持的语句则是不可综合的。

表 B-1　数据类型和语句

类　别	数据类型、语句	具 体 内 容	可综合性说明
数据类型	专有定义	wire	Quartus II 支持
		nets	Quartus II 支持
		reg	Quartus II 支持
		memory	Quartus II 支持
		parameter	Quartus II 支持
	与 C 语言类似	real	Quartus II 不支持
		float	Quartus II 不支持
		integer	Quartus II 支持
运算符	算术运算符	+、-、×、/、%、++	除 "++" 外，Quartus II 均支持
	缩减运算符	&、~&、|、~|、^、^~	Quartus II 均支持（注：用法与 C 语言均不同）
	逻辑运算符	&&、||、!	Quartus II 均支持
	位运算符	~、&、|、^、^~	Quartus II 均支持
	等式运算符	==、!=、===、!==	Quartus II 均支持（= = =、! = = 用法与 C 语言不同）
	移位运算符	>>、<<	Quartus II 均支持
	条件运算符	?:	Quartus II 支持
	位拼接运算符	{}	Quartus II 支持
基本语句	赋值语句	连续赋值语句	Quartus II 支持
		过程赋值语句	Quartus II 支持
	块语句	begin-end 语句	Quartus II 支持
		fork-join 语句	Quartus II 不支持
	条件语句	if-else 语句	Quartus II 支持
		case 语句	Quartus II 支持
	循环语句	forever 语句	Quartus II 支持
		repeat 语句	Quartus II 支持
		while 语句	Quartus II 支持
		for 语句	Quartus II 支持
	结构说明语句	initial 语句	Quartus II 不支持
		always 语句	Quartus II 支持
		task 语句	Quartus II 支持
		function 语句	Quartus II 支持
	编译预处理语句	'define 语句	Quartus II 支持
		'include 语句	Quartus II 支持
		'timescale 语句	Quartus II 支持

附录 C　基于 Verilog HDL 的 CPLD/FPGA 设计常见问题解析

（一）常见语法错误

1．定义 real 数据类型错误

编译出错信息为 "real variable data type values are not supported"。

解决方法：参见本书附录 B 的数据类型，Quartus Ⅱ 不支持 Real 型变量（即不能综合）。

2．标识符缺少定义，表达式书写错误

```verilog
module pcheckcounter(s ,k,clr,clk);
input k,clr,clk;
output s;
wire k;
reg s;
reg [7:0] cnt;
always @(posedge clk or posedge clr)
begin
    if (clr==1)
    begin
        s=0;
        cnt=0;
    end
    else
    begin
        if (k==0)
        begin
            if(cnt==2N-1)
            begin
                cnt=0;
                s=1;
            end
        end
        ......
    end
end
endmodule
```

编译出错信息：当编译到 if(cnt==2N-1) 这句时，提示语法错误。

解决方法如下。

这个错误很明显，错误 1： N 没有定义是什么类型的变量，编程者在写这个代码时，N 的值不确定，所以编译的时候会出错！建议把 N 换成个确切的值试试，或者是在程序开头，即 module 里加上 parameter N=16，再试试。错误 2：逻辑表达式书写也有错误。要把 if(cnt==2N-1)改写成：if(cnt==2*N-1)

3．对同一个变量多处赋值

出错原程序代码如下。

```verilog
module badcode1 (q, d1, d2, clk, rst-n);
    output q;
    input d1, d2, clk, rst-n;
    reg q;
    always @(posedge clk or negedge rst-n)
        if (!rst-n)
```

```
                    q <= 1'b0;
                else
                    q <= d1;
            always @(posedge clk or negedge rst-n)
                if (!rst-n)
                    q <= 1'b0;
                else
                    q <= d2;
    endmodule
```

编译出错信息为"Error: Can't resolve multiple constant drivers for net "q"at liftctrl.v(60)"。

解决方法如下。

当类似编译出错信息为 "Multiple assignments to the same variable"时，都是因为企图在两个或两个以上 always 块里面对同一个变量进行赋值而造成的。在 Verilog HDL 中，所有的 module、always 块语句都是并发执行的，因而在两个或两个以上的 always 块语句中对同一个变量进行赋值时就会出现冲突，要想解决这一类问题，最简单的办法是把两个或两个以上的 always 块语句放在一个块内用异步事件处理，但这样处理可能会淡化模块化编程思想，所以，建议用模块引用的方法来解决这类问题。

4．缺少分号错误

出错原程序代码如下。

```
    module sun(ledout);
        output[7:0] ledout;
        assign ledout=8'b11110000
    endmodule
```

编译出错误信息为"Error (10170): Verilog HDL syntax error near text "endmodule""。expecting ";", or ","

解决方法如下。

用鼠标双击编译出错信息，即可定位到出错的上下两行的位置，仔细检查这两行的代码，便可很快找到丢失";"的语句。

5．实体名和工程名不一致错误

以下模块的工程名为 led，该工程的顶层模块的程序代码如下：

```
    module ledout(ledout);
        output[7:0] ledout;
        assign ledout=8'b11110000;
    endmodule
```

编译出错误信息为"Error:Top-level design entity "ledout" is undefined"。

解决方法如下。

类似这样的错误信息，就属于实体名与工程名不一致的错误。在 Verilog HDL 中，要求工程名一定要与顶层模块的模块名（即实体名）相同。代码做如下修改即可。

```
    module led(ledout);
        output[7:0] ledout;
```

```
        assign ledout=8'b11110000;
    endmodule
```

6. 程序结构错误

出错的原程序代码如下:

```
    module example1(peready,peout);
        input [15:0] peready;
        input [8*16:0] peout;
        reg [7:0] newdist;
        newdist = peout [ peready*8+7 : peready*8 ];
        ……

    endmodule
```

编译出错误信息: "Error (10734): Verilog HDL error at comparator.v(25): peready is not a constant"。

解决方法: 方法 1: 只能把 peready 定义成常量,注意,与 C 语言的不同。方法 2: 程序结构有错误,在 Verilog HDL 中,所有的基本语句都要放在结构说明语句中,这一点与 C 语言不同。应该修改程序如下。

```
    module example1(peready ,peout);
        input[3:0] peready;
        input [8*16:0] peout;
        reg [7:0] newdist;
        always@(peready or peoutt)
        begin
        case(peready)
        begin
        4'b0000:
            newdist  = peout(7:0);
        4'b0001:
            newdist  = peout(15:8);
        ……
    endmodule
```

7. 连续赋值与过程赋值语句错误

错误程序 1 如下。

```
    module led(ledout);
        output[7:0]    ledout;
        reg[7:0]    ledout;
            assign ledout=8'b11110000;
    endmodule
```

编译出错信息为 "Error (10170): Verilog HDL syntax error at led.v(4) near text"。

错误程序 2 如下。

```
    module led(ledout);
```

```
        output[7:0]   ledout;
        always
        begin
            assign ledout=8'b11110000;
          end
      endmodule
```

编译出错信息为"Error (10170): Verilog HDL syntax error at led.v(5) near text"。

解决方法如下。

程序错误原因分析：属于语法错误。Verilog HDL 中的 assign 语句的左端变量必须是 wire 型；直接用过程赋值语句，即直接用"="给变量赋值时左端变量必须是 reg 型。程序 1 中用的是连续赋值语句给 ledout 变量赋值，所以在定义 ledout 时，必须为 wire 型，把程序的第 3 行"reg[7:0]   ledout;"语句改为"**wire[7:0]   ledout;**"即可，也可直接把这条语句去掉，因为在 Verilog HDL 中，如果变量没有定义为何类型，则默认为线型。程序 2 中的"**assign ledout**=8'b11110000;"这条语句用在 always 块语句中，属于过程赋值语句，所以不能有 "assign"关键词，同时还要在说明部分定义 ledout 变量为寄存器型变量，即 **reg[7:0]   ledout;**

再如下所示。

```
        assign a=b;        //a 必须被定义为 wire
        Begin
          a=b;             //a 必须被定义为 reg
        end
```

（二）常见逻辑错误

1. 敏感事件运用错误

下面这段程序在编译时没有错误，但仿真时 HOLD-BEGIN 总是为高。其实这里不是有语法错误，而是在综合时有问题，always 后面用两个及以上边沿触发事件时就要注意文本描述能否转化为具体的电路网表。

```
        reg HOLD-BEGIN;
        always @(negedge HOLD-C or posedge DOWN-TIME or posedge RST)
        begin
            if (RST)
                HOLD-BEGIN=0;
            else
                HOLD-BEGIN=1;
        end
```

解决方法如下。

从对这段代码分析看来，问题还是对敏感事件的运用不太熟悉。一般能用于综合 always 的敏感列表中最多只会使用 3 个边沿触发，分别是：时钟、异步清零和异步置位，代码的习惯格式如下。

```
    always @( posedge clk or negedge arst-n or aset-n )
  begin
      if( !arst-n )
      begin           //异步清零，低有效
        //...
      end
      else if( aset-n )
      begin           //异步置位，低有效
        //...
      end
      else
      begin           //其他情况时
        //...
      end
  end
```

从出错的那段代码推测是没法综合的（除非有超级智能的综合器），因为综合工具会认为其代码企图综合为两个时钟边沿控制的逻辑，而且一个是上升沿触发（DOWN-TIME），另一个是下降沿触发（HOLD-C），同时还有一个上升沿触发（RST），虽从 VerilogHDL 语法角度看，没有问题，但不可综合，激励中 RST 不会变高。

2. 模块端口列表调用顺序出错

原程序如下：

```
  module MUX2-1(a,b,s,out);                //模块名 MUX2-1
      output out;                          //定义输出口
      input a,b,s;                         //定义输入口
      assign out=s ? b : a;
  endmodule

  module MUX4-1(in,s,y,seg);               //模块名 MUX4-1
      output y;                            //定义输出口
      output[7:0] seg;
      input[3:0] in;                       //定义输入口
      input[1:0] s;
      reg[7:0] seg;
      wire y0,y1;
      MUX2-1 Q1(s[0],y0, in[0],in[1]);
      MUX2-1 Q2(in[2],in[3],s[0],y1);
      MUX2-1 Q3(y0,y1,s[1],y);
  endmodule
```

该程序是通过引用 2-1 多路输入选择器来实现 4-1 多路输入选择器的，程序在编译时没有语法错误，但仿真和实际运行时结果都不正确，分析原因后得知，在模块引用过程中，出现了端口列表引用顺序错误。出错的引用模块是“MUX2-1 Q1(**s[0],y0, in[0],in[1]**);”该条语句中引用 MUX2-1 子模块，在该子模块中，有 4 个端口列表，分别两路输入信号、输入选择信号

和 1 路输出信号。但在"MUX2-1 Q1(**s[0],y0, in[0],in[1]**);"引用模块中，4 个端口的列表分别为选择信号 s[0]，输出信号 y0，两个输入信号 in[0]，in[1]。这样，按顺序调用到子模块时，端口传值时就出现了问题：将 s[0]传给 a，y0 传给 b，in[0] 传给 s，out 传给 in[1]，这样的结果违背了程序的原意，即将 s[0]传给 s，out 传给 y0，in[0] 传给 a，in[1] 传给 b，

3．模块调用时端口列表参数宽度定义不一致

原程序如下：

```
module led-sub(ledbuffer);              //模块名 led-sub
    output[7:0] ledbuffer;              //定义输出口
    reg[7:0] ledbuffer;                 //定义寄存器型
    always
        ledbuffer =8'b00001111;
endmodule

module led(ledout);                     //模块名 led
    output ledout;                      //定义输出口
    wire ledout;
    led-sub Q1(ledout);
endmodule
```

该程序是想通过引用 led-sub 模块实现点亮 4 盏小灯，程序在编译时没有语法错误，但在仿真和实际运行时，一盏小灯都不亮，分析原因后得知，是由于在模块引用过程中端口列表定义的宽度不一致所造成的。出错的位置是在顶层模块 led 中的"**output ledout；wire ledout;**"在这两句的定义上，ledout 被定义成位宽为 1 位的线型输出端口。这样"led-sub Q1(ledout);"这个引用语句就把 led-sub 子模块的 8 位输出端口 ledbuffer 值（即 8'00001111）赋给 1 位的 ledout，所以，ledout 只能取到 ledbuffer 最后一位值"1"，根本取不到前几位的"0"值，从而导致所有的小灯均不亮。

注：此类错误多出现在模块引用时，需要用户在编写程序时要多加注意，端口列表引用顺序和定义宽度一定要一致。

（三）常见其他错误

1．在 Quartus II 编辑环境中不能加中文注释问题

可以安装 UltraEdit 软件，该软件支持 Verilog HDL。UltraEdit 是一款功能强大的文本编辑器，可以编辑文字、Hex、ASCII 码，取代记事本，内建英文单字检查，C++ 及 VB 指令突显，还可同时编辑多个文件，而且即使开启很大的文件速度也不会慢。这是一个使用广泛的编辑器，但它并不直接支持 HDL，需要自定义一个 Verilog 的环境。

2．下载电缆出错

编译出错误信息：当电缆线没有连接好或电源没有供电时，编译时会有出这样的错误信息："Error: Can't access JTAG chain ；Error: Operation failed"。

解决方法如下。

首先，保证电缆线连接没有问题；其次，检查电缆线有没有损坏（检查方法：可用检查没有问题的电缆线替换之）；最后，检查电路板的电源开关有没有打开。

（四）经验总结

1. Verilog HDL 与 C 语言的比较

Verilog HDL 是在 C 语言的基础上发展起来的，因而它保留了 C 语言所独有的结构特点。为便于对 Verilog HDL 有个大致的认识，编者这里将它与 C 语言的异同做一简单比较。

1）C 语言是由函数组成的，而 Verilog HDL 则是由称之为 module 的模块组成的。

2）C 语言中的函数调用通过函数名相关联，函数之间的传值是通过端口变量实现的。相应地，Verilog HDL 中的模块调用也通过模块名相关联，模块之间的联系同样通过端口之间的连接实现，所不同地是，它反映的是硬件之间的实际物理连接。

3）在 C 语言中，整个程序的执行从 main 函数开始。Verilog HDL 没有相应的专门命名模块，每一个 module 模块都是等价的，但必须存在一个顶层模块，它的端口中包含了芯片系统与外界的所有 I/O 信号，这个顶层模块从程序的组织结构上讲，类似于 C 语言中的 main 函数，但 Verilog HDL 中所有 module 模块都是并发运行的，必须从本质上与 C 语言区别这一点。

4）Verilog HDL 中对注释语句的定义与 C 语言类似。Verilog HDL 与 C 语言的其他相似之处还有很多，在前面的各个章节中已做了详细介绍。

2. 敏感变量的描述完备性

在 Verilog HDL 中，用 always 块设计组合逻辑电路时，在赋值表达式右端参与赋值的所有信号都必须在 always@（敏感电平列表）中列出，always 中 if 语句的判断表达式必须在敏感电平列表中列出。如果在赋值表达式右端引用了敏感电平列表中没有列出的信号，在综合时则会为没有列出的信号隐含地产生一个透明锁存器。这是因为该信号的变化不会立刻引起所赋值的变化，而必须等到敏感电平列表中的某一个信号变化时，它的作用才表现出来，即相当于存在一个透明锁存器，把该信号的变化暂存起来，待敏感电平列表中的某一个信号变化时再起作用，纯组合逻辑电路不可能作到这一点。综合器会发出警告。

【例 C-1】

```
input a,b,c;
reg e,d;
always @(a or b or c)
begin
    /*d 没有在敏感电平列表中，d 变化时 e 不会立刻变化，直到 a，b，c 中某一个变化*/
    e=d&a&b;
    d=e |c;
end
```

【例 C-2】

```
input a,b,c;
reg e,d;
always @(a or b or c or d)
begin
    /*d 在敏感电平列表中，d 变化时 e 立刻变化*/
    e=d&a&b;
    d=e |c;
```

```
          end
```

【例 C-3】

无置位/清零的时序逻辑如下。

```
          always @( posedge CLK)
          begin
              Q<=D;
          end
```

有异步置位/清零的时序逻辑如下。

```
          always @( posedge CLK or negedge RESET)
          begin
              if (!RESET)
                  Q=0;
              else
                  Q<=D;
          end
```

异步置位/清零是与时钟无关的，当异步置位/清零信号到来时，触发器的输出立即被置为 1 或 0，不需要等到时钟沿到来才置位/清零。所以，必须要把置位/清零信号列入 always 块的事件控制表达式。

【例 C-4】

有同步置位/清零的时序逻辑如下。

```
          always @( posedge CLK )
          begin
              if (!RESET)
                  Q=0;
              else
                  Q<=D;
          end
```

同步置位/清零是指只有在时钟的有效跳变时刻置位/清零，才能使触发器的输出分别转换为 1 或 0。所以，不要把置位/清零信号列入 always 块的事件控制表达式。但是必须在 always 块中首先检查置位/清零信号的电平。

3．Verilog HDL 语法要点

（1）Verilog 语法中的并行与顺序模块

1）连续赋值语句、always 模块之间、实例模块之间都是并行语句。

2）在 always 模块内部情况而定，对于 if…else…而言，总是按优先级的顺序执行的，对于 case 而言，无优先级，是按完全顺序执行的。此外，还要对阻塞语句和非阻塞语句具体分析。

（2）Verilog 中四种最常见的变量

1）wire 即线网形变量，它不能存储值，必须受到驱动器或者连续赋值语句的驱动，如果没有驱动，那么它将会是高阻态。

2）reg 是数据存储单元的抽象，通过赋值语句可以改变寄存器存储的值，其作用与改变触发器存储的值相当。寄存器变量的初时值为不确定态。在 always 内部用到的变量必须是 reg 型的。

3）parameter 相当于 C 语言中的 const。

（3）注意区分集中容易混淆的运算符

1）位运算符，按位操作，~，|，&，^，其输出与输入一样位宽。

2）逻辑运算符，输出 0 或者 1，&&，||，！。

3）缩减运算符，按位递归运算，&，|，!，其输出仅仅是 1 或者 0。

（4）阻塞语句（blocking）与非阻塞赋值语句（non-blocking）

1）非连续赋值语句（non-blocking）（b <= a）。在 always 块结束后才完成赋值操作，并且赋值后 b 不是立即就改变，在时序逻辑或在既有时序逻辑也有组合逻辑中，一定要用这种赋值方式。

2）阻塞语句（blocking）（b = a）。赋值之后，b 就立即改变，也就是在赋值语句完成以后，always 才结束，在综合时，如果不注意，就将产生意想不到的结果。一个非常典型的例子如下。

```
always @(clock)
begin
    b = a;
    c = b;
end
always @(clock)
begin
    b <= a;
    c <= b;
end
```

（5）Verilog HDL 编码规则

规则 1：建立时序逻辑模型时，采用非阻塞赋值语句。

规则 2：建立 latch 模型时，采用非阻塞赋值语句。

规则 3：在 always 块中建立组合逻辑模型时，采用阻塞赋值语句。

规则 4：在一个 always 块中同时有组合和时序逻辑时，采用非阻塞赋值语句。

规则 5：不要在一个 always 块中同时采用阻塞和非阻塞赋值语句。

规则 6：同一个变量不要在多个 always 块中赋值。

规则 7：当使用 if 或 case 进行综合时，一定要覆盖所有可能的情况，防止锁存器的综合。

参 考 文 献

[1] 林灶生，刘绍汉. Verilog FPGA 芯片设计[M]. 北京：北京航空航天大学出版社，2006.

[2] 王志鹏，付丽琴. 可编程逻辑器件开发技术 MAX+plus II[M]. 北京：国防工业出版社，2005.

[3] 黄智伟，等. FPGA 系统设计与实践[M]. 北京：电子工业出版社，2005.

[4] 周立功，等. EDA 实验与实践[M]. 北京：北京航空航天大学出版社，2007.

[5] 王金明，杨吉斌. 数字系统设计与 Verilog HDL[M]. 北京：电子工业出版社，2002.

[6] 李国丽，朱维勇，栾铭. EDA 与数字系统设计[M]. 北京：机械工业出版社，2004.

[7] 王冠，黄熙，王鹰. Verilog HDL 与数字电路设计[M]. 北京：机械工业出版社，2006.

[8] Bhasker J. Verilog HDL 硬件描述语言[M]. 北京：机械工业出版社，2000.

[9] 袁俊泉，孙敏琪，曹瑞. Verilog HDL 数字系统设计及其应用[M]. 西安：西安电子科技大学出版社，2002.

[10] 张志刚. FPGA 与 SOPC 设计教程——DE2 实践[M]. 西安：西安电子科技大学出版社，2007.

[11] 李群芳，张士军，黄建. 单片微型计算机与接口技术[M]. 北京：电子工业出版社，2001.

[12] 许浩，齐燕杰，等. Visual Basic 串口通信工程开发实例导航[M]. 北京：人民邮电出版社，2003.

[13] 王益，耿相铭，等. 嵌入式测试系统设计[J]. 计算机工程，2008(18)：237-238，250.

[14] 张伟. 电路设计与制板 Protel DXP 高级应用[M]. 北京：人民邮电出版社，2004.

[15] 王宜怀，刘晓升，等. 嵌入式系统——使用 HCS12 微控制器的设计与应用[M]. 北京：北京航空航天大学出版社，2008.

[16] 吴厚航. FPGA/CPLD 边练边学[M]. 北京：北京航空航天大学出版社，2013.

[17] 吴厚航. 深入浅出玩转 FPGA [M]. 2 版. 北京：北京航空航天大学出版社，2013.

[18] 徐文波，田耘. Xilinx FPGA 开发实用教程[M]. 2 版. 北京：清华大学出版社，2012.